人類崛起

從直立行走、煮食生活到抽象語言，演化如何造就了現在的我們？

Ian Tattersall

Masters of the Planet
The Search for Our Human Origins

泰德薩［著］　柯明憲［譯］

好評推薦

要想知道現代人的祖先何時、何地，以及為何能成為地球的霸主，就要看這本書！因為本書作者代表了一派主要理論，這派理論認為現代人的祖先快速離開非洲，擴散全球各地，而且這些非洲祖先第一次被認為擁有抽象語文及口語表達能力！作者是美國紐約自然史博物館人類學部門退休的專家，功力深厚，因此本書非常值得一讀！

——何傳坤（國立清華大學人類學研究所兼任教授）

人類演化的漫漫長路，隨著遠古化石和伴隨資料的累積，看似豐富也多采多姿，但卻顯得愈發迷茫。這本由美國自然史博物館的泰德薩博士撰述的《人類崛起》，正提供給讀者最新近的發現、最關鍵的說明、全方位的理解。你會發現人類靈巧心靈力量的宏偉，生活在二十一世紀的我們，只有在徹底地認識自己後，才能夠有智慧選擇未來應該走的路，本書值得一讀！

——李匡悌（中央研究院歷史語言研究所）

在此誠摯推薦，這一本攸關現代人類的前世之謎的作品，是你我一生中必讀的一本書！故事從數千萬年前驚天動地的大裂谷突然形成，將整個非洲大森林撕裂講起，展開一連串看似偶然，卻又似乎必然的整個人類演化史。作者將過去數百年來全球科學家所有的努力，彙整濃縮成此少於四百頁的「巨著」，解開人類如何在短短數百萬年內，變身為主宰地球命運的超級靈長類動物。

——沈川洲（國立台灣大學地質科學系特聘教授）

考古學是包含不同學門的複合性科學，它探討史前人類生活環境、遺跡遺物與文化。依據近年的考古研究新進展，作者綜合各方面的資料，娓娓道出人類從靈長類證據到成為智人的演化歷程。尤其著重符號語言的使用、象徵表意與大腦演化間的辯證，及其對創造文明的加速效應，均有步步為營的論述。作者博覽群籍深入淺出的導引，譯者又即時推出，實為一本相關你我前世今生的優秀教本。

——屈慧麗（國立自然科學博物館人類學組主任）

人類極度渴望知道自身的起源，但眼前可見的光景與線索，如同黑夜中偶發的一道閃電視野，如此短暫倡促而令人難以認清來時之路。科學家如何正確解讀這些老祖先老骨頭們想透露給我們的訊息？作者藉由豐富的古人類學、解剖學、靈長類生態行為知識，抽絲剝繭地推論了人類行為的形成背景與人種演化的過程，十分精采完整。台灣人的知識體系必須與全人類所關心與聚焦的議題同步，本書不但適合做為大學通識教育用參考書籍，更不啻為一部認識人種起源的最佳入門書籍。

——邱鴻霖（國立清華大學人類學研究所副教授）

這是一本有背景（氣候變遷）、有地景（地質演變）、有道具（考古化石分析）、有工具

（DNA及古器物生化分析）的演化大戲，主角是我們（現代智人），配角是我們人科動物的親戚（不同時期和地點出現）、臨時演員不計其數（地球上的鄰居們）。這本對人類發展和遷移路徑的總說明，大膽且創意的推論，現代人類所特有的語言和符號認知能力，不是單純的遺傳演化，而是演化加上偶然際遇；這種講法讓人類發展的故事更戲劇性，也讓人類未來的發展更充滿各種可能性。

——張善楠（國立台灣史前文化博物館館長）

從直立行走，無毛，可控制精度的雙手，聲帶，適應雜食的消化系統，骨盆改變，汗腺，一直到我們的大腦開始可以處理抽象符號，所有這些讓人類演化成今天這個樣子的關鍵，在考古學、碳十四測定、基因定序、動物學觀察、體質人類學、生理學、語言學、營養學各學門專家的努力下，逐步揭開神祕的面紗，本書是第一次完整地回溯一個世紀以來全世界人類學家，重建人科物種長達七百萬年演化史的最新報告。

——陳穎青（《老貓學出版》作者）

古人類化石在世紀交替之際有許多驚人的發現，無論是種類、年代、分布皆讓人大開眼界，伴隨著各種跨學科的研究支援，大大改寫了學界對於人類演化的認識。泰德薩緊緊抓住古人類學各種最新公布的資訊，更廣泛地結合古生物學、舊石器考古學、現代生物學、生態學、生理學、生物社會學、遺傳學、認知心理學、語言學等重大發現，讓我們對人種源始有更深刻更正確的認識。

——陳叔倬（國立自然科學博物館人類學組助理研究員、生物人類學博士）

若不想跳進宗教跟哲學，想要知道人從哪裡來，要往哪裡去，內容豐富扎實的本書是你最好的選擇。當你我都更認識了人類這個物種，我們，乃至於地球的命運都將顯得更清晰。

——鄭國威（PanSci 泛科學總編輯）

鋒芒內斂。

——《亞特蘭大》雜誌，二〇一二年度最佳書籍第二名

超乎想像的有趣，……過去半世紀以來我們對於理解人類演化的許多進展，泰德薩都參與其中，……不可或缺。

——「CHOICE」網站，二〇一二年度選書

一幀權威性的快照，揭露人類在試圖理解自身演化歷史的過程裡，正在進行中的奮鬥。

——《金融時報》

這是一份指南，獻給對人類起源感到困惑的學生，……泰德薩將古人類學交織成文，說明雖然化石或能提供人類起源問題的大量證據，但其實只有很少量的細節是真正能確定的。

——《新科學家》雜誌

對證據投以批判眼光，對理論懷疑看待；泰德薩提供一個說明人類起源的較佳解釋，藉此確立他在全球人類學家之中的地位。

——《科克斯書評》雜誌，星級評價

一場快速巡禮，說明七百萬年來的演化發展，以及近兩世紀的演化思想，……泰德薩巧妙結合了權威和謹慎、專業知識和風趣用語，邀請外行讀者一同加入派對。

——《克里夫蘭公論報》

■深度導讀

探訪人類演化於生理與文化上的紀錄

林秀嫚

人類與黑猩猩於DNA的排序上有百分之九十九是相同的，而且兩者是這個星球上少數懂得製作與使用工具的生物，但是不管猩猩有多少能耐，沒有什麼比語言能力更能讓牠們於人類陣營中取得一席之地。換言之，人類的獨特在於語言、符號與大腦之間的相互作用，一如克魯馬儂人於洞穴中使用的動物圖像與全套幾何圖形。然而，人類究竟如何演變成現在的樣貌？

所有生命形態都可以連結到一個距今三十五億年前的單一共同祖先，在這一條漫漫長路上，人類演化的片段可以追溯至過去七百萬年。在本書中，作者泰德薩（Ian Tattersall）從猿類全盛期的中新世（約距今一千八百萬年）談起，直至現代人的克魯馬儂人的出現。在這段演化過程中，出現的物種有失去尾巴的原康修爾猿、可以開始直立身體的皮爾勞爾猿（約距今一千三百萬年）、最古老初始人科動物的「圖邁」（近七百萬年前）和地猿（四百四十萬年前）、分支繁多的南猿家族、連續演化醞釀期的巧人與盧多爾夫人（介於距今兩百五十萬至兩百萬年之間）、全天候雙足行走與腦容量大增的直立人與匠人、最早擴散至整個舊大陸的海德堡人（距今五十萬年前至略晚於二十萬年前）與二十萬年內出現的尼安德塔人。

在全書中，泰德薩也提到幾項屬於人科動物的重要特徵，如雙足行走、抓握能力與工具製造、腦容量變大與符號象徵的呈現。其中，雙足行走雖然並不是一種具有顯著優勢的移動方式，特別是這種移動方式使得人科動物必須採取全新的覓食策略以獲得新棲地所提供的陌生資源，它不僅使人科動物於身體形態上產生一連串的巨大變化，也是人類演化過程中的一大步。有關雙足行走的合理解釋眾多，如雙手解放以製作工具、行走效率（每單位距離所需花費的能量降低）、減少太陽射線以調節體溫的生理學解釋、環境改變的適應（於莽原中，身體直立可以看得更遠以便示警）、社會行為。而湖畔南猿是百分之百確定特化出直立雙足行走的人科動物中最古老的。雖然湖畔南猿的股骨仍呈一直線，所以尚未完全與我們一樣挺直身體行走，他們頭骨的比例也仍類似猿類，但骨盆和雙腿確實朝著與現代人相同的方向演變。至於最早直立行走的腳印化石則出現在雷托利，學者判斷在此出現的兩排約二十五公尺的筆直腳印主人屬於阿法南猿。「露西」（AL 288-1）即阿法南猿的代表人物，她屬於歷來相對完整（超過百分之四十）的早期人科動物化石。

透過斷裂的骨頭和肉食動物的齒痕等證據，我們知道早期人科動物屬於被狩獵者。然而，三百四十萬年前來自迪吉卡的四塊哺乳動物化石同時也告訴我們，阿法南猿已知如何宰殺大型動物。不過，最早使用工具的證據還是來自波瑞的那些帶有切痕的骨頭。其後，距今二百六十萬年前的早期石器開始出現，這些哥納出土的石器與奧都萬工具很像，它們雖然看起來粗糙但已經相當好用（考古學證據顯示，奧都萬技術製造的薄片已可以支解一整頭大象）。奧都萬之後，以手斧石器（阿舍利文化）為主導。阿舍利石器以後，較著名的石器工業為尼安德塔人製作的莫斯特燧石工具。石器以外，德國的舍寧根與黎赫林根遺址都曾發現木製器具。

於尼安德塔人存活的二十萬年之間，他們不僅廣布於歐洲，還深入西亞，北至芬蘭、南至直布羅陀和以色列都可以看到他們的化石。基於他們生活的時間深度與廣泛的地域和氣候，學者以為他們應該具有文化性的適應能力，特別是從伊拉克北部的沙尼達爾洞發現的一位老年男性的手臂指出，尼安德塔人已有社會群體支持的行為存在。雖然如此，尼安德塔人的發育期仍比我們短，他們粒線體DNA的平均差異也與我們不同。除此之外，雖然我們也在尼安德塔人身上發現FOXP2語言基因，但從重建的尼安德塔人頭部剖面圖中，仍然顯示出他們上聲道與我們的不同（現代人的喉頭較低）。

這本《人類崛起》涵蓋多種化石證據、利用科學的鑑定與相關的文化分析，詮釋早期人科動物的雙足行走、匠人的用火、尼安德塔人的大型動物狩獵、克魯馬儂人的洞穴藝術。想一窺人類演化的讀者，絕對不要錯過。

林秀嫚　美國新墨西哥大學人類學博士，現為國立台灣史前文化博物館助理研究員。

獻給吉塞拉、泰特和恰博

人類崛起：從直立行走、煮食生活到抽象語言，演化如何造就了現在的我們？ 目次

人類演化大事紀

事件	距今時間
生命起源	三十五億年
靈長類出現	六千萬年
人類及猿類的種類漸增	二千三百萬年
最早的人科動物（雙足生物）出現在非洲	七百萬到六百萬年
第一隻南方古猿	四百二十萬年
可能是最早使用尖銳石器進行切割的紀錄	三百四十萬年
冰河時期開始	二百六十萬年
非洲草原上的動物相顯著增加	二百六十萬年
最早的石器製作紀錄	二百六十萬到二百五十萬年
宣稱的「早期人類」化石現身	二百五十萬到二百萬年
第一個具有現代身體比例的人屬成員在非洲出現	一百九十萬到一百六十萬年
人科動物首次離開非洲（喬治亞的德馬尼西）	一百八十萬年

第一個刻意打造出特定形狀的石器	一百七十六萬年
直立人在亞洲出現	一百七十萬到一百六十萬年
歐洲出現第一個人屬成員的化石	一百四十萬到一百二十萬年
在火爐裡用火的最早證據	七十九萬年
「前人」在歐洲現身	七十八萬年
第一種遍布舊世界的人科動物「海德堡人」登場	六十萬年
尼安德塔世系在歐洲的最初證據	早於五十三萬年
非洲出現最早的刀刃工具	五十萬年
最早的木製長矛和帶柄的工具	四十萬年
人造建築物的最早證據	四十萬到三十五萬年
最早的預製石核工具	三十萬到二十萬年
在解剖結構上可辨識的智人自非洲起源	約二十萬年
第一個可能是珠飾的物事	約十萬年
最早的雕刻，以及經過加熱處理的矽結礫岩	約七萬五千年
具有符號化認知能力的智人大舉出走非洲	七萬到六萬年
澳洲出現第一個現代人類	六萬年
歐洲出現第一個現代人類，藝術和符號蓬勃發展	四萬到三萬年
尼安德塔人和直立人滅絕	約三萬年

佛羅勒斯人滅絕　一萬四千年
上一次冰河時期結束　一萬二千年
開始耕作及馴養動物　一萬一千年

前言

若你望著黑猩猩的臉，深深看進牠的雙眼，十之八九，你會出現強烈、複雜、曖昧不清的反應。或許你在全盤考慮過後會像維多利亞時代的人一樣想要退縮，視猿類的獸性野蠻為肉中刺，因為這會讓你想起人類那可怕又（通常）壓抑的黑暗面；不過到了今時今日，你更有可能在黑猩猩身上找到某些比較正面的東西，你明白牠們並不是沒能企及人類狀態的失敗品，而是能讓我們瞥見過去，揭露人類深層生物基礎的一線希望；而人類的深層生物基礎，正是我們的現代文明和創造力的最終根源所在。儘管如此，無論你的真正反應為何，那肯定都是因為你在黑猩猩的雙眼裡認出了自己。至於你在倒影中看見的這枚「人類硬幣」是正面還是反面，完全要看你怎麼想，和黑猩猩並無關聯。

這樣模稜兩可的情況使得我們不免感到洩氣，因為黑猩猩不能向我們清楚表達牠的心智狀態，也無法回答我們提出的相關問題。但話又說回來，考量到黑猩猩和人類的生理差異，若牠**能**說話，那牠就可以算是我們之中的一份子了。不管黑猩猩有多少能耐，沒有什麼比「語言能力」更能讓牠在人類陣營裡名正言順地取得一席之地，因為自遠古時代以來，語言就被認為是最能當作人類定義的特質，再別無其他。事實上，蘇格蘭法學家蒙博杜早在十九世紀的七〇年代便提出了演化思想，他認為使人類脫離「低等」動物的關鍵特質，就是語言能力。這是個很直觀且吸引人的概念，之後也有許多思想家回頭加以檢視。自蒙博杜下筆至今消逝的兩百五十年裡，我們已經積聚了大量帶有相關資訊的重要發現，涵蓋從語言學、基因體學到神經生物學的眾多科學領域。最重要的是，關於我們在這個地球上的各種祖先之多樣性和行為模式，我們已經學到了不少，現在我們絕對可以開始有點信心地推測人類是如何、何時，又是在怎樣的脈絡底下，才獲得了心智和溝通的不平凡習性。

這段關於我們如何成為人類的故事相當漫長，而且最好從還看不出任何端倪的久遠開端說起，所以，讓我們暫且回到剛才那隻黑猩猩和牠的親戚吧。猿類和我們的相似程度令人感到不安，但這並不奇怪，因為牠們是生物圈內最接近人類的現存親戚物種，我們的共同祖先所生存的年代距今或許僅有七百萬年，在整個生命的歷史裡只不過是一眨眼的時間。但是在這麼短的時間內，沒有任何其他動物世系的改變幅度能和我們相提並論；換句話說，儘管黑猩猩和牠們的親戚物種也在改變，但我們理當能夠在牠們身上找尋線索，一窺我們的共同祖先之樣貌。如果這些靈長類動物提供的線索夠可靠，那麼我們的祖先必然是一種相當複雜的生物，因為黑猩猩的個體之間有連結，會爭吵，也會和好；牠們懂得欺瞞，牠們殺戮，牠們製造工具，還能自己給自己用藥。黑猩猩生活在高度複雜化的社會裡，而且為了爭取社會地位，牠們會組成錯綜複雜的聯盟，沉溺於爾虞我詐；在一些觀察者的眼中，這樣的行為並不亞於「政治」。如果這世上從未演化出人類，猿類很可能是古往今來認知能力最複雜的動物。

不過我們就在這裡。究竟人類是如何由彼端到達此端，同時將我們的猿類親戚留在塵土中（至少是留在樹林中）的呢？人類是一種熱愛敘事的種族，而在我們試圖訴說的一切故事裡，這可能是本質上最引人入勝、最複雜，同時也最難理解的一段故事。或許拿我們和猿類互相比較一番，有助於為這段漫長的演化軌跡確立起始點，不過事實證明現代人類並不單純只是猿類的改良版本。在這顆行星上，人類和猿類的確都是史無前例的存在；而尋求我們為何如此獨特的解釋，永遠是一項吃力不討好的工作。

儘管嘗試解釋自身本來就有些困難，但我們還是擁有一個能據以發展的堅實基礎。在過去一個半世紀以來，我們見證了數量可觀的化石紀錄，雖然永無完備之日，但這些化石紀錄已經足夠讓我們一瞥那些在我們之前的祖先，以及他們的附屬親戚物種之樣貌，還有他們那驚人的多樣性。更重要的是，這些人類的祖先通常會留下考古紀錄（像是屠宰動物後遺留的骨頭、石器、居住遺址等等），而這些紀錄活靈活現地訴說著他們每天的活動，並且透露出這些活動如何隨著時間推移漸趨複雜。

從古老的猿類到現代人類，其中的過程是一條漫漫長路。將這一路上發生在生理結構和技術方面的大幅改變逐一歸類建檔，至少在原則上是一件相對直觀的工作。但是我們的種族之所以能夠享有今天這樣的特殊成就，是因為我們的大腦處理資訊的方式相當不尋常，而心智模式很難由骨頭或實體遺留物判讀出來，至少在和我們等量齊觀的心智能力出現之前，不會有壓倒性的證據能證明其存在。話雖如此，我們確實知道要等到很晚近的時候，人類的智能才終於達到這樣的程度（這裡說的「很晚近」是相對於人類家族最早出現的時間點而言，如果以現代歷史的角度觀之，這個時間點就久遠得叫人發暈）。智能的發展竟然如此緩慢，很多人或許會感到頗為驚訝，因為我們受過的傳統教育把漫長的人類故事看成一段從原始邁向完美、既漫長又平緩的奮鬥過程，所以我們可能會預期能在早期階段找到某些暗示了我們自身特質的跡象，只不過現實卻完全不是這麼一回事。相反地，愈來愈多證據清楚顯示，人類的獨門現代感知能力其實是最近的突發事件；事實上，那是在地球上出現了看起來恰似我們的人類**之後**才發生的。我們幾乎可以肯定的是，曾有一項發明對這種嶄新的感知能力之表達方式起了關鍵性的助長作用，而且這項發明或許是所有和我們現代自身有關的發明裡最了不起的一個。那就是「語言」。

溝通和認知的最終躍進只是整個故事的冰山一角。現代身體和心靈的根源可回溯到遙遠的過去，而本書的大部分篇幅都致力於檢驗這個驚人「人類現象」的深層基礎。如果在我們獨特的歷史裡缺少了任何一個面向，我們此時此刻之所以生而為人的一切都不可能實現。雖然我們發現現代心靈最初波瀾的地點是在非洲，但考古紀錄變幻莫測，只有在沉思歐洲冰河時期那些驚人的洞穴藝術之時，我們才終於找到了第一個證據，能說明當時的人類不只和我們有同樣的思考方式，還留下了壓倒性的有力物證。

符號使用及洞穴藝術

那些名聞遐邇的動物圖像被畫在諸如西班牙的阿塔米拉洞、法國的拉斯科洞和蕭維洞這一類洞穴的頂端和石壁上，為我們提供了最好的例證；由於其創作者的生存年代在現代人類的歷史上久遠得叫人難以想像，莫名使得這些遠古藝術作品所展現的原始力道和成熟度更為突出。儘管這些創作者在用色和構思方面顯得才華洋溢，但這些卓越的作品其實是出自獵人和採集者之手，他們生活在上一次冰河時期的高峰前後，距今約三萬五千年到一萬年之間。那是一段有著涼夏和漫長嚴冬的艱苦時代，今日林木鬱鬱森森之處，在當時卻是一片幾乎看不見樹木的地貌。畢卡索曾經說過，冰河時期的畫家只給他留下了很少的改進空間；雖然那些藝術作品古老得驚人，但若能親眼目睹，你就會完全明白他為什麼這麼說。可以肯定的是，我們不可能想像得出還有什麼更有力的證據，能證明人類那既精采又空前的創造精神，早在現代史前史的某個遙遠時間點，就已完整成形。

這般理解其實並非唾手可得，對十九世紀的科學家而言，他們在直覺上實在難以接受，這些在遠古冰河時期居住於南法和西班牙北部區域的居民，竟已創造出一套包含了繪畫、雕刻、塑像和浮雕的藝術傳統，而且這套傳統的巔峰之作居然擁有足以匹敵、甚至勝過此後一切人類成就的力量。自從阿塔米拉洞裡那些年代最早（也幾乎是水準最高）的洞穴繪畫在一八七九年被發現後，第一時間揚起的讚嘆聲很快就遭到懷疑聲浪淹沒。如此精妙而熟練的藝術作品怎麼可能出自遠古人類之手？那些居無定所的「野蠻人」何德何能創作出此等繪畫？他們只是四處遊走的獵人和採集者，靠著大地上的產物養活自己，而十九世紀的文明人則完全相反，他們在壯觀的大教堂裡崇敬上帝，建造遮風避雨的堅固房屋，能夠利用土地和那些從土地裡頭長出來的東西。等到陸續有人在世所不知的洞穴和考古遺址裡發現了這一類的遠古藝術作品，整個世界才終於相信高度發展的心靈和「原始」的生活方式確實可以並存。為了合理化這樣的概念，我們要知道在數萬年前曾有過這樣的一群人類，他們不住在房屋裡，不懂得耕作田地，然而卻能創作出極好的藝術作品，並且過著神祕的複雜生活，在認知要素的各個方面都恰與我們相似。

拉斯科洞和阿塔米拉洞中的那些圖像具體表現了屬於某個較大社會的信仰和價值觀，而那些遠古時代的人類和社會當然早就消失不見了。因此雖然我們擁有的這些奇蹟般保存至今的物證，能夠證明那些消逝已久的人類所具備的創造性精神，但我們永遠無法確定其所代表的信仰和價值觀為何。然而，雖然那些居住在阿塔米拉洞、拉斯科洞以及其他地方的遠古人類，和我們無論在文化或時間上都

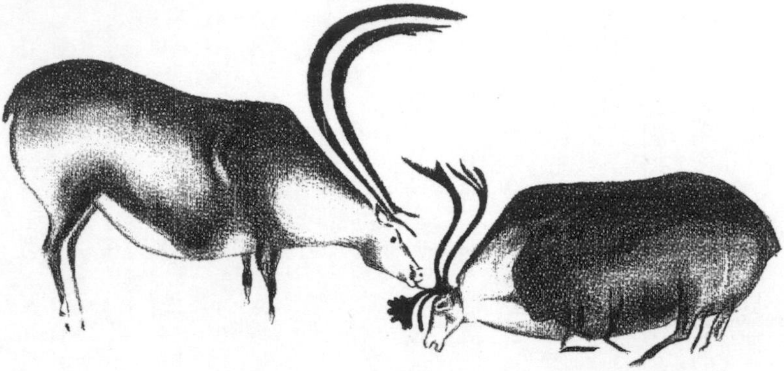

本圖以單色呈現一幅現已嚴重褪色的彩色壁畫，繪製年代距今大約一萬四千年前，於法國的豐德戈姆岩洞發現。畫中有一頭雌馴鹿跪在另一頭雄馴鹿前，雄馴鹿向前傾身，動作優美地舔舐對方的額頭。本圖由塞勒絲繪成，重繪自布勒伊對壁畫的臨摹。

相隔甚遙，但我們**可以**很有把握地說，他們的一切本質都和**我們**無異，內在同樣也充滿了今日鼓舞著我們的卓越人類心靈。

這些動物圖像的創作者具有靈巧的畫工、良好的觀察力，以及聰穎的個人風格，使他們得以躋身史上的偉大藝術家之列；但值得注意的是，拉斯科洞和其他洞穴的石壁可不只裝飾著動物圖像。這些藝術家在那些一眼就能認出的動物圖樣之間畫了許多幾何圖形，像是格子、排列成線的小點、矢形標記等等，有些圖形還直接畫在動物圖樣上面，顯然在創作者眼中具有相當特定的意義。很遺憾的是，時至今日，我們早已無從得知這些藝術家究竟想表達什麼；但如果你仔細思量這些圖像顯而易見的特殊性，以及它們複雜的排列方式，你馬上就會意識到這些藝術作品絕對不是單純的寫實作品，而是具有某種**符號化意義**。無論畫的是實體或幾何圖形，拉斯科洞和其他洞穴裡的所有圖像全都饒富深意，遠遠超出其表象可見。

即使我們無法確知拉斯科洞的藝術作品對其創作者或「目標觀眾」的意義是什麼（我們也永遠無法確定這些創作者和觀眾是不是同一群人），但不可否認的是，這樣的藝術作品所代表的意涵，絕非透過直接觀察而能得知。說來奇怪，這就是我們之中，許多人對冰河時期的藝術作品深感共鳴的其中一個主要理由。因為，我們在文化方面具有無限的多樣性，藉此標示出人類經驗的漫漫長路，若要說其中有什麼至關重大的特質能夠團結現今人類全體，那必然非「符號化能力」莫屬。這個常見的能力可以把周遭的世界統整成許多具有內在象徵意義的字彙，讓我們在心裡以無窮無盡的方法重新組合這些字彙；這項獨一無二的心靈能力允許我們在腦海中創造出不同的世界，而這些腦海中的世界，正是人類標誌性的文化多樣性之最基礎。其他生物所感受到的世界，大致上和大自然呈現的模樣無異，而這些生物或多或少只是在對大自然做出直接反應，不過有時候反應還滿複雜的；人類的情況則相反，雖然現實常常蠻橫入侵，但其實在很大程度上，我們是活在大腦重新建構的世界裡。

人類無論在生理或心理的很多方面都很不尋常，但是讓我們和其他生物顯得最**截然不同**的，毫無疑問是我們處理資訊的方式；也因為如此，我們理所當然擁有不一樣的**感覺**；更重要的是，我希望本書能說服你相信，這種資訊處理方式完全是史無前例的。符號推理的能力不只在最接近我們的**現存**親戚物種猿類身上找不到，顯然也未見於最接近我們的已滅絕親戚物種，就連那些看起來和我們一模一樣的最早期人類也不例外。但同時我們現代人類卻和所有這些親戚物種（不管至今尚存與否）在智能上皆高度相似。更應該了解的是，無論我們如何吹噓自己的理性，人類絕非全然理性的生物，這一點應該不勞任何觀察者費心就能發現。造成這種現象的主要原因之一，是因為我們的大腦（也就是那個藏在我們的頭殼底下，主宰一切行為和經驗，又怪又複雜的器官）在經歷了漫長、曲折，而且難以預料的演化歷史之後，裡頭有些最新的組成部位，彼此之間卻仍然透過一些非常古老的結構進行溝通。

我們的大腦有著複雜的歷史，因此造就出奇特的構造，遠非人類的工程成就所能直接比擬；說真的，可能根本連比都不能比。無論是有心還是無意，工程師總是被逼著努力找出眼前問題的**最佳**解答；相反地，現代人類大腦的崛起過程既漫長又缺乏脈絡，和任何未來潛在的效能相比，已經演化出來的東西總是能對歷史結果（也就是**實際**發生過的事）發揮更強大的影響力。這一切真的得感謝上天，因為歸根結柢，如果我們的大腦像機器一樣是設計出來的，同樣都為了處理各種特定的工作而接受過最佳化調校，那麼大腦可能會變成一個完全可預測的玩意兒，既乏味又沒有靈魂，而這樣的大腦根本**就是**一種機器。儘管大腦並不完美，但就因為它是如此複雜難解、偶然天成，才讓我們的大腦（和我們自身）成為現在這個想法層出不窮、創意十足、善感、有趣的實體。

上述看法和大多數人在學校學過的演化論觀點（如果課堂上有提到演化論的話）並不一致，因為這段最根本的生物過程通常被描述成一種步調緩慢、不停改進、持續邁向完美的傾向。所以看來在我們開始講述人類的故事之前，應該稍微花一點時間仔細瞧瞧這段孕育我們的不凡過程。因為儘管我們很可能自命不凡，但我們其實只是極其一般的生物歷史所造就的產物。

變幻莫測的演化

讓我們話說從頭，從大自然的秩序所依循的包羅萬象模式談起，因為這種模式是我們手上最清楚的情報，能解答我們之所以出現在這顆行星上的背後機制。生物世界的條理分明，圍繞在我們身邊各式各樣動植物之多樣性絕非出自偶然；相反地，在層層疊疊的族群關係裡，能看出某種一體適用的模式。舉例來說，在所有的哺乳動物裡，和猿類最像的是人類；而這兩種生物合起來看，最像新、舊世界的猴子；再和其他每一種動物比較，與狐猴的解剖構造最相似的，就是猿類、人類以及猴子。這些靈長類動物共同形成哺乳綱（會給幼體餵奶的溫血有毛動物）底下的一個獨特群集，而所有哺乳類動物都屬於一個稱作「脊索動物亞門」的更大族群，也就是有脊柱的動物，諸如魚類、兩生類、爬蟲類、鳥類，當然還有哺乳類；接下來這些動物可以再進一步歸類屬於另一個還要更大的族群，並以此類推下去。

任何一種生命體都以類似的分類方式隸屬於生物世界的某處，最能表達這種相似度模式的圖形，就像是一棵反覆分枝的樹；數以百萬計的生命體之中的每一種，最後都可以包羅在單獨一棵巨大無朋的「生命之樹」裡。在這棵終極巨樹上，生物學家把最細小的分枝頂端（稱作「種」，例如智人）聚集成「屬」（例如人屬），再聚集成「科」（人科），然後是「目」（靈長目），以此類推。從樹根逐漸往上移動，每前進一個階層，和底端的共同祖先之生物形態在構造上就漸行漸遠，與平行的鄰近分枝之間的差異也愈來愈大。雖然我們有可能可以透過純粹的結構觀點研究這棵不證自明的生命之樹，但最有趣的課題，還是在於理解它為什麼會長成現在的模樣。

這種模式唯一可受檢驗（而且也已徹底檢驗過）的科學解釋，就是不同的生物擁有共同的祖先。「相似性」提供了一個可靠的線索，透露出這棵樹的形狀是源自一系列共同祖先的生物形態，而後代物種在許多方面都和這些祖先不一樣。相似的生物形態共有一個近期的共同祖先，而差異較大的生命體的共同祖先就追溯到比較久遠以前，因為在較長的時間裡，差異程度才能逐步累積起來。無論現在各種生命體看起來有多麼不相像，在基因體的層級上，所有生命形態最終都可以連結到一個距今超過三十五億年前的單一共同祖先。

十九世紀的博物學家達爾文和華萊士最早提出一套具說服力的機制，說明源自共同祖先的不同生物之間如何產生差異。達爾文將這種改變的手段稱之為「天擇」。這種自然過程一旦被指出，便顯得不證自明，使得和達爾文同年代的名人赫胥黎就為了自己竟沒能想到天擇理論而公開表達自責。簡單來說，「天擇」就只是一種適者生存和複製個體的過程，而這些有機會複製自身的個體繼承了親代的特徵，和同輩相較之下對環境有較佳的「適應力」；這幾乎只是一種數學上的必然結果，因為對任何物種而言，在每一個世代所繁衍出的後代裡，都只有一部分可以存活到再繁衍出下一代。其中的概念就是，只要時間夠長，那麼那些繼承較優勢特徵的個體，會有更高的繁殖成功率，於是整個族群便往適應力較佳的趨勢移動。這麼一來，世系成員的平均外貌就會改變，最後演化成新的物種。

理論上是這樣，不過後來有人想到，或許天擇同樣也會很有效地剪除掉所有可能變異的兩個極端部分，使族群維持大致上的穩定；還有另一個理不清的問題，就是每當提到「適應」，我們心中通常只會想到動物身上的某種解剖特徵或行為特性，像是足部或骨盆構造，或是「智能」之類的東西；如果只思考單一特徵，很容易便會陷入天擇隨著時間推移逐步改進這些構造的想像裡，但我們知道所有生命體都是複雜得驚人的基因實體，由非常少量的「結構基因」主宰數量龐大的身體組織及生理過程（人類結構基因的數量尚未能明確判定，不過目前大多數賭注下在二萬三千個之譜）。說到底，天擇只能對一整個個體投下贊成或反對票，而「個體」是貨真價實的混合物，混雜了許多基因和基因所呈現的種種特徵，只針對其中某個特定特徵表達青睞或厭惡，那是不可能的。

話又說回來，這一切模糊了「適應度」的全貌。舉例來說，就算你是所屬物種裡最聰明的成員，但是在一個獵食者四伏的環境裡，如果你同時也是跑得最慢的（或者只不過恰好是運氣最背的），那你的聰明可沒什麼價值。更重要的是，若你身處一個平淡無奇的世界，那麼你在繁殖上的成就和你的適應能力有多行或許根本八竿子打不著關係；換句話說，這和你有沒有被獵食者逮到、是不是能夠得到女孩子的芳心都無關，或許一切只是瞎貓碰到死耗子，情勢使然罷了。我們根據這樣的複雜情況而得到的結論，就是演化歷史（我們能透過化石紀錄找到其發展脈絡）並不只是個體的繁殖命運所造就的產物。事實上，身處這樣一個環境不停改變的世界，而且在不同種類的生命體不眠不休競逐生態空間的情況下，更宏大的演化模式通常會由整體族群和物種的命運所決定；而當我們回首化石紀錄，就能觀察到這樣的模式。

還有其他理由，讓我們知道不該預期演化產物能夠臻至完美。如同我先前所述，改變只能發生在已存在的基礎上，因為演化不可能為了對付眼前的隨便什麼環境或社會問題，就忽然想出某種天外飛來一筆的解決方法。因此我們全都建立在同一個樣板的修改版本之上，而這個樣板一開始是某個遙遠的祖先提供給我們的。歷史之所以嚴格限制你可能成為的模樣，並不只因為你必然是某種已經出現的東西的更新版本，也因為事實證明基因體（作用在於繁衍那些複雜得叫人難以置信的系統）極度抗拒改變；事實上，基因體完美演繹了什麼叫做「東西沒壞，那就別修」。畢竟和基因體這麼難解的東西瞎耗只是在自找麻煩，就這麼複雜的運作系統而言，大部分的隨機改變根本就不會成功。改變遺傳密碼將帶來高度風險，這可以解釋基因體根深柢固的保守傾向，還能解釋為什麼有些生命體看起來截然不同，但卻擁有相似度驚人的基因。我曾聽說人類和香蕉共享超過百分之四十的基因，還有一個和人類的膚色有高度關聯的基因，同時也控制了斑馬魚身側的暗色條紋。

同樣的基因或基因家族可以影響各種外貌大相逕庭的生命體之構造（比如說人類和果蠅），這似乎是很驚人的一回事，但其實是說得通的，你只要考慮到所有生命體都擁有一個最終的共同祖先，而且任何生物形態都不僅僅只是其個體的基因結構之投射；相反地，成熟個體的解剖構造才是發育過程的終點，而發育過程不只在很大程度上受到隱身幕後的基因影響，和基因在序列上的「開關狀態」也有關係，比如說基因被啟動或關閉的確切時間點，還有活躍基因的表達「力道」之強弱都很重要。我們先前提過一個顯而易見的悖論，關於極度保守的基因體如何能夠造就生命體千變萬化的解剖構造，而這個層層疊疊的過程（基因、時機、活動力）為悖論提出了解釋。不過這個過程同時也限制了未來的可能性，因為細胞在繁殖時會複製失誤（突變），使得遺傳密碼以驚人的高頻率產生變異，其中只有很少數變異可以在「基因庫」裡存活下來，而有些突變基因之所以能夠苟延殘喘，只是因為它不礙事（事實上，雖然這樣的基因在當下無足輕重，但它們也有可能在久遠的未來變得很有用）；只有很少數的基因能造成行得通的結果，更遑論可以帶來適應優勢的基因了。基於這些理由，遺傳的基本構造想要徹底改頭換面，根本是天方夜譚。

機運的作用

還有另一個理由，讓我們不該預期演化是一系列微調的過程——並非所有演化改變都是天擇的成果，機運（術語叫做「遺傳漂變」）也是一項重大因素。由於突變持續發生，即使並沒有明顯的天擇作用力，但屬於同一物種的隔離（或半隔離）區域族群永遠都會出現漸行漸遠的傾向。這純粹是因為所謂的「取樣誤差」使然，規模很小的族群尤其如此，因為你的樣本數愈少，發生這種誤差的機會就愈大。就拿拋接硬幣來類比突變好了，如果你只拋兩次硬幣，很有可能兩次都是正面；如果你拋個十次、一百次、一千次，一直出現正面的可能性便愈來愈低。個體數量很少的族群，就像是只拋接幾次硬幣的情況。

當然並非所有的突變都能相提並論，有些突變對成熟的生命體的效果很小（或完全沒有效果），但是有些突變卻會激烈影響發育過程，因此也會影響這個生物的最終身體構造；另外也同樣重要的，還有基因表現程度上的差異，或者基因產物在決定最終的實體結果過程中的活躍度。基於這些理由，我們不該預期生理形態上的顯著演化改變會總是（或甚至也說不上是經常）以微小而漸近的步驟發生。我們將會讀到，有時候基因體裡一個非常細小的改變，可以造成廣泛而錯綜複雜的發育結果，產生一道解剖或行為上的鴻溝，區隔出具有相當差異的不同成體狀態。

以上所述都不是產生適應力最有效率的方法，但就如同「生命之樹」的繁茂枝椏所充分顯示的，只要時間足夠，這個沒效率的方法還真的**有效**！它之所以有效，不只是因為這方法是一種能夠說明生命如何在數十億年以來變得如此多樣的普遍解釋，也因為它有助於理解那道分隔了人類和所有其他生命體的認知鴻溝為何難以跨越。

我們藉此回到本書的核心主題，關於人類成為現在這種非凡生物的故事。人類的非凡之處，當然在於我們是一種獨特的物理實體，另一方面，我們也因為身為前所未見的認知現象而顯得與眾不同。

人類的故事是一段漫長又曲折的旅程（雖然以演化標準來看倒是發生得很快），這段旅程的卑微起點是一種居住在遠古非洲廣大林地裡的弱小獵物，一直走到我們登上現今占據地球的頂級獵食者地位為止。現在這段戲劇性故事的主要輪廓愈來愈清晰，同時我們對於藏身在演化改變背後那層層疊疊的機制有些新興的觀點，而這個輪廓和這些觀點彼此若合符節。最後，以下這句話值得再提一次：儘管我們很可能自命不凡，但我們其實只是極其一般的生物歷史所造就的產物。

第一章 源遠流長

地球的地理和地形不只深切影響了遠古生物的演化方式，同時也攸關這些生物的化石保存狀態，這一點對包括我們在內的任何族群而言都是成立的，因此值得在這裡對相關的背景知識概略一提。恐龍大約滅絕於六千五百萬年前，哺乳動物時代隨後登場。當時非洲大陸大部分都是平坦的高原，地殼的這片厚板覆蓋在地球內部翻攪的熔岩上，像一條巨大的厚毯子，將熱能困在底下。由於熱能必然往上，因此上升的熱岩逐漸使得堅固的地表隆起。

有「非洲脊柱」之稱的非洲裂谷於是開始成形，整個過程是藉由一系列或多或少互相獨立的抬升區（稱作「穹丘」）最終連結而成。這道將非洲大陸地表一分為二的裂谷北起敘利亞，往南到紅海，再由衣索比亞經過東非，最南到莫三比克為止，其中最主要的特徵是東非大裂谷，包括了一連串兩面陡峭的複雜凹地，而這些凹地是因為下面的隆起地層破壞了地表的剛硬岩石而形成的。隨著底下所注入的熱岩愈來愈多，非洲大陸持續上升，水力和風力的侵蝕作用也開始在裂谷表面堆出沉積物，裡頭包含了數量驚人的各種化石。從技術上而言，所謂的「化石」涵蓋了所有過往生命的直接證據，但其中絕大多數是死去動物的骨頭和牙齒，這些動物（對古生物學家而言）很幸運地在遭到食腐動物和自然力抹滅之前，就被海底、湖底或河底的沉積物加以覆蓋保護。如同命運安排，裂谷裡的沉積岩埋藏了全世界最了不起的化石紀錄，訴說著人類及其早期親戚物種的漫長歷史。

從約略二千九百萬年前起，裂谷沉積物便開始在東非的衣索比亞穹丘堆積；區區數百萬年後（即距今約二千二百萬年前），類似的堆積現象也標示出肯亞穹丘的形成之始。這些事發生在地理學家稱作「中新世」的時期，一如化石紀錄所示，中新世正好是靈長類動物的演化史上一個特別有趣的時間點，你可能會稱之為「猿類的黃金時代」，而人類家族的演化舞台，也在中新世接近尾聲時搭建完成。

時至今日，猿類只剩下屈指可數的幾個森林物種，包括黑猩猩、倭黑猩猩、大猩猩和紅毛猩猩，牠們僅存於非洲的一些小區域和東南亞的少數島嶼。但歷時共一千八百萬年的中新世則是猿類的全盛時期，科學家已經從四散在舊世界各處（絕大多數在東非）的考古遺址裡，命名了超過二十個「屬」的中新世滅絕猿類。這些遠古猿類中，最古老的一種是所謂的「原康修爾猿」，牠們住在中新世早期的東非潮濕森林裡，沿著粗大樹枝的頂端跳來跳去找尋水果，時間大約是距今二千三百萬到一千六百萬年前。牠們和現在的猿類一樣已經失去了尾巴，但是在其他許多方面卻和猴子更接近，而且牠們的前臂較無彈性，比不上自己的後裔。

非洲的氣候在大約一千六百萬年前似乎變得較為乾燥，四季的分野愈來愈清楚，森林的樣貌也隨之改變。正牌的猴子開始在新棲息地大量繁衍，原康修爾猿則讓位給長得更接近其現代繼任者的「人超科」猿類。值得一提的是，中新世晚期的猿類發展出靈活的手臂，可以在肩關節處自由轉動，使得牠們的身體能夠很輕鬆地懸吊在樹枝底下，各方面的敏捷度也更為提升。這些早期的人超科動物具有強健的頜骨，通常上面長著的臼齒會覆蓋一層厚厚的琺瑯質，所以在牠們從非洲的阿拉伯區域擴散進入歐亞大陸以後，仍有能力處理種類廣泛的季節性森林食物。

古生物學家在歐亞大陸和非洲都找到了人超科底下幾個不同屬的生物遺骸，時間大約可回溯至一千三百萬到九百萬年前，或許就是這些遺骸所代表的族群促成了我們「人科」的崛起（或「人亞科」，兩者在大多數情況下只有概念上的區別）。對這些屬的生物之理解主要是透過牙齒、頜骨和顱骨的碎片，但是不久前在西班牙發現了一個案例，因為保存了相當完整的骨架而著名。骨架的主人是一隻一千三百萬年前的皮爾勞爾猿，這種猿類顯然擅於爬樹，但牠身上許多骨骼特徵同時也透露出牠具有將身體直立起來的習性。在當時的人超科動物之間，像這樣的姿勢（至少在樹林裡）有可能其實很常見，就像現在的紅毛猩猩那樣。然而皮爾勞爾猿的頭骨和牙齒構造，跟我們接下來很快就會介紹的每一種假想中的早期人科動物都不一樣。

最早的人科動物，請起立好嗎？

我們族群最早的代表存活在中新世晚期和接下來的上新世初期，約略介於六百萬年到四百五十萬年前。化石紀錄顯示當時又發生了一次大規模氣候變遷，許多生活在空曠地區的新哺乳動物於此時登場，他們也隨著一起出現。冷卻的海洋影響了全球各大陸的降雨量和溫度，使得熱帶地區出現誇張版本的「雨季循環」；溫度降低造成溫帶草原遍布歐洲，也導致非洲的森林開始解體，有些地區的林地遭到草原入侵。這個氣候惡化的時期提供了更大的生態舞台，已知最早的人科動物藉此機會登台亮相。

在我們檢視那些競逐「最古老人科動物」頭銜的形形色色演員陣容之前，或許我們應該暫停一下，先想想早期的人科動物**應該**長得什麼模樣。如果我們找到了最初的人科動物（換句話說，就是我們所屬的族群在排除猿類後的最早成員），我們要怎麼認出他來？這問題似乎很直觀，但事實證明這是個有爭議的議題，特別是因為在回溯具有相關血統的成員（像是人類和黑猩猩）之共同祖先的過程中，理論上他們會和對方愈來愈像，所以也就愈難區分。那些定義了現代族群的特徵原則上甚至應該在過往的迷霧中失去定義，但相當矛盾的是，我們在試圖辨認極早期的人科動物時，主要還是得仰賴尋找現在我們這些後裔所獨有之特徵的早期蹤跡。

一八九一年，荷蘭醫師杜布瓦在爪哇發現了第一個真正的遠古人類化石，他將這個新發現稱作「直立猿人」。他選用的學名強調了這種人科動物所採取的直立姿勢（這一點是透過大腿骨的構造而得知的），因此決定了這種生物具有人類（或至少接近人類）之地位。但後來學界的關注焦點很快就改變了，至少暫時如此。或許現代人最值得一提的特點就是我們的大腦袋瓜，而在二十世紀初期，直立姿勢不再是任何一種化石能不能被認真考慮納入人科動物家族的關鍵標準，取而代之的是腦部尺寸的擴大程度。事實上，英國的著名偽造品皮爾丹「化石」之所以會在一九一二年時被認為是人類的祖先，就是基於它有個人類的大腦殼（和猿類的頜骨接在一起）。雖然有些科學家從一開始就感到懷疑，但這個騙局一直要到大約四十年後才遭到正式揭穿。隨著時間過去，皮爾丹物種逐漸為人所忽視，連帶使得這個訴求大腦袋的判斷標準不再受人青睞。接下來學界辨識人科動物的標準並不是某個解剖構造之特徵，而是某種行為上的準繩，比如說靈巧的雙手和製造石器的能力便成為取得人類地位之關鍵。這樣的概念被稱作「人類：工具製造者」。

但是這套標準也有窒礙難行之處，學界的注意力無可避免地又逐漸回到解剖學上。學者輪番鼓吹各種辨別人科動物的潛在形態特徵，其中牙齒包覆在最強韌的生物材質裡，所以在化石紀錄裡保存得特別好，也因此特別得到關注。在那些有可能是早期人科動物的化石裡，有一種牙齒的特徵引起許多人的注意，那就是厚厚的臼齒琺瑯質。不過話又說回來，如同我們先前所讀到的，這種暗示了粗糙飲食內容的特徵同時也普遍見於中新世的猿類。尺寸縮減的犬齒是另一種永遠能吸引目光的人科動物牙齒特徵，隨著犬齒變小，本來位在上犬齒和下頜前端的前臼齒咬合處的磨合面也會跟著消失。雖然小個子的雌猿可以有相當纖巧的犬齒，但體型較大的雄猿通常具有後緣呈剃刀狀的嚇人上犬齒。不過這個標準也一樣有問題，因為犬齒尺寸縮減的傾向並非人科動物的專利，也可以在許多中新世的猿類身上找到，其中最著名的是中新世晚期長得怪模怪樣的山岳古猿，那是一種在海島上獨立演化出來的猿類，他們同時也顯現出朝向站姿發展的明確趨勢。更重要的是，根據最近的研究，這種值得注意的山岳古猿還擁有「精準抓握的能力」，而這樣的能力曾被認為是懂得製造工具的人科動物所獨有的。

尋找人科動物獨有特徵的困難之處，有一部分是出自演化多樣性的本質。我們愈是往人科動物的歷史深處探查，就愈有可能發現現代人科動物的每個獨有特徵都變得更難區分，而且更容易讓人聯想到相關世系的成員身上之對應特徵。有鑑於此，我們很難去預期真的能找到某種解剖構造上的「萬靈丹」，讓我們可以單憑這樣一帖藥方，就能正確無誤地判斷一具遠古化石到底是不是人科動物。這方面的所有努力都因為各種技術性的理由而宣告失敗，舉例來說，在二十世紀初期，英國解剖學家基斯曾經嘗試畫出一條「腦部的楚河漢界」，將七百五十立方公分的腦容量認定為人屬的分界線。基斯認為，任何腦容量低於此值的動物跟我們就不是同一國的。這顯然是一種方便又易於量測的標準，而且在當時的時空背景，出土的人科動物化石並不多，這甚至有可能是個可行的辨識標準。但可以預見的是，隨著人科動物的化石樣本愈來愈多，問題就出現了。腦部尺寸在同一個族群內也會有顯著的變動（現代人類的腦部尺寸範圍從大約一千立方公分到兩千立方公分不等，而且腦子較大的人不見得就比較聰明），所以即使在原則上，這個標準可能會在承認一個遠古人科動物和我們是同一屬的同時，卻排除了他的父母或後代。事情的發展果然不出所料，數量漸增的化石迫使後來的學者數次調降基斯的數值，直到這整個「楚河漢界」的想法被發現顯然是一場誤會為止。

任何這一類用來判定人屬或人科成員的「試金石」都產生了類似的異議，但是透過一個「關鍵標準」觀點來檢視事物的誘惑力始終不減。事實上，古人類學家繞了一大圈，在最近幾年又回到杜布瓦的看法，所有目前被吹捧為「初始人科動物」的物種共有的最顯著條件，就是他們每一種都是以雙足在地上行走的。考量到東非的森林在中新世的最晚期正開始讓位給零星的開闊地域，這似乎是種判斷人科成員的直觀標準。森林的轉變至少迫使一些猿類族群在地面停留更長的時間（當然，更有可能的下場，就是這些種族仍老實待在樹上，然後淒慘滅絕），儘管如此，如果這樣的環境變遷可以強迫一支猿類世系挺直腰桿，為什麼其他的猿類沒發生同樣的事呢？或許有好幾種猿類都站了起來，但只有一種能成為人科動物的祖先。

另一個更叫人感到困惑的因素是，所有已知「極早期人科動物」的化石發現地點，據推測當時都是林木濃密的棲息地，再不然至少也是混合地貌，所以最早的人科動物並不是因為祖傳的棲息地消失，才被迫在地面上站起來走路。我們人類擁有相當信奉化約主義的心靈，著迷於清晰、直觀的解釋，但是既然這個故事和冷酷無情的大自然有關，我們還是得提防過於簡單的情節。

演員陣容

在快要邁入二十一世紀的時候，已知的人科動物化石紀錄還只不過能回溯到大約三百萬到四百萬年前，但是接下來出現了一系列了不起的發現，許多競逐「最早」人科動物寶座的各路競爭者逐一現身，而且年代都還要更久遠。其中最古老的一種所屬的年代，約略同時於根據DNA研究所顯示的我們祖先與最接近的猿類親戚（據信為黑猩猩和倭黑猩猩）分道揚鑣的時間點。

「圖邁」和原人屬

現在我們手頭上最古老的「初始人科動物」是將近七百萬年前的查德沙赫人，該物種是在二〇〇一年發現於非洲的中西部國家查德（恰好位於大裂谷以西）。目前為止發表的遺骸包括一片支離破碎的顱骨（其非正式名稱叫做「圖邁」，也就是當地語言「生命的希望」之意）以及一部分的頜骨。這些化石被發現時引發了軒然大波，因為沒有人曾預期過會有這樣的人科動物祖先存在。圖邁特別奇怪的一點，是它同時擁有小的腦殼（因此較像猿類）和略微扁平的臉孔，不同於那些比較年輕的人科動物化石（或是猿類）突出的口鼻部。敘述圖邁的學者基於兩個理由認為這個化石形態屬於人科動物，首先是牙齒，圖邁的臼齒具有厚度適宜的琺瑯質，犬齒的尺寸縮減，而且沒有搭配下前臼齒磨合面的咬合機制。這些理由目前為止看來還不錯，但如同我們先前所讀到的，厚琺瑯質以及犬齒和前臼齒間簡化的複雜度都可以在人科之外的動物身上找到，所以關鍵的發現其實是在那片支離破碎的顱骨底部。圖邁的枕骨大孔（供脊髓穿過以離開顱骨的大洞）似乎移動到頭骨底下，大致朝向下方，顯然這顆頭顱是平衡放置在豎直的脊柱上的，這是一種你可能會預期能在像我們這種直立雙足動物身上找到的結構。黑猩猩有四隻腳，頭骨懸掛在水平的脊柱前端，所以枕骨大孔必須位在頭骨的背面，開口朝向後方。但話又說回來，查德沙赫人的頭骨不幸碎裂得太厲害，所以和枕骨大孔有關的重大宣言難免會引起爭議。

為了回應這樣的爭議，研究人員把那塊破碎的頭骨放到醫用掃描機器裡進行電腦斷層掃描，藉此產生接近實際情況的虛擬重建模型。但無論重建過程再如何高科技，永遠還是會牽扯到那麼一丁點兒的人為判斷。不過查德沙赫人的原始頭骨重建模型提供了一個堅實的基礎，圖邁八九不離十是雙足動物的頭骨沒錯。雖然仍有些人抱持懷疑，而且除非可以找到查德沙赫人身體骨架的關鍵部位，否則雙足行走姿勢的問題絕無解決之日，但是重建結果似乎姑且認定這種化石形態是一種雙足動物。

如果圖邁是人科動物（或者就算他不是），那我們到底對他的生活方式有多了解？在同一個沉積層裡發現的化石顯示，查德沙赫人居住在水源豐沛的環境裡，附近還有座森林。我們可以從這些線索直接得到的情報實在不多，但的確能看出一些蜘絲馬跡，推想出這個假想中的祖先所能取得的資源種類。將這項資訊和其姿勢、棲息地，以及牙齒的一般形態同時納入考量，我們似乎可以合理推測查德沙赫人至少是一種偶爾會站起身來的雙足動物，以類別相當廣泛的植物性食物維生，飲食內容包括水果、樹葉、果仁、種子和樹根，而且很可能更包括了昆蟲和蜥蜴之類的小型脊椎動物。根據目前的證據，或許妄下論斷並不明智，但我們願意略加推測早期人科動物的群居本質之類的事。

在二〇〇〇年，一種幾乎和圖邁一樣古老的化石形態在肯亞北部出土（所以被暱稱為「千禧人」），技術名稱是「圖根原人」。這些殘缺不全的原人屬素材，發現自數個可回溯至約略六百萬年前的地區，包括頷骨的碎片、牙齒，還有幾塊四肢骨，研究人員認為這些遺骸分別屬於同一物種的不同成員，但這個想法未受證實。其中臼齒覆著厚厚一層琺瑯質，略呈方形，而且尺寸不太大，這些都是我們預期會在早期人科動物身上看見的特徵；更重要的是，化石之中有顆小得振奮人心的上犬齒。不過爭議集中在股骨，不幸的是這些股骨的斷裂處，恰好就是形態學（解剖構造）能有效判定雙足行走姿勢的地方。儘管如此，其餘的部位倒是和直立運動完全一致，在上半身末端有片肱骨（上臂骨），肱骨上有一個牢靠的固定區，用來附著重要的攀爬用肌肉，另外還有一塊呈強烈彎曲的指骨。這兩種特徵都代表了攀爬和抓握樹枝的行為模式，而且在同一個地區發現的其他動物化石暗示他們全都住在一個略乾而常綠的森林環境裡。值得注意的是，這裡並沒有草原上的反芻動物。從各方面來說，原人屬的化石提供了相當有力的證據，證明在約略六百萬年前，東非日漸乾燥的森林裡有雙足人科動物出沒；而且人類和其親戚物種的ＤＮＡ比對結果也同樣顯示，早期人科動物合理的預期出現時間，大致就是這個時期。

「阿爾迪」

「初始人科動物」大賽的第三位參賽者是地猿，那是一種近來受到大肆宣傳的靈長類動物，來自衣索比亞北部阿瓦士河流域的岩石堆中。一九九四年在一個叫做阿拉米斯的地方，屬於始祖地猿的一些骨頭碎片從四百四十萬年前的沉積物裡重見天日。這些在沙漠岩石裡找到的碎片遭到嚴重侵蝕，呈現慘不忍睹的易碎狀態。到了二〇〇九年，一具幾近完整（但同樣支離破碎）的骨架才公諸於世，科學家耗費了十幾年的光陰重建這具骨架並加以研究。另外，學界在二〇〇一年將同屬的另一種較早期的物種命名為卡達巴地猿，這種猿類的化石發現自幾個鄰近的地點，年代介於距今五百二十萬年到五百八十萬年前之間。考古遺址會因為時空變遷而四散，雖然卡達巴地猿的化石紀錄略有增加，但還是只有從各個遺址找到的紛雜素材能代表他們，而且這些素材在同一物種裡的關係，甚至比原人屬的情況更不確定。

大部分的卡達巴地猿化石是牙齒和頷骨的碎片，雖然他們的犬齒沒那麼尖，但尺寸幾乎可以和雌黑猩猩匹敵，至於臼齒的琺瑯質則有些薄得過頭。顱後（也就是低於脖子）的身體構件包括一些手臂骨的小碎片、一部分鎖骨，還有兩塊指骨。其中最有趣的可能是一塊腳趾骨，它的主人是目前所知最年輕的卡達巴地猿個體，距今只有五百二十萬年。這塊骨頭彎曲得很厲害（換句話說，像猿類一樣），不過它和後方骨頭的連結方式跟後來的人科動物很像，那是一種被視為雙足行走姿勢證據的特徵。卡達巴地猿的上肢化石據說和猿類更為接近，說明這是一種上半身構造遠比下半身來得原始的化石形態，而這樣的形態也常見於早期的人科動物。另外，根據相關的化石判斷，卡達巴地猿所居住的環境具有繁茂的林木。

最近公開的始祖地猿骨架為我們帶來獨特的全面觀點，讓我們能夠一瞥這種假想的早期人科動物。而且始祖地猿的確是一種奇獸。重建自支離破碎顱骨的虛擬模型（暱稱為「阿爾迪」）揭露始祖地猿的腦容量介於三百到三百五十立方公分，約略等同於現在的黑猩猩腦部；他們的體型和小黑猩猩相當，體重約五十公斤。猿類和人類不同，他們的腦殼較小，有一張朝前突出的大臉，雖然「阿爾迪」的臉略小了一些，但是他的頭骨構造和其他假想的早期人科動物很像，同樣具有本質上類似猿類的比例。他的臼齒大小適中，琺瑯質比原來發現的地猿來得厚，犬齒則比卡達巴地猿小了不少，也沒

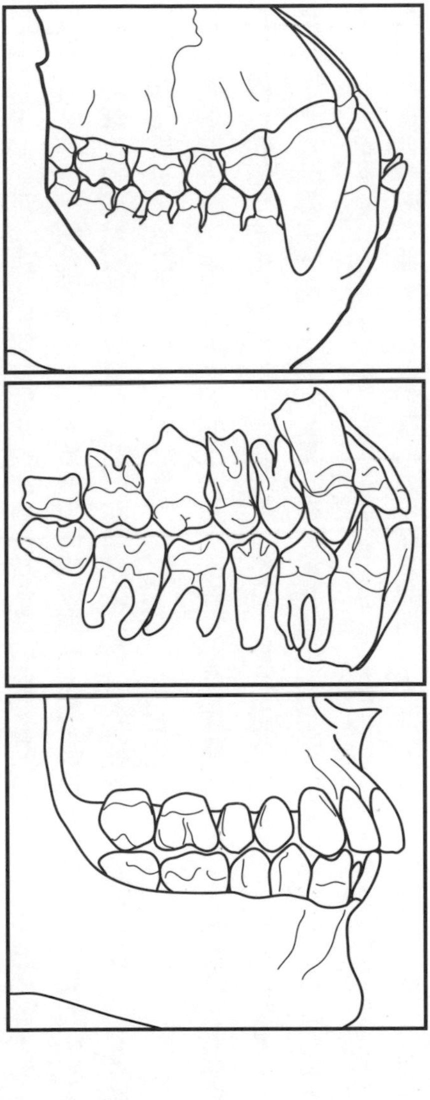

現代猿類（尤其是雄猿）的上犬齒又大又尖，和下排的前臼齒抵靠磨合；相反地，現代人類的上、下犬齒尺寸大幅縮減，而且就算比其他牙齒突出，突出的幅度也不會太大。為了判斷一件化石到底是人類還是猿類，古人類學家所找尋的其中一種證據，就是犬齒的縮小情形。此圖中所見的牙齒對比側視圖，分別是想像中的雄性始祖地猿（中）、雄性黑猩猩（上），以及雄性人類（下，和許多人一樣缺乏智齒，而且有點暴牙）。地猿的情況介於黑猩猩和人類之間，他的上犬齒和下犬齒都變小了，但還是很尖，而且略微突出。其他屬於「極早期」族群的人科動物也都有大致像這樣的牙齒構造。插圖繪製：斯特緋。

有前臼齒的磨合機制。用來重建阿爾迪的那些來自阿拉米斯的原始骨頭碎片裡有一片顱底骨，據說顯現出略微前移且開口朝下的枕骨大孔；雖然新發現的頭骨並不完整，但據傳也呈現了同樣的傾向。綜上所述，儘管阿爾迪的重建頭骨並沒有在各個面向都發出「我是人科動物！」的尖叫聲，但若說他是我們家族的早期成員，大概也不會讓人太過吃驚。

但是脖子底下就大有文章了！阿爾迪的手臂和手部的骨頭是長時間待在樹上的動物才有的構造，可見他對於在樹林間攀爬的生活適應良好。這一點並不令人感到驚訝，因為我們早就知道後來的人科動物也維持了上半身的攀爬特徵。不過話又說回來，或許最讓人驚訝的是，這些骨頭並沒有顯現出任何「以指節行走」的特徵。這樣的特徵可以在黑猩猩和大猩猩的前臂及雙手找到，而牠們通常被視為最接近我們的現存親戚物種。本質上，這兩種現存的非洲猿類都是樹棲生物（成年的雄性大猩猩除外，因為牠們重到無法在大部分的樹林間攀爬）。待在地面的時候，牠們偶爾會直立起來，用後肢行走一小段距離，藉此展示自己的威風，或甚至攜帶物品；但是所有的猿類基本上都是以四足在森林的地面行走的，用來抓握樹枝的纖長手指會阻礙牠們在地面移動，因此當牠們手腳並用行走時，黑猩猩和大猩猩都會將手指握成拳頭，靠第一指節的外側負擔身體前端的重量。這麼一來，手臂相對於腿部的有效長度便縮短了，牠們就能夠比較舒服地行走，同時保護脆弱的長手指不受傷害。基本上猿類的四肢末端適應了樹棲生活所需的拉伸應變，從牠們手部和腕部的構造上，可以清楚看出這種為了壓縮負重而進行的特殊調整。

但當然了，猿類是猿類，人類是人類，在阿爾迪身上找不到以指節行走的暗示為什麼值得在意？畢竟我們智人在身體構造上也沒有任何跡象，暗示了我們是某個以指節行走的祖先之後裔。不過這個問題之所以引人注意，是因為分子系統分類學家比較了人類和猿類的ＤＮＡ結構，他們的結論顯示，比起大猩猩，人類和黑猩猩的關聯更密切，這兩種物種擁有較相似的ＤＮＡ。基於ＤＮＡ分子隨時間改變的速率約略不變之假設，分子系統分類學家甚至準備好要大膽推測大猩猩與人類／黑猩猩群體分離的時間，以及人類和黑猩猩分道揚鑣的時間。

從古生物學家的眼中看來，基於分子而推算的物種分離時間通常有點低估，人類和黑猩猩的分離時間估計大約介於五百萬到七百萬年前之間，大猩猩離開的時間則要再早個幾百萬年。但無論確切的分離時間是何時，這都同樣意味了，如果以指節行走的黑猩猩和大猩猩有個用同樣方式走路的祖先，那麼黑猩猩和人類的祖先必然也是這樣走路的。在這種情況下，以指節行走的特徵一定是在黑猩猩和人類分家後，才消失在人類的世系裡。而且你或許會預期，像阿爾迪這種被聲稱為早期人類祖先的生物，應該可以在他的腕部和手部找到一些以指節行走的過往蛛絲馬跡，可是阿爾迪身上卻沒有任何這樣的跡象，不禁讓人有點兒納悶，究竟是阿爾迪本身有問題，還是目前我們接收到關於人類及其最密切的現存親戚物種之關係的認知有誤。

短時間內這個謎團是不會解開了。不過阿爾迪的發現者同時也煞費苦心地強調，化石的前肢和現存的兩種非洲猿類都不相似（反正也沒人這麼預期）；比較值得一提的是，阿爾迪顱後骨的其餘部分跟我們所知的任何物種都不像。阿爾迪的骨盆碎裂得很嚴重，所以在重建原本狀態的過程中加入了許多主觀判斷。一如重建模型所示，和猿類相較之下，骨盆的髂骨脊（在背後往兩側呈喇叭狀展開的地方）從頂到底的距離較短，因此還稍微比較像人類。不僅如此，骨盆的前端有一大塊脊狀突起，和強壯的韌帶跟發展良好的肌肉有關，其中韌帶有助於在直立行走時維持平衡，肌肉則可以幫忙伸展腿部，所以人類的這塊脊狀突起相當大，而在那些以四足行走的猿類身上就小得多。由於阿爾迪的化石具有較短的骼骨和較大的脊狀突起，所以其研究團隊認為這暗示了某種程度的直立行走能力，但是鑑於我們那中新世晚期的老朋友山岳古猿也有同樣的特徵，或許這些特徵所代表的是在樹林間採取直立姿態的習性，並不是代表了地面上的行走動作。

看著阿爾迪的腳，就能進一步強化這樣的印象。他的腳絕對不是我們想像中人科動物的腳，我們腳的大拇趾朝前突出，和其他腳趾排成一列；相反地，阿爾迪擁有的是一隻纖長、彎曲、用來爬樹的腳，有一根角度向外岔開、擅於抓握樹枝的大拇趾。因此，我們在阿爾迪身上又看見了另一種不會讓人特別聯想到現代猿類的構造，而且再怎麼說，這樣的腳也不適合在地面上行走。

所以阿爾迪**到底**是怎麼移動的？我們到目前為止還很難判斷。阿爾迪有一雙不適於地面生活的腳，但這個靠著抓握樹枝爬樹的大塊頭又太重了，以至於他在樹林間的生活受到相當程度的限制，他只能在那些粗大得足以支撐其體重的樹枝頂端徘徊。時至今日，重乎乎的紅毛猩猩也面臨了類似的體重問題，身為「手腳並用的爬樹高手」，牠們常常一次抓住一整把小樹枝，把自己掛在底下；但是阿爾迪的研究團隊直截了當地否認，他們的研究對象在解剖構造上絕沒有絲毫往「懸吊式」生活方式發展的傾向。

所以我們說阿爾迪是隻神祕的野獸，我們在現代找不到能對應他的身體骨架結構，而且他的顱部構造最起碼也有點兒含糊不清。就算他是人科動物，也絕對不是後來人科動物的直系祖先，不只因為他具有異乎尋常的解剖構造，也因為關於人科動物的祖先，我們另有一個生存時間只比阿爾迪晚了一些的更好候選者，你很快就會讀到。因此，如果阿爾迪是人科動物，我們必須把他視為人科動物家族

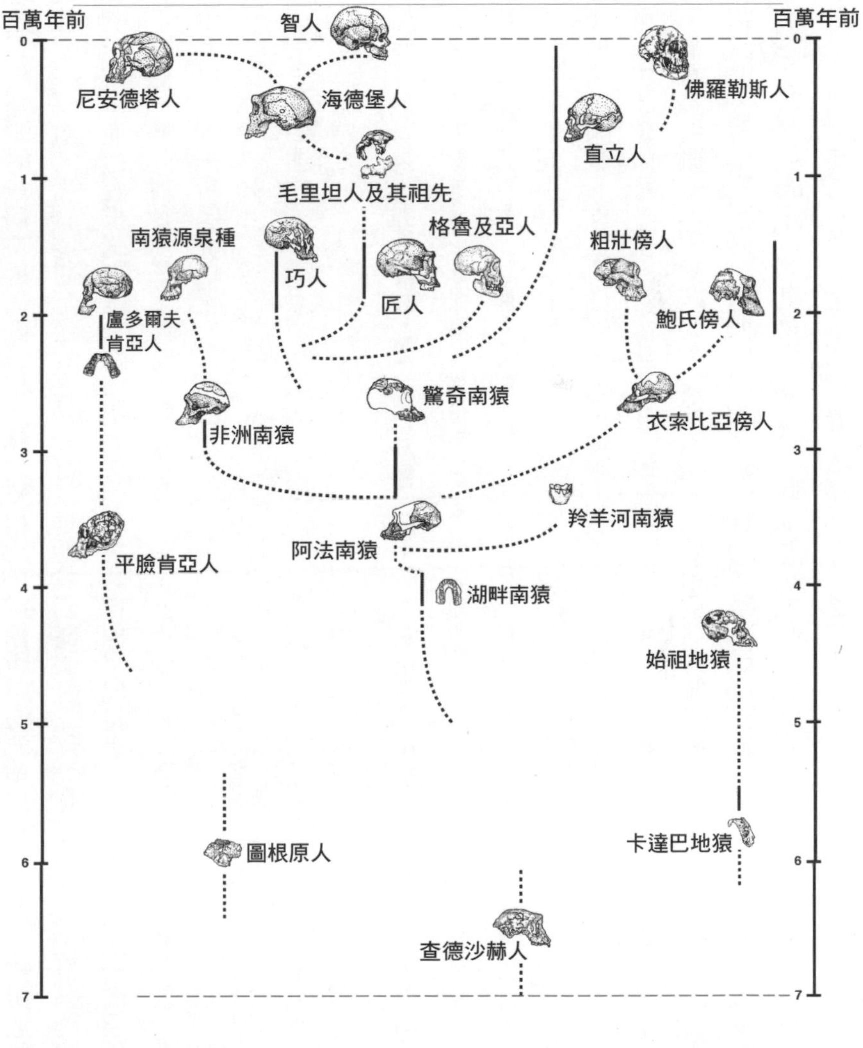

暫定的人科動物家族樹，圖中描繪出各物種之間的一些可能關係，同時顯示在智人出現之前，一般都有多個物種的人科動物存在於同一時期。圖表繪製：斯特絣；版權所有：泰德薩。

樹早期分枝裡頭的一個晚近代表（和沙赫人屬相比，這裡所謂的「早期」可能還比較接近現代）。如果這個想法沒錯，那麼這種奇怪的生物便可以幫助我們從頭建立起一套描述各種人科動物之間顯著多樣性的模式；而這套模式可以一路沿用到我們自身的物種出現為止。現在，我們在這世上孤伶伶的，只剩下我們一種人科動物了，但其實就在不久以前，通常同一時間有許多人科物種四散在各處，如同第四十九頁的圖例所示。

為什麼是兩隻腳？

阿爾迪很有說服力地提醒了我們，氣候變遷中的上新世世界提供了一座舞台，人超科動物在上面接受一場龐大的演化實驗，迫使他們開始探索停留在地面更久的生活形態。不管是什麼原因逼得這些生物爬下樹來，那顯然是一股強大的力量，因為我們千萬不能忘記，即使只是短時間離開樹林到地面生活，也都是非同小可的事。事實上，從樹上來到地面，等於是在黑暗中縱身一躍。對居住在森林棲地的爬樹高手來說（尤其是像阿爾迪這樣的大個子），能威脅其成體的獵食者很少，另外雖然食物來源會隨著季節變化而增減，但增減的方式相對可預期，而且他們的基本生活形態早就寫在靈長類動物千萬年來的演化裡了。相反地，在森林邊緣、林地和草地的開闊區域充斥著各種兇猛的殺手，像是獅子和劍齒虎，而剛爬下樹的物種會需要全新的覓食策略，以取得這些棲地所提供的陌生資源。任何遷徙到這些全新環境的靈長類動物都進入了一個全然陌生而又艱困的生態區，對最初的人科動物而言，這絕對是一場豪賭，不過最後他們在這場賭局裡大贏了一把。

所有靈長類動物都有四肢，為什麼他們的成員之一會採用在地面上直立的雙足行走姿勢，這問題始終叫人爭論不休。這並不是一種具有顯著優勢的移動方式，而一開始的缺點卻是再清楚不過（最明顯的，就是在一個充滿快速獵食者的環境裡犧牲了速度），所以這還真的是個大謎團。為了呼應先前提過用來辨識初始人科動物的預設方法，古人類學家通常以這種不尋常的移動方式所帶來的「主要優點」來解答「為什麼是兩隻腳」的問題，有可能是因為這樣的移動方式本身就提供了一些優點，不然就是有某些連帶的好處。雙足行走姿勢為人科動物開啟了許許多多的獨特機會，除此之外，這種移動方式究竟有何特定優點，很多猜想都出籠了。

在古人類學這門科學創始之初，古人類學家就注意到人類很懂得利用雙足行走姿勢所開啟的機會。早在十九世紀中期，達爾文就認為人科動物所採用的雙足行走姿勢解放了雙手，所以能夠改變物體、製作工具，他後來又在他的論點裡補上長距離攜帶物品（如食物）的能力。令人遺憾的是這個猜想是錯的，因為我們已經知道人科動物先是站了起來，然後在很久以後才開始製作工具。

在地面上直立移動的其他推測優點，其多樣性簡直叫人屏息，其中一種極端的猜想認為這和「能量」有關，所以科學家耗費了大量心力，計算人超科動物以四足或雙足在地面上行走所需的能量。可以預期的是，這問題並沒有一個簡單的答案，端視你的移動速度、你是用走的還是用跑的、地形的崎嶇程度，還有你的體型跟四肢的移動方式而定。結果顯示，以每單位距離所使用的能量來看，現代人類在行走時的效率顯然優於跑步。而且科學家已計算得出，人類的平均跑步耗能高過四足動物的平均耗能，走路的耗能則較低。所以只要早期的人科動物有辦法一邊慢慢走，一邊避開獵食者的注意，或許他們可以藉由雙足的蹣跚前行而節省能量。

雖然有些學者已有結論，認為和黑猩猩以四足緩行的移動方式相比，人類的雙足行走可顯著提升能源的使用效率，不過其他人對這種「現代人類的能源效率」之說法普遍無動於衷，而且對效率較差的早期雙足人科動物來說，他們在各方面的耗能都會比我們高。這場論戰肯定還會繼續下去，但是目前看來，早期人科動物之所以選擇直立行走，實在不太可能是因為這是在開闊的地表上從此地到彼地的一種比較經濟的做法。

如果你想尋求直立狀態的生理學解釋，有一種關於體溫調節的說法看似更為可信。一般而言，哺乳動物需要維持合理的恆定體溫，腦部對過熱尤其敏感，腦溫只要飆升一丁點兒，就會造成不可恢復的傷害。靈長類是熱帶動物，但是他們沒有幫腦部降溫的特殊機制，所以唯一可以讓他們在離開樹蔭時還能維持腦部恆溫的方法，就是冷卻整個身體。如果一隻四足動物在空曠處站起身來，身體直接暴露在正午焰陽的炎熱射線下的區域就變小了，這樣吸收到的熱能最少，對任何動物的「體溫預算」而言，這都是一項重要的考量。除此之外，大部分的體表遠離了熱燙的地面，暴露在涼風下的身體區域也最大，對我們來說這很重要，因為人類在炎熱的氣候底下，是藉著汗水蒸發來排除過剩的熱能。附帶一提，這是個很有力的理由來讓我們相信採取站姿（在某種情況下）也和體毛變少有關，因為體毛會阻礙汗水蒸發，也因此造就了我們今日之所以被稱為「裸猿」的顯著特徵。

這些要點匯集成一個很好的故事，在早期的人類大戲裡，或許各個要點都扮演了重要的角色，但是如果要把這當成人類採用雙足行走姿勢的解釋，唉，只能說可惜這個美妙的理論被一個不願面對的真相給扼殺了。事實上，早期的人科動物化石所在的環境條件普遍林木繁茂，或者至少有很多樹木；換言之，早在樹木提供的遮避完全消失之前，人科動物就已經在採用雙足行走姿勢了。

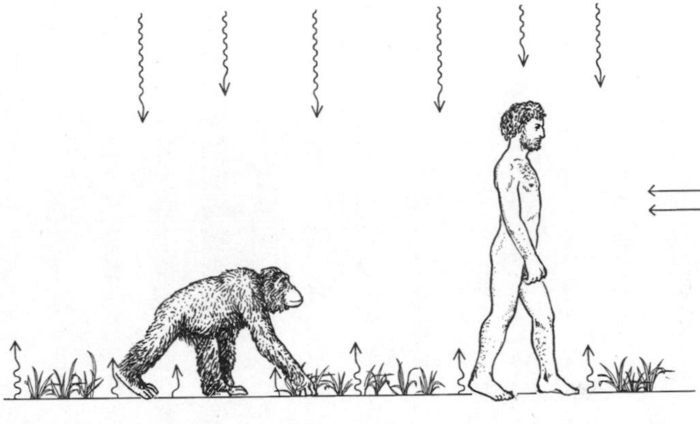

圖示為雙足或四足動物在無遮蔭的熱帶莽原上的情形。相較於四足行走的猿類，直立的人類接受到太陽和地表熱力的身體區域減少了，同時極大化了可輻射體溫的皮膚區域。而且大部分的身體也遠離了地面，因此能得利於氣流的冷卻效應。插圖繪製：塞勒絲。

附帶一提，另一個曾流行一時的想法也基於同樣的觀察而遭到捨棄。這個想法認為人科動物最初直立起來，是為了能在莽原上看得更遠，可以更有效地看見逼近的獵食者。若你來到今天的塞倫蓋蒂平原（對大多數人而言，這裡所呈現的就是非洲的典型景觀），你將震懾於一望無際的廣闊草原而無法自已，在看似無邊無際的全景之上，是一片掛著棉花般雲朵的藍色天空。但是當時間回到上新世，那時的棲息地通常較為封閉，塞倫蓋蒂平原式的莽原是在相當久遠的未來才會出現的景象。有鑑於此，有些古人類學家認為站起身來可以構到長在較高處的低垂果實，居住在開闊空間的黑猩猩就曾被觀察到會做出這樣的動作，所以他們認為這是早期人科動物直立行動的可能動機。但話又說回來，既然四足行走的黑猩猩也辦得到，顯然你沒有必要當個全天候的雙足動物，就只是為了某個偶爾站起來就能享有的優勢。

儘管如此，直立的潛在好處並不只局限在生理學層面和有效變高的體型（這也可能會對獵食者造成威嚇效果）。有人認為直立行走和某種特定形式的社會行為有關，有個最近才提出的想法，就暗指了一夫一妻制，在某些方面令人聯想起達爾文原本的觀察。依此邏輯，早期的雄性雙足人科動物有能力在大範圍的區域內尋找食物，也有能力把食物帶回來給自己的伴侶，雌性則為了照顧他們共有的後代而停留在一個小區域內（不過也有人爭論道，雙足行走姿勢可以讓動物更容易帶著嬰兒行動）。雄性的雙足行走姿勢可以展示其生殖器以吸引雌性，而雌性把生殖器藏在大腿間，藉此隱藏排卵期的跡象，所以雄性必須持續對自己的伴侶獻殷勤，以確保雌性的忠貞。嗯，或許吧，各種依循一夫一妻制的靈長類動物兩性體型通常都很接近，但我們有很好的理由相信早期的雌性人科動物體型明顯比雄性小得多。

這份記載潛在關鍵優點（以及反駁這些優點）的清單可以繼續下去，但是在這裡說個沒完沒了會讓人錯失重點。當你在思索當時的人科動物為何要站起身來的時候，你應該牢記在心中最重要的一件事是，一旦你採用了雙足行走姿勢，那麼所有的潛在優點就都就位了，當然所有的缺點也會一樣一次到位。所以或許我們應該放棄尋找主要優點的念頭，回歸到最根本的問題：為什麼早期的人科動物會想要站起來，迎接居住在地面上無可懷疑的挑戰（姑且不論到底有哪些挑戰）？這個問題唯一較可信的解答，就是那些最早可以在地面上度過大量時間的人科動物，早就已經能夠舒舒服服地直挺挺站立和移動了。顯然這個人科動物的祖先不會採用困難重重的地面站姿，除非所有伴隨的平衡和重量轉移問題都解決了，而「站起來」對他來說只是個再自然不過的舉動。沒錯，你在電視上看到的那些可愛的狐獴也會「站」起來警戒獵食者，但是如果牠們看見了獵食者，牠們馬上就會四腳著地、逃之夭夭；在猴子和現存的猿類身上也能看見同樣的行為。沒有任何堅定的四足動物會只因為現代研究者設想到的一些潛在優點，就違背直覺站起來走路。

幾乎可以肯定的是，人科的祖先之所以會覺得用兩隻腳巍巍顫顫地蹣跚前行最舒服，是因為他們早就採取站姿了。想必他們是某種人超科猿類世系的後裔，而這種猿類祖先在樹林間移動時習慣挺直軀幹，就像他們的遠親皮爾勞爾猿和山岳古猿已被證實的行為模式那樣。對體重不輕的樹棲生物而言，這樣的姿勢顯然有其意義，因為他們可以藉此靠手臂把自己懸吊在樹木邊緣的細小樹枝上，那裡的果實最多，所以這種能力給他們帶來了划算的好處。現存的非洲猿類以指節行走，因為他們的祖先基本上是樹棲的四足動物，這些樹棲四足動物的解剖構造太過執著於水平姿態，以至於他們的後裔無論是要在森林的地面上隨便前進一段距離，還是要在樹林間冒險，都沒有辦法直立移動。對早期的人科動物而言，他們所面臨的現實必然相反，因為在地面上以四足移動會讓他們感到笨手笨腳。馬達加斯加跳狐猴的情況完全就是如此，牠們是長腿的靈長類動物，在樹林間以垂直姿態攀附或跳躍，很偶爾要到地面上遠足時，牠們會用兩隻腳走路。

因此，身為體型龐大的爬樹高手，人科動物的先驅在樹林間移動和覓食時應該會豎直軀幹，這樣才說得通。性喜懸吊的紅毛猩猩傾向在樹林間保持直立，其實牠們在地面上也是相當不錯的兩足動物，所以或許我們可以合理地想像我們那遙遠的先祖至少在身體形態上，是種「超越紅毛猩猩的猩猩」。但不管實際情形為何，從樹棲者轉變成偶爾下樹的雙足動物一定是很艱難的過程，因為爬樹高手會發現用來抓握樹枝的腳掌在地面上成了阻礙。比較可能的情況是，人科動物的祖先一開始到地面上冒險，就旋即失去了那樣的腳部結構。到底我們這雙適合地面生活的腳是怎麼來的？確切的演化脈絡又是什麼？這些問題仍然晦澀難解，令人心焦。我們缺乏這方面的知識實在非常可惜，因為後來發生的每件事，都和這次從樹上到地面的重大轉變有關。對我們而言，這是整個古人類學領域裡相當基本的謎團。

雙足的猿類

在約略十多年前，最早的已知人科動物化石是屬於南猿屬（顧名思義，「南猿」的意思就是「南方的猿類」）。南猿屬的第一個成員於一九二四年發現於南非的遺址，之後陸續有許多其他南猿化石發表，有些同樣來自南非，有些則來自東非（還有一個是在位於中西非的查德發現的）。但是在一九九五年以前，這些「南猿」的定年結果都是介於距今兩百萬年前後和不到四百萬年前之間。接下來有一種稱之為湖畔南猿的新物種，在鄰近圖爾卡納湖湖畔的幾處遺址被發現了，而圖爾卡納湖是位於肯亞北部不毛之地的一片廣闊水域。這種化石形態的物種名稱源自當地語言裡的「湖泊」，而發現化石的沉積層之年代推估為距今三百九十萬年到四百二十萬年前。這項發現使得南猿屬動物的存活年代範圍提前了不少，事實上，和我們剛剛才提過的「初始人科動物」的存活年代略有重疊。

過去的數百萬年來，圖爾卡納盆地所在的區域擁有活躍的火山活動，我們可以藉此得知那些埋藏了化石的岩石有多老。這是因為包含在火山岩裡的礦物質混合著許多不穩定（放射性）狀態的元素，這些元素會以已知的穩定速率衰變至穩定態為止。火山岩是由流動的熔岩和一層層的落塵所形成的，間隔交錯在有如千層蛋糕的積累沉澱物之間，而當火山岩在沉積堆的頂端開始冷卻時，裡頭不會包含任何衰變後的穩定產物；因此如果你在火山岩裡偵測到任何像這樣的產物，那絕對都是衰變而成的，所以透過已知的衰變速率，就能計算出岩層的時間跨度。這麼一來，你就知道了火山岩層的歲數，而任何埋藏了化石的沉積物如果恰好位在岩層的上方，那就比岩層年輕（希望只有年輕一些）；同理，如果在岩層的下方，那就更古老一些。當然，事實很少真的像這種簡略算法所設想的那麼單純（舉例來說，地質斷層可以造成沉積物的次序發生傾斜、變形或錯位），但是在這半世紀以來，地質年代學家已經很熟練於計算確切年份了，如果資料的正確性不足以信賴，他們也會知道，不致因此誤判。不過還請注意，大多數你在本書中讀到以年為單位的定年時間，包括很早期的那些，指的都是岩石的歲數，而不是化石本身的。

儘管如此，肯亞的湖畔南猿化石之定年倒是相當完善（還有來自鄰近的衣索比亞，距今約略四百一十二萬年前的其他南猿化石），而且這些化石和我們推測為同屬南猿屬後代的相似度令人安心。這次的情況不像圖邁和阿爾迪，雖然相較之下圖邁和阿爾迪具有比較完整的代表樣本，但卻引起了一大堆問題。更重要的是，在所有我們百分之百確定已經特化出重要的直立雙足行走姿勢的人科動物裡，湖畔南猿是最古老的一種。

這個物種大多數已知的化石是牙齒和頜骨碎片，但也有一些顱後骨，其中有塊斷裂的脛骨（小腿骨）是特別關鍵的線索。這塊骨頭的末端（踝端）格外有趣，那裡有個很大的關節面，所朝向的方向就像是在暗示身體的重量從膝蓋直接往下傳送到踝關節，而不是像猿類那樣還要拐個角度。這是很重要的一個特徵，因為雖然猿類有能力進行雙足移動，但是他們並不是和我們完全一樣挺直身子行走。

他們的股骨呈一直線，從髖關節直接下降到膝蓋，然後再繼續沿脛骨往下。這對四足動物來說是很自然的腿部構造，因為四足動物多少都需要把自己像桌子一樣撐起來，四個角落分別由四肢抵住。但是當四足動物站起身來以兩隻腳走路，和平衡有關的一切規則都改變了。他們的兩隻腳會岔得很開，換言之，在往前行進時，每隻腳都必須以另一隻腳為軸心轉動，不停畫著大圓，就像圓規的動點繞著定點轉動那樣。這樣的動作不只笨拙，而且極度浪費能量，所以猿類直立行走一小段距離就會累了。相反地，現代人類的股骨在髖關節處急遽內縮，因此股骨的骨幹和底下與地面垂直的脛骨之間形成一個「承載角」，使得兩邊膝蓋在行走時靠得很近，腳掌沿著身體前方的一條直線移動，所以我們的體重不會隨著每一步跨出而毫無效率地左右搖擺。

湖畔南猿的小腿骨和我們一樣在膝蓋處比較強固，可見這種早期的人科動物至少已經獲得了雙足有效率移動的基本前提。在肯亞找到的一塊腕骨暗示了湖畔南猿的上肢構造不若猿類靈活，腕部比較像是後來的人科動物。相反地，雖然湖畔南猿的牙齒和較晚近的南猿有很多相似之處，特別是他們都有厚厚的琺瑯質、又大又寬的前臼齒和臼齒，而且都同樣缺乏前臼齒的磨合機制，但是在某些方面，他們的牙齒倒讓人回想起更久遠以前的時光。比如說，雖然他們不是那麼愛吃水果，但卻有對大門牙，前排的下前臼齒很尖，而且齒列長而平行；他們的下巴輪廓從上往下急遽後縮，就跟猿類一樣。儘管如此，這一切的一切都顯示湖畔南猿是後來的南猿較為確信的原始先祖，而且湖畔南猿把年代只早了一點點的始祖地猿很有說服力地擠到一旁去了，因為這種物種更可能是後來人科動物的直接祖先。

相關的化石暗示了湖畔南猿通常居住在臨水的森林或叢林棲地裡，更支持了我們前述的看法，

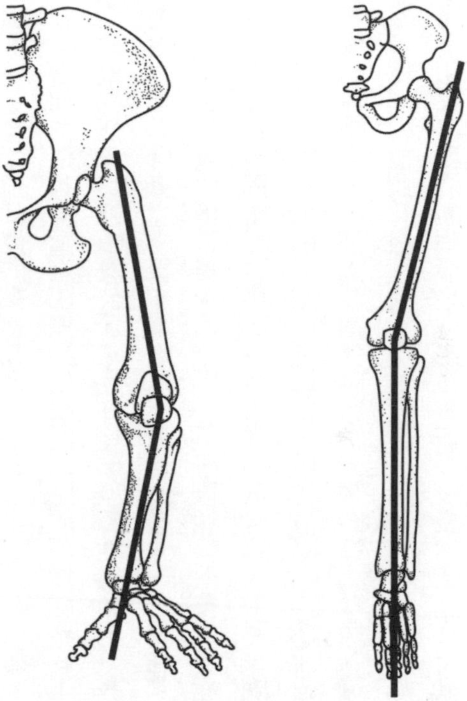

人類腿部的骨架在許多方面已適應了雙足行走姿勢，其中有個重要的特徵在於大腿骨和小腿骨骨幹間的「承載角」。大腿骨往膝蓋的方向呈現出朝內的一個傾斜角，但身體的重量便因此一路向下穿過脛骨和腳踝，最後落在腳掌上。因為這樣的幾何關係，人類在行走或奔跑時，兩隻腳會以很近的距離互相掠過，隨著體重在兩腳之間轉移，身體的重心不必左右移動。人類的腳踝也不具有可以轉移體重的側向構造。猿類是四足動物，缺乏像我們這樣適於雙足行走姿勢的特徵性改變。圖的右側是現代人類的左腿骨架，與大猩猩的相對應部位比較；圖中以粗線強調這兩種靈長類動物在膝蓋處的角度。也請注意兩者在骨盆比例上的極大差異，以及腿部的相對長度。須注意的是，圖中所示的大猩猩採取了牠並不擅長的姿勢（但是體重轉移的線條基本上還是從髖關節一路往下，並稍微越過腳踝），而且本圖並不符合實際比例，現實的人類腿部要比大猩猩長上許多。插圖繪製：斯特綁。

最初的雙足行走姿勢並不是為了進占草原才受到採納的。事實上，即使在早期人科動物發展出地面生活所必備的一些解剖構造之特點後，他們也沒有把進入開闊的環境當成第一要務。因為一塊在衣索比亞出土的指骨，這整個故事的全貌更趨完整，或者至少我們可以說，得到了強力的佐證。那是一塊既細長又強烈彎曲的指骨，用來抓握樹枝的手才會有這樣的特徵。我們相信湖畔南猿上演的行為戲碼裡頭，一定包含了敏捷的攀爬動作。

當你把這些線索全部擺到更廣泛的整體環境脈絡底下，很多事情就都說得通了。一般體型的湖畔南猿重約五十到五十五公斤，也許比典型的地猿略重一些；雖然以樹棲動物來說體型算大，也因此絕對足以顯著降低在樹棲環境中遭到獵食的憂慮，但是在那些於森林地帶覓食的可怕獵食者眼中，這些靈長類動物大概仍是美味的小點心。所以湖畔南猿很可能不只會在樹林間尋找大部分的食物，他們的成員也許還會固定在枝椏間尋覓夜裡的藏身處，因為夜晚是他們最脆弱的時候。

雖然比較晚期的南猿明顯屬於人科，考古學家常常還是喜歡將他們描述成「雙足的猿類」。這麼做的理由之一，是因為南猿結合了人類的特化特徵（適於直立行走的骨盆和雙腿）以及類似猿類的頭骨比例。他們有張向前突出的大臉，設置在小小的腦殼前端，和你會在我們自己的頭骨找到的特徵完全相反，我們的臉很小，塞在裝著大腦袋的球狀大窟窿前端。還有另一個理由，這些早期的人科動物，在前肢和軀幹上保留了那些在爬樹時會幫上大忙的特徵。他們是雙足動物，但是在其他方面，他們和猿類的相似程度遠超過人類。我們對較早期的湖畔南猿所知的一切，沒有任何一點背離了關於南猿屬生物形態的描述，使得湖畔南猿能夠輕易融入人科動物故事的開端。事實上，有些權威人士指出，有證據顯示湖畔南猿後來逐漸轉變成他們的繼任物種阿法南猿（我們很快就會談到這種南猿）；

我不敢那麼大膽，但我還是可以很公允地說，對於最著名的南猿屬動物阿法南猿來說，湖畔南猿似乎是我們所能找到最稱頭的老祖宗。

第二章 雙足猿類崛起

在古人類學的領域裡顯得有點諷刺的是，重要人類化石紀錄的發現次序，和地質年代恰好完全相反。十九世紀中期，與我們血緣關係最接近的親戚物種尼安德塔人首次重見天日，古物研究在那時還是業餘的玩意兒；半個世紀後，最早於熱帶地區悉心尋找遠古人科動物的成果出爐，年代較早的物種直立人出現了；之後又過了半個世紀，學界才將更古老的南猿妥善建檔，多少等於宣告了現代古人類學的黎明到來。由於這一段歷史，人科動物往過去延伸的紀錄，便成為古人類學家所追尋的聖杯。

我們可以做個有趣的猜想，如果較古老的化石反而比較早被發現，我們今天對人科動物演化史的闡釋會如何不同？不過反正我們也沒有辦法確定我們的看法會因此而有怎樣的差異，**唯一**不必懷疑的是，這些化石親戚的發現順序深深影響了我們對他們的詮釋。儘管如此，本書的核心主旨還是會依照時序說明這段漫長又精采的過程，講解我們的遠古祖先（一種獨特、但並非特別不尋常的靈長類變異動物）如何在最後轉變成為現代智人這種驚人而且前所未見的生物。既然穿插發現史和古人類學的概念必然會打斷故事進行，我會盡可能避免這麼做，但我們千萬不能忘記，過去的認知會藉由某些重大的方式影響我們今天所相信的一切。我們現在之所以會產生爭議，或是至少讓一些爭議繼續延燒，就是因為不願放棄某些似已通過時間考驗的想法。我們在這樣的情況底下並沒有迴避空間，不能不對現有觀點之由來稍作解釋。關於南猿，也不例外。

露西秀

最近有許多關於「最早人科動物」的發現接連出土，在這之前，古人類學的發現順序依循著我剛才所指出的模式，地質年代最古老的已知人科物種（也就是我們先前提過的阿法南猿）是最晚才發現的。而這個物種最著名的代表，便是傳說中的「露西」。露西是一九七四年在衣索比亞東北部的哈達發現的，做為一種小型的人科動物個體，她包含了相對完整（超過百分之四十）的骨架，由於她的體型嬌小，通常被認為是雌性。她約略生存於距今三百一十八萬年前，所在的地區現在是乾旱不毛的沙漠，也是現有人居的區域裡極為不適宜居住的一處，但是當時這裡的環境對人科動物友善許多。埋藏在哈達地區沉積堆裡的岩石和化石是在距今約略二百九十萬年到三百四十萬年前之間，在一座寬廣而曲折的山谷裡逐漸積累形成的；這座山谷後來演變成今天的阿瓦士河。研究人員對這裡的化石和遠古土壤進行了細心的研究，結果顯示在這段期間內發生過好幾次氣候變動，時而乾燥、時而潮濕，也時而涼爽、時而溫暖。但是這一區自始至終都保有一片綠草如茵的林地，河邊有著濃密的森林。森林地帶的林木密度有時稠密一些，有時又稀疏一些，不過樹林從來沒有退到太遠的地方。露西的身體構造正反映了這樣的氣候狀態。

在露西重見天日的前一年，同樣在哈達的另一項發現就已預示了露西的存在。那是一件包含了上下兩個部位的人科動物膝關節化石，在股骨（上）和脛骨（下）之間清楚顯現出一個「承載角」，透露了蛛絲馬跡。無論這個膝關節的主人是誰，他的兩個膝蓋在行走時，毫無疑問會以很近的距離互相掠過，所以每踏出一步，他的腳掌都是筆直向前跨出。在發現當時，這件化石是數十萬年來已知最早的雙足人科動物證據，所以你可以想像隔年古生物學家親身抵達哈達時心中的興奮和期待，還有在發現了類似個體的完整骨架時，那種「怎麼可能這麼順利！」的心情。

古生物學家通常不會預期能發現完整（甚至是局部）的陸生脊椎動物骨架化石，因為從個體在地面上死亡的那一刻，直到未來其整體或局部遺骸（有機會）被沉積物掩埋的某個不確定的時間點之間，有太多變數了。像這樣子掩埋起來的遺骸裡頭，只有很少數有機會因為侵蝕作用重見天日，然後還得在被風雨抹滅之前，剛好被人類收集者撿拾起來。因此如果能發現年代久遠但卻還算完整的骨架，簡直是一種難以想像的幸運。我們的近親尼安德塔人生存在相當晚近的時代，最早想到埋葬死者這個點子的就是他們；而在二十世紀的七〇年代，幾乎沒有人能發現比尼安德塔人更早的人科動物骨架（哪怕只是一部分）。這就難怪露西的膝關節並不是「整組」一起發現的，而是上、下部位分別被保存在不同的考古遺址。由於這些部位和一九七三年發現的那件膝關節有著相同的特徵，我們知道露西是直立行走的。

這個故事還沒完。露西活著時，站起來不比一公尺高多少，體重可能是三十公斤（雄性阿法南猿站起來還比露西高三十公分，也重了許多）。如果你因為奇蹟發生而見到小露西本人，你大概不會覺得她和我們是特別接近的人科成員。不過除了露西的膝關節證實她所採取的是雙足行走姿勢，她的骨架其實還透露了更多細節。其中最引人注意的構造是她的骨盆，已出土的化石已經足夠完整重建這一部位。現存猿類擁有狹窄的骨盆，高聳而纖長的髂骨脊朝前傾斜，三條臀肌附著在髂骨脊後方，一般認為這三條臀肌主要和腿部的伸展以及在採坐姿時支撐背部的功能有關。猿類高聳的髂骨也牽動下方數條強壯的肌肉，這些肌肉往上越過整個背部，一路延伸到前臂，對有力的攀爬動作來說相當重要。

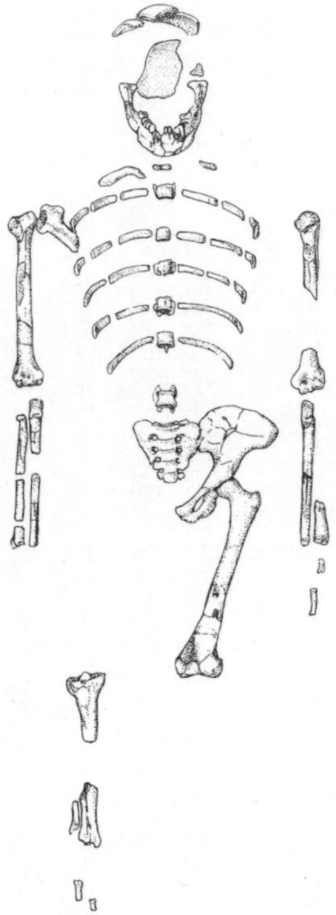

「露西」的骨架，編號 AL 288-1，發現自衣索比亞的哈達。露西在一九七四年出土後，成為歷來發現最完整的早期人科動物骨架，替衣索比亞的一系列古人類大發現揭開了序幕。插圖繪製：塞勒絲。

相反地，現代人類的骨盆比例完全重整過，我們的骨盆變短了，而且比較彎曲，髂骨往後旋轉的幅度較大，可以有效分散站立時產生的壓力，而且像一個杯子一樣盛裝了上面的腹部內臟。寬闊的髂骨脊也將兩條「次要」的臀肌移到兩旁，讓它們可以在雙足行走時負責穩定骨盆和上身；於此同時，本來相當不顯眼的臀大肌變大了不少，讓這兩條肌肉（至少在尺寸上）相形見絀。臀大肌已經成為我們體內最大的肌肉，它的新作用是讓我們的軀幹在踏出每一步時不會往前傾。

因此，人類和猿類的骨盆有著顯著的形態差異，個別準確表達了這兩種動物的特定移動方法。鑑於露西活著的時代比我們更接近猿類和人類的共同祖先，你可能會預期她的骨盆形狀介於猿類和現代人類之間，或許類似重建後的地猿骨盆，但結果卻完全不是那麼一回事，阿法南猿的骨盆和猿類高聳、狹窄的骨盆完全相反，露西的髖骨就跟我們一樣，從頂端到底端的距離很短，可見她的髖骨所支撐的肌肉組織已經透過和我們很類似的方式重整過了。但是她的髂骨脊甚至比我們還要寬，朝兩側呈誇張的喇叭狀展開。對於這種不尋常的解剖構造，早期詮釋認為露西是一種「超級雙足動物」，她用來穩定骨盆的肌肉在進行雙足運動時甚至具有超越我們的力學優勢。這個假想中的廣泛優勢後來又被進一步誇大了，因為露西的髖關節屬於球狀關節結構，股骨的頭（也就是「球」）容置在骨盆端的一個「臼」裡，同時透過一段「頸部」和骨幹相連，而這段「頸部」的長度和我們身上的對應部位相較之下長了不少。

阿法南猿身為老祖宗等級的雙足動物，卻比推測中的後代物種更能適應人科動物獨特的直立行走方式，怎麼說好像都有點不太對勁。但是這個奇怪的情形可以透過骨盆的雙重功能得到解釋，骨盆不只是個用來支撐腸道和附著肌肉的部位，同時也是分娩的出口。現代人類的新生兒頭部又大又圓，很難通過產道，這是現代人類所面臨的一項重大障礙，也是我們的物種相較之下比較容易發生難產的原因。當你降低視線檢視露西那有如喇叭般展開的骨盆，你會看見它的外型是個拉長的橢圓形，裡頭的產道也同樣是橢圓形的。

既然人科動物的腦在露西的時代還很小，一般認為分娩出口的解剖構造為了提高行動效率而出現這樣的改變，對雌性來說並不成問題，嬰兒還是可以順利通過產道（不過嬰兒在出來的途中可能有必要轉動身體）。然而事實證明，擁有一個寬大的產道，本身就會造成某種生物力學方面的必然結果，因為它影響了髖關節的空間。當雙足動物行走時，他的骨盆會隨著每一個向前擺動的步伐而水平旋轉，髖關節隔得愈開，旋轉的情形就愈明顯，造成生物力學上的許多缺點。人類的女性通常跑得比男性慢很多，有個理由就是因為女性臀部的平均寬度較寬。

雖然露西的骨盆有很多特徵可以毫無疑問地證實她是一種雙足動物，但其他證據顯示，她行走的方式和我們並不大相同。只要檢視她的腿骨，就能得到類似的結論。她的膝蓋處具有透露了蛛絲馬跡的承載角，還有個相當有說服力的雙足式踝關節結合在一雙短得出奇的腿上（只不過她的踝關節相當靈活）。露西的腿和軀幹跟前肢相較之下顯得非常短，事實上就跟倭黑猩猩的腿一樣短。這樣的身體比例並不適於大步前行，但是在爬樹時就有明顯的優勢。後來的人科動物具有愈來愈長的腿部，這樣的特徵被普遍視為愈來愈適應地表生活的清楚跡象，勝過我們在露西身上所見。基於生物力學上的理由，像這樣拉長的腿部也使得後來的人科動物得以擁有比露西窄的骨盆。

更重要的是，儘管露西本人只有幾塊殘存的腳骨，但是同一物種的其他個體所提供的腳部「零件」暗示了她的腳掌相當長，而且腳趾有點兒彎曲（不過足弓的位置或許相對較前）；這絕對不是我們在現代猿類和地猿身上能看見的那種擅於抓握樹枝的腳掌（腳趾又長又彎，大拇趾分得很開），但是比起我們，露西的腳大致上還是更適合樹林間的生活。露西的上肢骨也提供了支持樹棲的證據，雖然和身體的其他部位比起來，她的手臂比倭黑猩猩還短，但她的胸腔有一個寬大的底部，從底部往上急遽縮窄，所以兩個略微朝上的肩關節靠得很近。這兩種特徵都非常利於樹居生活。雖然在露西的骨架裡，手部的骨頭和腳部一樣有點短缺，從其他發現自哈達的阿法南猿個體，仍可以看出他們的手部構件比猿類短了許多，但是腕骨和相當彎曲的指骨之間的結合方式依舊顯現出一些和猿類相似的特徵。這些手部的骨頭也表現出強壯的屈肌肌腱之跡象，代表他們擁有強而有力的抓握能力。總結上述各點，阿法南猿的形象逐漸浮現，那是一種不比我們適合雙足行走，但遠比我們更適於在樹林間生活的生物。

阿法南猿的身體構造前所未聞，只有其他種類的南猿有類似的狀態。可以確定的是，如果只憑他們的移動方式和棲地喜好，我們可能會做出錯誤的推論，誤以為露西和她的同伴要不是猿類的進化版，就是人類的原始版。他們眼前的環境因為氣候變化和森林的破碎化而顯得不同以往，而她所屬的物種以及其他身材比例類似的親戚物種已經找到了獨特的解決方案，能夠面對在嶄新環境裡生活和移動的挑戰。

但是露西和她的同類絕對不會只因為擁有奇怪的身體特徵組合，就被我們多次描述為「雙足猿類」（而且這樣的說法並不精確）。他們的頭骨結構同樣是前所未見的特徵大拼盤，露西本人只剩下一塊下頜骨和一些細小的顱骨碎片，但是同樣發現自哈達的兩塊距今三百萬年前的顱骨提供了極具說服力的證據，證明阿法南猿的一般頭骨比例和猿類非常相似，都一樣結合了小小的腦殼（裝在裡頭的腦不比體型類似的猿類大上多少）和一張往前凸出的大臉。然而，這張臉具有相當強健的頜骨，上面長著和任何猿類都非常不同的牙齒。在上頜的部分，阿法南猿的中央門牙很大，兩旁則是相當小的牙齒，大概就像你會在非洲猿類身上所看見的那樣；但是就在門牙後方，齒列的模樣改變了。阿法南猿身為我們在第一章所提過的「極早期人科動物」的其中一位競爭者，雖然他們的犬齒並不是真的那麼纖巧，但尺寸還是有所縮減；應用在下排前方前臼齒的磨合機制本質上已經消失了，只存留了一些痕跡。後排的前臼齒很寬，再之後的臼齒略微平坦，和頜骨比較起來顯得相當大，構成所謂的「後犬巨牙」（大咀嚼齒）模式，這是即將出現的早期人科動物的一種特徵。

這些大尺寸臼齒的出現，意味著阿法南猿的齒列很長，就跟猿類一樣；但是齒弓的外型微微有點彎曲，而且主要因為犬齒很小的緣故，排列方式不像猿類那樣積極地維持平行。因此阿法南猿的齒列就跟他們的顱骨一樣，所具有的特徵都讓人同時聯想到猿類和後來的人科動物。

最近有一項針對阿法南猿臼齒上的咀嚼磨耗所進行的精密研究，結果暗示該物種的成員雖然或許會優先尋找柔軟多肉的果實食用，但是當這類食物缺乏時，他們可能轉而採食堅韌而易碎的食物，像是果核、種子、植物的根部，以及草的地下藤蔓。所以和現代的猿類相較之下，他們更加無所不吃，而在所有阿法南猿的牙齒上都能見到典型的嚴重磨耗，也證實了這一點。像這樣的飲食內容暗示了相當特化的適應能力，能夠適應從密林到開闊林地的各種棲地。

哈達沙漠荒地在這幾年產出了數量驚人的人科動物化石，該處許多地點都發現了阿法南猿化石。毫無疑問，其中最特殊的地點是編號 AL 333 之處，從一九七五年以來，研究者在那裡挖出了一座「寶庫」，裡頭有大約二百四十件人科動物的化石（分別屬於十七個個體）以及很少數的其他動物化石。別種類的化石只有這麼一點點，這倒是極不尋常。這些骨頭怎麼會埋在這裡是個謎，由於它們全都支離破碎，可見是順著水流從別的地方漂流過來的，但是為什麼它們全都集中在同一處呢？它們並不是被土狼之類的食腐動物堆在一起的（土狼素以運送人科動物屍首回巢穴的行為而聞名），因為這些骨頭雖然非常零碎，但並沒有遭到啃咬的痕跡，而且在遲滯的河道旁，無論如何不太可能找到土狼的巢穴，所以這件事是有點兒玄妙。重要的是這個謎最後已經解開了，儘管這些骨頭化石出土處的沉積物顆粒細緻，是流速緩慢的河流的典型遺留物，但有人猜想這些遺骸屬於一整個不幸的群居群體，他們因為一次災變（也許是暴洪）而被掃到這裡，時間點約略介於距今三百一十八萬年到三百二十二萬年前之間。如果這裡的所有個體（九個成體、三個青少年和五個幼兒）真的來自單一社會單元，那麼他們全體必然都是同一個物種。

其實這並不是一把穩贏不輸的賭注，因為雖然從 333 號遺址發現的化石在對應的部位基本上看起來全都一模一樣，但是尺寸差異卻很大。儘管如此，姑且不論是怎樣的周遭環境讓這些化石摻雜在同一處，主流意見仍然認為哈達的所有人科動物（包括露西在內，她的身形和 333 號物種裡最小的一個同樣嬌小）都屬於阿法南猿這個單一物種，所以該物種的個體體型必然有相當大的變化。如果同一物種的不同成員體型差異甚大，最可信的解釋就是雄性比雌性大上許多，如同我們今日所見的大猩猩；而黑猩猩和倭黑猩猩則完全是相反的例子，因為這兩種猿類的兩性體型差不多。

雷托利

與最初的哈達發現約略同時，另一支古生物學家研究團隊也正在雷托利遺址賣力工作。雷托利位於哈達以南超過一千六百公里處，坐落在大裂谷的坦尚尼亞區域，鄰近著名的奧都韋峽谷。雷托利的地層比哈達略微古老一些，年代大約距今三百五十萬年到三百八十萬年前之間。從一九七四年到一九七九年，研究人員在雷托利的好幾處收集到屬於三個人科動物個體的破碎頜骨和牙齒，不過這處遺址最出名的，是自一九七六年開始在這裡發現的許多動物行蹤，也包括人科動物的腳印足跡在內。那些腳印的主人在約略三百六十萬年前走過一層水泥似的濕漉漉火山灰，後來火山灰硬化，腳印便留了下來。這真的是個大發現。雖然我們有信心判斷露西是直立行走的，但我們一定得謹記在心，像這種事可不是光憑骨頭就能看出來的，相反地，我們得從露西的解剖構造來推斷才能知道；而腳印就不同了，因為腳印確確實實是一種行為被「化石化」後的結果。在雷托利發現的足跡是雙足行走姿勢的鐵證，其中一處遺址有兩排延續了約略二十五公尺的筆直腳印，和任何人走過沙灘濕地後留下的腳印多少有些相似，清楚說明這是意義重大的雙足行走步伐。不尋常的是，在這些腳印被留在此地的時候，雷托利的環境相當開放，當這些人科動物步履艱難地橫越一片幾無樹木的平原時，他們一定覺得自己很容易遭受攻擊。但是他們直直朝著只有幾公里之遙的奧都韋盆地前進，當時那裡可能有座淺淺的湖泊，湖泊四周圍繞著森林，提供了一切適宜人居的資源。

雷托利的腳印本身就是雙足行走姿勢的明證，因為這些人科動物並沒有使用前肢穩住身體的跡象，而且體重從一個腳印這端轉移到另一個腳印那端的做法，似乎反映出我們的行走方式。換句話說，體重的轉移是從腳跟開始，沿著足側前進，越過前掌，最後集中在大拇趾後猛力一推。這和倭黑猩猩在用兩隻腳行走時所採取的那種蹣跚步伐不同。踩踏出這些腳印的腳，其構造在本質上跟我們的腳很像，同樣都有縱向和橫向的足拱，以及一根和其他腳趾排成一列的短短大拇趾。連續的兩個腳印隔著很短的距離，可見即使是體型較大的那一位其實也相當嬌小。不過這對搭檔似乎走得不快，考量到他們正在穿越的是一片泥濘的地面，這倒也不足為奇。

雖然這些三百六十萬年前的人科動物毫無疑問是採用雙足行走姿勢，但是關於他們確切的步伐樣態還是有些爭論。舉例來說，他們在跨出每一步時，膝蓋是完全打直的嗎？還是他們仍保有彎曲膝蓋的步伐，如同現在的猿類在直立移動時那樣？人科動物的步伐從某個時間點開始不再具有這樣的特徵，但人科動物必然有某些祖先在行走時也是彎著膝蓋的。最近有一項實驗要求人類受測者嘗試分別以伸直膝蓋和彎曲膝蓋的方式來移動，實驗結果顯示，如果你不把膝蓋完全打直，那麼你的腳趾在濕泥地上留下的痕跡會比腳跟更深；而雷托利的腳印則清楚顯現出腳跟和腳趾的印痕約略等深，意味了打直的膝蓋。顯然我們在這些腳印裡找到了正統雙足行走姿勢的證據。

進行這項實驗的科學家團隊認為，雷托利的人科動物採取地面上的直立移動方式，使得他們在森林逐漸消失的時期裡，不必額外耗費能量就能走得更遠。事實上，在那兩排足跡所在處附近的遠古環境相當荒蕪，任何人科動物都不太可能在那裡過著像樣的生活，所以那些濕灰泥上的腳印比較有可能是在移動中留下的，他們其實正筆直朝向圍繞著奧都韋盆地的森林前進。

不過究竟是誰在這裡用兩隻腳走路，那就是另一個問題了。距離這些雷托利的腳印不遠處有些約略屬於同一年代的岩石，裡頭發現了一些先前提過的人科動物化石。最早對哈達和雷托利物種進行研究的科學家在一項不常有的合作計畫裡終於得到了結論，認為這些化石都是來自同一個新種類的人科動物，也就是阿法南猿。這個物種的名字得名自衣索比亞的阿法爾地區，亦即哈達的所在地，而我們正在討論的化石大部分也來自這裡。但是依照標準的動物學程序，每一種新物種都必須以所謂的「正型標本」為基準，也就是某一件單一樣本，所有被歸類成該物種的其他個體都必須和這個正型標本比對。為了加強他們屬於同一物種的說服力，科學家選擇一塊來自雷托利的下頜骨做為阿法南猿的正型標本。話又說回來，並不是每個人都覺得這樣的做法適當，有些科學家認為光在哈達一處就可以辨別出超過一種人科物種的證據，更別提衣索比亞和坦尚尼亞的所有遺址了。

目前相關的爭論正處於不穩定的休戰狀態，大部分古人類學家起碼願意暫時接受將那些已知的骨頭和牙齒歸類為同一物種，但是關於阿法南猿和那些腳印的關聯，現在倒是吵得不可開交。或許大多數古人類學家都願意相信雷托利的腳印是阿法南猿踩出來的，但至少還有一部分的少數古人類學家認為哈達的腳骨化石所暗示的腳掌太長也太原始，沒辦法踏出坦尚尼亞那些先進得驚人的腳印。如果多數人是對的，那麼我們只能接受露西的樹棲適應和她寬大的骨盆比例確實可以和她非常像人的雙足行走姿勢並存。但是這個議題仍未有定論，而我們現在唯一能確定的是，在三百六十萬年前曾有**某人**挺直身子，漫步穿越坦尚尼亞裂谷。

迪吉卡

距今不過幾年前，幾乎沒有任何人聽過「迪吉卡」這個詞，但現在這個詞已經是古人類學領域的熱門行話了。哈達的輝煌時代是二十世紀的七〇年代，後來在九〇年代又熱門了一次，當時每個人都忙得沒有心力望向阿瓦士河以南，以至於沒人看見迪吉卡那些差不多等量齊觀的沉積物。但是當那些岩石的調查工作終於在本世紀初展開，便證實裡頭其實埋藏了一段戲劇性的故事。一開始出土了一些阿法南猿的牙齒和頜骨的散亂碎片，但是這些化石的光采很快就被奪走了，因為研究者發現了一具不完整的骨架，那是一隻呈蜷伏姿態的三歲幼猿。一般認為這隻幼猿的性別是雌性，而這具骨架很快就被取了個非正式名稱叫「賽蓮」（意思是「和平」）。賽蓮的保存狀態如此之好，看來在大約三百三十萬年前，有一場洪水將這隻嬰猿從她的族群裡搶走，然後她幾乎是立刻就遭到鬆軟的泥土完整掩埋。這起發生在上新世的辛酸慘案對古生物學家來說卻是意想不到的幸運，他們發現有些保存在賽蓮化石裡的部位，要不是從來沒在阿瓦士河北邊那些為數眾多的阿法南猿收藏品裡見過，不然就是保存狀況很差。這些部位包括了一塊舌骨（喉結的骨頭部分），和猿類的相似度高過人類，還有一塊完整的肩胛骨，意外讓人聯想起大猩猩肩胛骨的整體形狀。賽蓮擁有雙足動物的腳踝，但是股骨和脛骨之間的承載角尚未成形，證實承載角這個特徵在發育過程中很大程度受到「行為」的影響。那些一輩子都坐在輪椅上的現代人類，承載角同樣也未能適當發育。

猿類和人類有個很大的不同，猿類發育成熟的速度比我們快得多，猿類的童年很快就被剝奪了，而較長的童年給了我們非常多的學習機會。阿法南猿的個體發育速度並不能單憑賽蓮本身而得到太多說明，但我們預期她應該會落在偏向猿類的曲線那一側。這具化石還沒能完全從埋藏它的岩石基質裡重獲自由，但是根據我們目前所知，她的上身構造證實了在成熟的阿法南猿身上普遍具有的樹棲特徵。不只因為賽蓮的肩胛骨顯示出大幅度朝上的肩關節（就像爬樹高手在支撐高舉過頭的手臂時會需要的那樣），也因為她的手部具有攀爬的相關特徵。或許猿類和人類的手從表面看來很像，但事實上構造是非常不同的。猿類的大拇指比其他手指短了許多，而且他們的手掌很長，手部的長軸和手臂呈一直線。猿類的手具有強大的抓握力，但缺乏靈巧的操作能力；而且如果你打算耗費大多數時間在樹林的枝椏間攀爬，那猿類的手就是你會想要有的那種手。相反地，現代人類手部的長軸橫越過掌心，較長的大拇指和另外四隻縮短了的手指準確位於相對側。至於賽蓮的手指，看起來則是又長又彎。

為了完成這種生活未完全局限在地表的人科動物之形象，科學家對賽蓮的耳部進行了電腦斷層掃

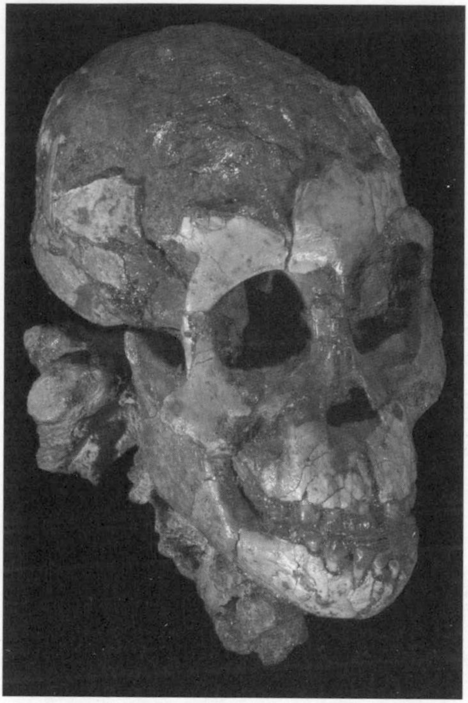

「賽蓮」的頭骨。賽蓮是發現於衣索比亞迪吉卡的嬰猿骨架，儘管她只有三歲稚齡，但這具三百二十萬年前的骨架提供了豐富的資訊，說明阿法南猿物種的身體構造和發育過程。感謝阿連塞吉德授權本圖使用。

描，結果顯示她內耳的半規管類似猿類和其他南猿。半規管是負責平衡的重要器官，而且各個半規管所各自朝向的方向不只反映出頭部受到支撐的慣常方式，也能說明頭部在脊柱移動時如何保持穩定。根據報告指出，賽蓮的半規管和猿類以及其他早期的雙足動物很像，暗示了其物種雖然直立行走，卻不適合快速奔跑，因為身體在進行像奔跑這樣的活動時會轉動，而讓位於上方的頭部保持在相當一致的位置是很重要的。

不過賽蓮並不是來自迪吉卡的唯一驚喜。在二〇一〇年年中，那裡的研究團隊找到了某種甚至更了不起的東西。在距今只有不到三百四十萬年前的地層裡，出土了四塊表面上看來不足為奇的哺乳動物骨頭，透過掃描型電子顯微鏡的仔細檢查，證實在這四塊骨頭上具有考古學家認為只有石器能造成的痕跡。為了讓你明白這項發現的重要性，你必須謹記於心，「三百四十萬年前」這個時間點，比我們所擁有的任何來自石器本身的證據還要早了**八十萬年**。我們已知的第一個石器是在沿著阿瓦士河谷的不遠處發現的，但它距今只有區區二百六十萬年。然而石器是相當耐久的東西，肉食動物不會啃咬它們，而且在大多數環境底下，石器都可以無限期保存。如果迪吉卡的遠古人科動物曾經拿兩塊石頭互相敲擊，製作出銳利的切割用薄片來宰殺動物屍體，那麼這些薄片到哪裡去了呢？還有那些移除了薄片的「石核」呢？畢竟古人類學家很可能早就為了尋找同一時期的有趣物品而全面搜羅過迪吉卡和哈達的地貌。

之所以在這些地區找不到石器有幾個可能的理由，其中一個是，古生物學家心中對於那麼久以前的器具之「搜尋圖像」是錯誤的，所以他們根本就沒有找對目標。但即使是最原始的工具，只要是刻意製成的，就一定會有某種特殊的製作痕跡，而且擁有多年經驗的搜尋者實在不太可能錯過每一塊明顯經過改造的石頭。迪吉卡的研究人員提出了另一種可能，他們認為極早期的石器製作歷史呈現出非常低的「強度」，換句話說，在每一塊石核上，就只有那麼一片薄片被取了下來，所以石核只會顯露出很輕微的改造痕跡，同時薄片也因此而很少見。還有另一個可能，就是那些骨頭上的刮痕其實是「踩踏痕跡」，是草食哺乳動物以牠們尖銳的蹄踩踏在骨頭上而形成的。但或許最可能的情況是，南猿拿來宰殺動物的那些石頭就只是自然破裂的而已。實驗考古學家已經演示過，那些在河裡順著水流滾動、互相敲擊而常常裂開的石頭，確實有可能被拿來支解哺乳動物的屍體。這種石塊並不具有刻意製作的石器那種鋒利的邊緣，但還是可以搞定工作。

無論實際發生的情形為何，在顯微鏡底下都可以看見這些骨頭裂片的其中兩片（分別是肋骨和股骨的碎片，其中一片來自一隻體型跟牛一樣大的動物，另一片的主人體型則像山羊）並不只具有「切痕」，也就是銳利工具在骨頭仍新鮮時所砍劈出來的痕跡，同時還有很多刮痕和凹痕，那是用又硬又尖的物品去刮、去砸新鮮骨頭所造成的。我們由此得到了一項強烈暗示，雖然早期的人科動物（據推測是阿法南猿）嚴格來說並不懂得製造石器，但他們確實曾於距今約略三百四十萬年前，在灌木叢生的迪吉卡土地上宰殺大型動物的屍體。

沿河而上

迪吉卡想必藏著更多的驚喜，等著古人類學家挖掘，但還有另一個區域無疑也是，那裡要再往阿瓦士河的上游前進一段距離，被稱作「中阿瓦士河谷」。這個地區在古人類學領域占有獨特的一席之地，這裡所出土的化石不像哈達那麼豐富，但是產出的人科動物遺骸範圍極廣，最早從五百八十萬年前的卡達巴地猿，到僅僅十六萬年前的智人（我們物種本身）剛出現時。全世界再也沒有其他地方曾找到時間跨度這麼廣的人科動物演化事件了。高齡四百一十二萬歲的衣索比亞湖畔南猿化石就來自中阿瓦士，還有個相當近的地點叫做「沃拉索米勒」（距今三百五十八萬年前），在那裡發現了一具地質年代較年輕的殘缺人科動物骨架，後被歸類為阿法南猿。

發現自沃拉索米勒的骨頭本質上比任何哈達的阿法南猿化石都還要早，幾乎和雷托利的骨頭碎片一樣老。不幸的是這具骨架缺乏頭骨或牙齒，但是保存下來的部位據說大致上類似較晚近、體型較小的露西；其中有一塊保存良好的肩胛骨，雖然肩關節的方向看起來確實相當朝上，但它和迪吉卡嬰猿的對應部位不同，並沒有特別像任何一種非洲猿類。至於這具骨架的下半身，中阿瓦士研究人員認為比起小露西，他們的大個子樣本更能說明阿法南猿確切的行走方式，因為體型較小的研究主體也比較輕，因此只需要程度較小的特化來支撐體重。這一點其實很值得商榷，因為我們很難想像比露西更能支持雙足行走姿勢的骨盆和腿部構造；但是能有較大的對應骨架，絕對是件好事。很遺憾的是，沃拉索米勒的個體缺乏完整的腿骨，根據研究團隊估計，他的後肢應該比露西長了一些。如果真是這樣，那麼沃拉索米勒化石所代表的人科動物種類或許會比哈達的研究素材更適合踩出雷托利那些約略同一時期的腳印。令人洩氣的是，因為沒能找到腳骨，這部分還留下了很多推測空間。

沿著中阿瓦士的地質切片往上查找，有些距今三百四十萬年前的頜骨也被認為屬於阿法南猿。這些頜骨很有意思，但是沒能告訴我們什麼新資訊。大約再過一百萬年後的情景就精采許多，那時阿法南猿已經從哈達的紀錄上消失很久了。有一處高齡二百五十萬歲的遺址叫做「波瑞」，在那裡發現的化石被命名為「驚奇南猿」（當地語言的「驚奇」一詞被拿來當成它的學名）；雖然相關的樣本並沒有給人帶來太深刻的印象（主要是一些顱骨碎片，包括額骨和一塊相當完整、帶有牙齒的上頜骨，再加上一些顱後骨），但是隱藏在這些化石背後的意涵的確叫人驚奇。中阿瓦士的研究團隊宣稱驚奇南猿的手臂、腿骨，以及比露西略長的後肢（如同沃拉索米勒骨架尚未發現的部位），暗示他們擁有強而有力的四肢。雖然該團隊宣稱發現了一種「先進」形態的新南猿，而且是我們人屬的直系祖先（儘管保存在上頜的牙齒比較大，而且和哈達的對應樣本非常類似），但因為他們未能直接做出四肢骨和頭骨部位的連結，所以重建後的骨骼比例或許會影響其論點的可信度。然而，做出這個結論的真正理由，其實是因為，姑且不管波瑞的化石形態是否具有任何解剖特質，波瑞化石簡直「天時地利」扮演了人屬祖先的角色，讓任何假想中的後裔（或是阿法南猿）顯得脈絡相承。

或許所有這一切聽起來就彷彿是在說，不知怎麼的，中阿瓦士地區以某種吊人胃口的方式，將人科動物的穩定發展進程按照規律的時間間隔保存了下來；但是你必須知道，所有由發現者對中阿瓦士的研究素材所做出的詮釋，其實都基於一個前提，他們基本上相信人類的演化故事在本質上只有一條單一主線。這個概念是，單單一條中央血脈在天擇的作用下逐漸轉變，從一個物種變成下一個物種，直到原始的南猿蛻變為精雕細琢的智人為止。這樣的觀點使得每一件相關化石的所屬年代得到比解剖構造更多的重視。雖然這種想法的確說得上有點邏輯，但是只有當你把演化想像成是一連串物種隨著時間穩定更迭的過程，這樣的邏輯才能適用。你應該已經猜到，不管是對於演化的過程本身來說，還是對體現人類演化大戲而言，這都不是唯一一種看待方式。不過就如同我們稍後會更詳細說明的，這種觀點還是堅忍不拔地縈繞在許多古人類學家的心頭。

無論人類演化的基本過程到底為何，真正令人感到驚奇的其實並不是波瑞的化石本身。有一篇隨著發現而發表的文章描述了一些來自波瑞沉積層的哺乳動物化石，上頭清楚帶有銳利的石頭薄片所造成的切痕。請不要忘記，這是在位於下游的迪吉卡那些能相提並論的發現出土的十年前。在二十世紀的後半段，「人類：工具製造者」的概念相當吸引古人類學家，一般認為製造石器的行為，是讓人類和其他動物分道揚鑣的關鍵所在，因此也是一種足以定義人類的屬性。自從二十世紀的七〇年代以來，在肯亞和衣索比亞南部歐莫盆地的遺址內就發現有距今超過兩百萬年前的極早期石器；而不遠處一個叫做「哥納」的中阿瓦士河地區很快也宣告發現了距今二百六十萬年前的工具。但是在當時，波瑞那些帶有切痕的骨頭就是古老人科動物使用工具的最早證據，雖然其中的關聯尚未確定，當時推斷唯一可能做出這種行為的人科動物，就是以雙足行走的驚奇南猿。一旦研究人員意識到石器的製作歷史已經超過兩百萬年，他們的追尋目標就轉向同一時期的早期人屬動物，而有些可以討論是否屬於人屬早期成員的化石碎片也適時出現。但是在波瑞發現的原始解剖構造，值得我們再好好想想。

我們在波瑞並沒有真的找到石器，但是哥納的石器和那些已為人所知、來自較晚近遺址的簡單「奧都萬」工具很像（「奧都萬」之名源自坦尚尼亞的奧都韋峽谷，這一類器具最早就是在那裡得到辨識）。哥納的石器是小小的圓石，主要是經過「錘石」擊打後的細緻火山岩；透過敲打，可以使得一片以上的鋒利薄片脫離石核，以做為切割工具之用。這些石核常常也帶有被拿來敲擊東西的痕跡，而且這種敲擊的行為和骨頭上所見到的特徵「扭轉型斷裂」有關。如果拿硬物用力敲擊長骨頭，以便吸取裡頭的骨髓，骨頭就會呈現這樣的斷裂方式。

奧都萬的石器或許看來粗糙，但它們非常好用，考古學家已經示範過，憑著以奧都萬技術製造的三五公分長的薄片，就能夠支解一整頭大象。更重要的是，在哥納時代之後的一百萬年內（也就是迪吉卡時代後的將近兩百萬年內），雖然新種類的人科動物來來去去，但石器的樣貌幾乎沒有改變，再次證明這些簡單工具的功效。顯然這是一種相當成功的技術，足以應付所有需要靠它們完成的工作。

不管究竟是誰製造了哥納石器和波瑞（以及迪吉卡）的切痕，這些不尋常的發現都見證了人科動物革命性的創新行為。有隻叫做坎茲的倭黑猩猩（牠是「猿語」實驗的大明星，同時也是牠的物種

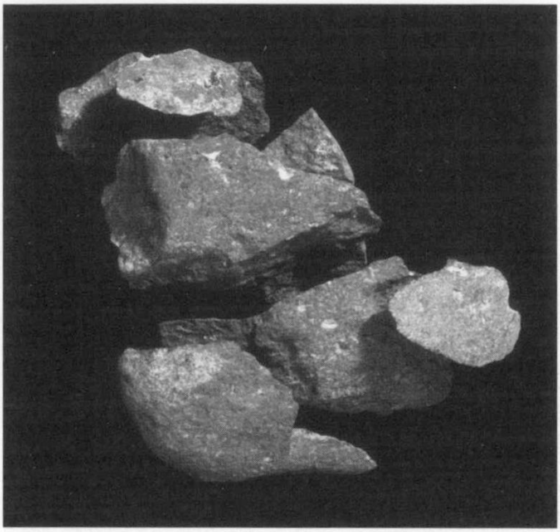

「奧都萬」石器的局部重組複製品，包括一塊細緻的火山岩卵石，和幾片從上面削下來的銳利薄片。複製品製作：瓊斯；攝影：威特森。

裡認知能力令人讚賞的代表），在接受大量訓練之後，還是沒能學會以精確的角度和力量拿起石頭擊打另一塊石頭，無法得到銳利的薄片。牠很快就學會用這樣的薄片來割斷繩索，取得本來伸手不可及的食物，但是從來沒有真正明白打造石器的原則。最後牠發展出把石頭砸碎在地板上的偏好，然後再從碎片裡揀選，挑出銳利的石片。也許這其實就是以坎茲的雙手、大腦和學習能力而能做到的極限了。徒手製作石器不僅困難，更需要一隻能夠精準握持物品的手。

我們的雙手有著寬大的手掌、長長的拇指，還有讓拇指和其他四指的指尖相對的能力，這是操作物品的完美結構。這種能力需要重新安排整個手掌的肌肉才能辦到，因此放棄了強大的力量，轉而追求精巧的動作。相反地，現存的猿類擁有比例相當不同的雙手，牠們的手比人類的手要長得多，也窄得多，而且肌肉和肌腱的安排方式使牠們能以巨大的力量屈曲長手指，這正是大半輩子都掛在樹枝上的動物所需要的手。更重要的是，由於猿類具有以指節行走的癖好（當牠們在地面上四處閒晃時，是以屈曲的手指外側承受前半身的重量），猿類手部的屈肌（握拳用）肌腱比伸直的伸肌肌腱短，使得牠們不可能同時伸長手腕和手指。這種強力屈曲的手絕對不適合製作工具，因為製作工具需要高度精確的動作，手指的位置也要恰如其分。

早期懂得製作工具的人科動物已經擁有能勝任這種不尋常工作的雙手，確切的原因仍不清楚。從邏輯上來說，失去猿類特化的抓握能力必然帶來某種優勢，雖然在哈達找到的手骨仍然具有彎曲的手指，但我們已經從中明確看見這樣的發展了。哈達的化石有可能並沒有以指節行走的祖先。但是無論力量減弱後帶來了的優勢為何，都不會是製作石器的能力，因為就目前我們所知，要等到南猿和他們的許多身體特徵（包括手部的部分）都已各就各位很久以後，人科動物才開始製作石器。不過，雖然我們對確切的情況一無所知，人類演化的這一篇章還是給我們上了很重要的一課，讓我們知道，你得先擁有某種身體構造，然後才能使用它。因此，我們所謂的「適應」其實大部分都是從「預適應」開始的，換言之，我們的遺傳密碼發生了隨機改變，造就某些特徵，而這些特徵被保留了下來，只為了日後的某種特定用途。天擇相當單純，並沒有驅使新特徵存在的意圖，不管這些特徵在理論上可能多有優勢。這也是另一個理由，令迪吉卡的人科動物使用自然破裂的石頭來宰殺動物的想法很有吸引力，不然的話就太奇怪了，從迪吉卡到波瑞和哥納的發現之間這段漫長的地質時間裡，我們怎麼可能找不到任何石器或使用石器的證據。

第三章　早期人科動物的生活方式，以及他們的內心世界

從茂密的森林裡現身，走進森林邊緣和鄰近的林地及叢林，是早期人科動物的一項重大貢獻，也帶來了許多後果。這樣的生態轉移不只造成飲食和行動方式的巨變，更使得獵食者有機可趁。更重要的是，我們祖先和其猿類近親之間的基本差異，也因此更為明顯。猿類冒險進入莽原環境時，是以手腳並用的方式四處移動；至於人科動物回應這次新挑戰的方式，顯然不只有站直身子而已，他們還採用了全然不同的飲食策略，造成的改變為他們的許多身體系統帶來了大量的新需求。讓我們看看這些身體系統是如何調節的吧。

飽食終日

古人類學裡有個難以確實解釋的重大問題，究竟早期的人科動物怎麼會想到要去碰那些顯然含有動物脂肪和蛋白質的食物？即使時至今日，我們這些吃肉的人類體內的消化道還是比較像我們吃素的祖先，而不像肉食動物；還有現在我們牙齒的尺寸這麼小，本質上就是專吃植物的動物才會有的牙齒，著重於磨碎食物，而不是切割肉塊。但是到了某個時間點，這些古老的素食雙足猿類開始對動物的屍體起了興趣，而這樣的興趣是建立在動物屍體能做為食物來源的可能之上。人科動物為了對付這

樣不熟悉的飲食補給品，引起了大量的問題。

對那些早期的人科動物來說，直接取自動物屍體的紅肉是無法消化的，他們的胃囊還沒裝滿高濃度的酸液，不像現代的肉食動物可以先把骨頭和肌肉組織分解，再送進牠們短短的腸道裡。有個可能是，我們祖先拿那些受過多次猛烈敲擊的石核去敲打紅肉，好讓肌肉組織變軟，所以也變得稍微好消化了些。另一種可能，是他們完全避開肌肉組織，專門取食死亡動物的內臟。我們知道這樣的事至少在人科動物的早期日子裡發生過，有一具來自肯亞北部距今一百七十萬年前的骨架具有骨頭扭曲的症狀，或許是因為過量攝取維他命A所致，而維他命A很可能來自肉食動物的肝臟。但是要特化出對內臟的興趣似乎不太可能，不只因為內臟同時也是主要肉食動物和食腐動物的食物來源，而人科動物不得不與牠們搶食，也因為那些骨頭上的切痕所透露出的端倪。至少有些切痕必然是在把紅肉從四肢取下的過程中造成的，因為如果只是單純把動物開膛剖肚取出內臟，是不會留下那樣的切痕的。

另一個最近備受關注的可能性是，人科動物把肉用火烹煮過，所以更好消化。當然，無論是植物類或動物類食物所包含的營養素，烹煮都可以讓它變得更容易和胃部的酶作用；而且現在有人發現如果完全只吃生食，會很難維持體重，這多少也是個佐證。話雖如此，這個想法所遭遇到的最大困難在於，在八十萬年前沒有任何充足的證據，能證明當時的人科動物已有控制火的能力，規律使用火來烹煮食物的習性，似乎是在很久以後才開始的。不過有些權威人士認為，人科動物的平均大腦尺寸在約略兩百萬年前開始增加，這種改變只有因為品質較高的飲食內容才有可能發生，也就是更高含量的脂肪和蛋白質，單靠純素食無法提供足夠的營養。大腦是個極端渴求能量的器官，熱量的消耗量隨著尺寸而增加；如果在熱量上沒有得到一些補償，要維持一個尺寸絕對超過需求的大腦袋是不可能的。所以有人認為當時的人科動物必然可以取得某些種類的動物蛋白質，否則他們不夠滋養的飲食內容並不足以助長大腦的發展。

有許多獨立的證據暗示，人科動物已經吃肉吃了好一陣子了；而且說來奇怪，其中有個證據是來自絛蟲的研究。絛蟲這種相當普遍的腸道寄生蟲具有各種相異形態，分別寄生在特定的不同宿主身上，而且我們都長久以來認為，人類最早受到絛蟲的折磨始於馴化牲口之時，因為人類從那時開始和牲畜群很親近地生活在一起。但是根據分子生物學研究，絛蟲在很久很久以前就進入人科動物的族群裡了，據推測是因為和其他肉食動物（或許是獅子、野狗和土狼）共享羚羊屍體，也因此吃下了這些動物殘留的唾液之故。

基於「吃什麼，像什麼」的原則，研究南猿的牙齒、骨頭裡的穩定碳同位素，也得到了一致的結果。大多數的植物會沿著所謂的「C_3途徑」固定大氣中的二氧化碳，像南猿這種以植物為食的動物，骨頭和牙齒中的碳同位素碳十三含量很少；然而有些種類的植物，包括熱帶莽原的草類，依循的則是另一種「C_4途徑」，動物若食用了這一類食物，身體組織內就會含有大量的碳十三。因此而產生的化學訊號可以從牙齒裡量測得到，而且會隨著遭到獵食的動物進入獵食者的體內。所以，根據這些同位素在動物身體組織裡的相對豐存度，就可以得到飲食內容的線索，不論這個動物是以草食為主，還是位居食物鏈的較頂端。

針對同位素所進行的研究已經確認了一件我們透過行為觀察得知的事，那就是現今的所有黑猩猩（就連那些生活在開闊地區的也不例外），全都堅持森林所提供的C_3種類飲食；另一方面，許多南猿則顯現出強烈的C_4訊號。既然全體南猿都靠著吃草維生的可能性不大，這個訊號必然來自被他們吃掉的食草動物，可能的候選受害者包括像是蹄兔或食草的年幼羚羊之類的生物。

這並不代表早期的人科動物大部分都是吃肉的，但是同位素訊號暗示了他們已經和祖先分道揚鑣，脫離了森林植物的飲食內容，顯然變得更加無所不吃了。所以除非他們懂得放牧（但放牧是一種要等到智人登場很久很久以後，才開始出現的行為），否則他們必須依靠狩獵或尋找動物屍體以取得肉類。有些現存的人超科黑猩猩偶爾會打獵，但是牠們並沒有顯著的「食屍」行為。更重要的是，雖然黑猩猩大多以分工合作的方式狩獵，但牠們分享獵獲物的行為似乎較明顯是為了強化團體內的社會連結，做為食物來源的用意並不大。而且當黑猩猩打獵時，牠們獵捕的是擁有森林型飲食習慣的動物，像是疣猴、藍麂羚、嬰猴，所以黑猩猩的身體組織還是帶著C_3訊號。

南猿的例子是另一段故事。無論南猿是在怎樣的環境底下度過大半輩子，他們身上的C_4成分幾乎可以肯定是來自遠離森林深處的草食動物屍首。既然他們體型嬌小，又不是跑得特別快，最明顯的C_4來源大概就是動物屍體了。但是在開闊的空間裡，想要搶食動物屍體這種相對罕見的食物來源，競爭一定很激烈。更重要的是，死掉的動物很快就會變得有毒。現存的靈長類動物（包括人類在內）都缺乏處理這個大問題的特化能力，像禿鷹這種完全只吃屍體的動物就毫無這方面的困擾。屍體一旦開始腐壞（在熱帶地區，這種事在最初的獵食者離開後不用多久就會發生），屍體裡的病毒、微生物和其他的寄生族群就會爆增，獸肉很快就會變得難以消化，甚至還可能致命。難怪現存的靈長類動物非常少見有食屍的行為。有一項對烏干達的黑猩猩進行的研究發現，牠們一年大概會自然而然地遇上四次享用新鮮屍首的機會，但每十次這樣的機會裡，只有一次牠們會真的去嘗嘗肉味，換句話說就是每兩年半才一次。整體來說，取食不新鮮的屍首對靈長類動物而言，並不是什麼太吸引人的提議；至於早

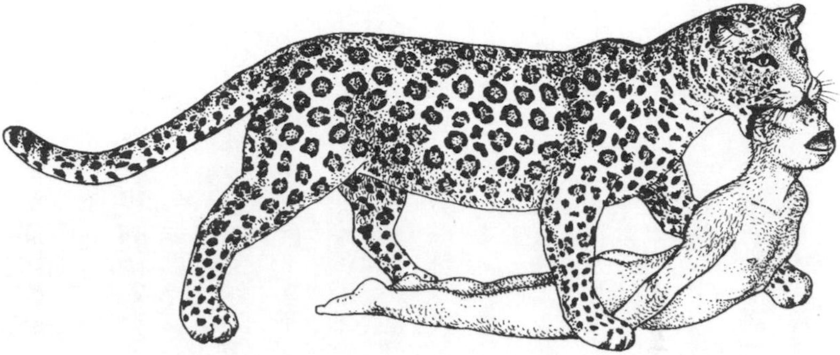

對個子嬌小、移動緩慢的人科動物而言，在林地和莽原上過活是很危險的。這幅藝術家的重建圖，顯示一隻獵豹正在拖行一隻時值青年的傍人屬動物，這是基於一塊來自南非史華特克倫斯遺址的腦殼碎片繪成的。那塊腦殼碎片上有幾個刺穿的洞，完全吻合獵豹犬齒的尺寸和間隔。本圖由塞勒絲依據古德的草圖繪製而成。

期的人科動物到底為什麼會想要食屍（如果他們真有此習性的話），原因完全不明。

儘管如此，那些叫人不得安寧的C_4訊號無論如何**就是**存在。有個推論是，自從早期的人科動物開始在遠離密林處消磨大量的時間，他們就成為了**偷肉賊**。舉例來說，在人科動物祖先的生活環境擴大到涵蓋了林地和叢林之後，人科動物和獵豹似乎便擁有特別密切的關係（有一具來自南非的南猿頭骨碎片上，甚至還有獵豹牙齒造成的孔洞）。獵豹擔心更大的肉食動物會搶走牠們的獵獲物，所以常常把獵物的屍首藏在高高的樹上，以便在牠們離開去巡邏地盤時還能安全地保管獵物。南猿或許會趁著獵豹不在時，善加利用他們相當高明的爬樹技巧飛快溜上樹，偷走一些屍肉。這是種風險很高的行為，如果他們有能力在倉促逃走前快速割下肉塊，絕對大有幫助。在這樣的情況下，或許我們不該因為最早發明石器的不是我們自豪的人屬成員，而是雙足行走的猿類而感到驚訝。這樣的觀點的確言之有理，使用石器或能造成飲食內容大幅變化，進一步促成後來的卓越發展。雖然這個偷取鮮肉的故事，距離故事的收尾還遠得很，最起碼它開啟了全新的可能性。

黑猩猩能告訴我們什麼？

使用工具及製作工具的證據顯示，雙足行走的猿類已經進展到高度的認知狀態了（或許最早是在距今三百四十萬年前，再不然至少也有二百六十萬年），而這樣的認知狀態遠遠超過我們對現今猿類的推斷。首先，早期的石器製造者所自發沉迷的這種活動，需要洞悉石頭如何碎裂，倭黑猩猩坎茲就學不會這招；另外牠們也顯現出某種程度的遠見，在今日那些打獵的黑猩猩的活動裡，就看不出這一點。不過最早離開森林的人科動物顯然不具有這樣的認知技巧；事實上，我們那些身處早期階段的祖先，很可能根本就沒有足以容納此等認知技巧的生理構造。讓我們同樣也謹記於心，不要忘記黑猩猩其實是非常複雜的生物，一如我們在本書的開場段落所讀到的，沒有人可以看著黑猩猩卻不看見自己（不過通常我們能看見的黑猩猩都被關在籠子裡，而牠們的感受或經驗總是曖昧難明）。

從技術面觀之，人類和黑猩猩（以及其他猿類）之間的相似度簡直昭然若揭，因為這些靈長類動物也沉迷於某些我們本來以為只有人類才有的複雜行為，而且對他們的觀察往往不必超過一個月，就可以又發現一種沒有記錄過的。其中最晚近才發現的一種複雜行為，是黑猩猩會拿尖銳的樹枝去刺叉睡著的嬰猴。不過等到本書付印時，這個值得一提的做法可能已經被別的新發現搶走了鋒頭。

黑猩猩展現了各式各樣的簡單技藝，這種「文化」以模仿轉移的形式世代相傳，而這些技藝之中至少有部分是因為他們棲息環境的範圍所致。黑猩猩居住的環境差異很大，包括中非和西非的棲地，範圍從茂密的雨林到林木叢生的草地。這樣的環境分布範圍和早期的人科動物很像，只不過黑猩猩和他們之間有個重大的不同，即使是在較乾燥的廣闊區域，黑猩猩所傾向選擇的食物（大部分是水果）還是和森林裡可取得的種類類似。早期的人科動物顯然喜好享用塊莖，或是其他開闊地區那些堅韌、混著沙礫的食物類型，但這些食物引不起黑猩猩多大的興趣。然而，黑猩猩相當清楚自己身邊有哪些潛在的資源。

在塞內加爾有一個叫做「方果力」的地方，當地的環境是摻雜著些許綠地的馬賽克拼貼式樹林，黑猩猩和嬰猴族群共同生活在那裡。嬰猴是一種體型很小、沒有防禦能力的夜行性靈長類動物，在白天常躲在深深的樹洞裡。方果力的黑猩猩顯然將嬰猴視為美味的小點心，因為在這裡的研究人員曾多次目睹黑猩猩製作出木頭「長矛」，再把長矛戳進樹洞裡，很明顯是希望能刺中嬰猴。當我知道在二十二次這樣的企圖裡只有一次會成功時，我感到如釋重負。一個不尋常的事實是，從事這一類打獵行為的不只有成年的雄性黑猩猩，還有雌性和年幼的黑猩猩。更加有趣的一點，在於黑猩猩總是依循著顯然根深柢固的同樣步驟。

牠們首先從樹上折下一根樹枝，然後把較小的分枝和嫩枝摘除，這部分和其他黑猩猩在準備用來從蟻丘裡「釣」白蟻的細長工具時的做法大致相同。「原型長矛」上的樹皮常常會被剝掉，藉此完成了進一步的修整，在某些情況下，長矛的製造者還會用門牙削尖長矛的一端。一旦這種長達四十五到九十公分的器具完成後，牠們就會拿來往樹洞裡猛力一戳，再拉回來嗅聞檢查。在研究者觀察到的那唯一一次打獵成功的案例裡，躲在樹枝凹洞裡的嬰猴並沒有被刺穿在長矛上拉出來；相反地，那位正值青少年時期的雌性狩獵者很明顯地檢查了矛尖上的獵物氣味和身體組織，然後便在樹枝上蹦蹦跳跳，把樹枝踩破，再從裡頭徒手抓出那隻命喪黃泉的嬰猴，接下來她就退到一旁，獨自吃掉了嬰猴的屍體。在另外兩起案例裡，方果力的黑猩猩也被目擊到正在吃嬰猴，不過並不知道他們是用什麼方法抓到的。這些個體基本上獨來獨往，但母猩猩也有可能和她未成年的女兒分享獵物。

黑猩猩使用長矛狩獵是種叫人大開眼界的技術，有一項最近的報告可以相提並論。根據報告指出，這些靈長類動物使用砧板狀的石頭來打破有著硬殼的堅果，更驚人的是，考古紀錄（一些四散的古老石頭碎片）顯示這種行為在四千三百年前就存在了。這也提醒了我們黑猩猩的行為具有令人難以置信的靈活性，因為在方果力所看見的打獵方式和其他地區的黑猩猩極為不同。在西非和東非更為濃密的森林棲地裡，黑猩猩的確有時會獨自狩獵，但牠們通常會分工合作，而且這樣的行為比我們以前認為的更為普遍。舉例來說，在黑猩猩和分布廣泛的紅疣猴共同居住的同一座非洲森林裡，牠們每個月會獵捕這些靈長類動物四到十次，成功率大約在五成上下。常見的狩獵行為信奉的是機會主義，顯然純粹是由獵食者和獵物的偶然相遇而引發的；但也有些時候，雄性黑猩猩似乎會在森林裡積極巡邏，找尋疣猴的蹤跡。大部分狩獵是雄性專屬的嗜好，而且在狩獵行動中合作的雄性黑猩猩愈多，成功機率就愈高。狩獵的過程實在值得一看。樹居的疣猴本身成群結隊，在森林的樹冠生活，而黑猩猩的「狩獵派對」會將一整群疣猴包圍，有些狩獵者守在地面，其他則爬到鄰近的樹上。有些黑猩猩會積極追趕猴子，在潛在受害者身後以無窮的活力衝刺；其他黑猩猩顯然就只是在一旁觀察，但他們全都處於高度興奮的狀態。如果黑猩猩可以把一隻以上逃命中的猴子困在樹冠中斷的地方，那就大功告成了，牠們可以把受害者隔離在單獨一棵樹上。受害者一旦被逮著，就會被狂熱地撕成碎片，分給在場的黑猩猩，每一隻黑猩猩都等不及要分到一份。

有些黑猩猩社群可能會在一年內吃掉幾百公斤的猴肉，然而，猴子或許看似是一種可貴的食物資源，但在兩個種族相遇時，疣猴被無視、沒有慘遭追捕的情況卻屢見不鮮，即使黑猩猩當下正在覓食也不例外。而且，如果一隻手裡拿著鮮美疣猴屍體的黑猩猩遭遇挑戰，牠會比那些拿著結滿成熟果實的樹枝的黑猩猩更輕易地放棄手上的食物。這些現象所暗示的是，狩獵並不是黑猩猩的必要經濟活動。事實上，最近在烏干達森林裡對黑猩猩的狩獵行為進行的一項評估顯示，狩獵一直都是一種季節性的行為，並不會因為某些偏好的食物種類短缺，而做為彌補食物不足的手段。肉類或許是良好的膳食補充來源，但對黑猩猩的營養需求而言似乎並不重要。所以牠們為什麼要做這些麻煩事呢？有個可能是，藉由分享獵肉，成功的雄性獵人比較能得到雌性的青睞，因此具有繁殖優勢。這個假設的證據並不明確，而在不同地點的觀察結果也有所差異。一般而言，那些接受性行為的雌性大概每三次只有一次能夠分享獵肉，和其他黑猩猩的情況差不多，而且就算牠們真的分到了一份，也是在交配之後，而不是之前。另一方面，有一項在西非進行的研究顯示，長期看來，雄性會從那些分享過獵肉的雌性身上得到較多的性行為機會。儘管如此，黑猩猩的研究人員似乎逐漸取得共識，黑猩猩之所以獵捕疣猴，至少在原則上是為了追求一個更宏大的社會目標，透過取得分享用的獵肉（大多數分享的對象是其他雄性黑猩猩），有助於建立同盟。這個想法頗為合理，因為黑猩猩的社會階層相當不牢靠，在任何時刻，任一隻雄性黑猩猩在社會上的地位（當然，還有牠的繁殖優勢）並不只取決於力量和脾氣，牠和其他黑猩猩的結盟關係也很重要。

雙足特化的猿類行為

狩獵是一回事，製作工具是另一回事。在人科動物的歷史上，很早就有屠宰動物屍體的行為，但是這個事實並無法告訴我們這些屍體是怎麼取得的。當然了，極早期的石器看起來完全不像那些用來獵殺大型動物的器具。如果肉類在早期人科動物的飲食裡真的占了很大的比重，那麼這些提供了肉類來源的動物必然不大，才能夠藉由追趕和圍捕而捕捉到，比如說蹄兔或是蜥蜴之類的小型脊椎動物。唯一較可信的另一種可能（除了躡手躡腳偷拿獵豹的獵獲物之外），就是大量的蛋白質是取自「全職」獵食動物的較大型獵物，而這些獵食動物因為人科動物的某種侵略行為，暫時離開了自己的獵物，使得他們有機可趁。由於早期的人科動物體型小，移動緩慢，又絲毫沒什麼威脅性，再加上食用不新鮮的動物屍體可能會致命，那麼就只有一種方法能逼使獵食動物離開其獵獲物了，顯然這時的人科動物已經學會如何準確投擲重物。

「投擲」對今天的我們來說似乎是很自然的事，棒球之類的運動確實也很依賴這項技能，不過其實這又是我們另一種不尋常的特質。時至今日，我們仍是世上唯一有能力準確投擲東西的動物。駱駝或許可以朝你的眼睛吐口水，不過即使黑猩猩有著一雙強壯的手臂，牠們還是無法把石頭丟得太遠，就算牠們的準確度能提升到相當好的程度也一樣。常去動物園的人或許見過黑猩猩亂扔排泄物的可怕景象，但牠們可沒有你在生死關頭會希望能依靠的投擲能力，而以下情境當然是一個生死關頭：你對著肉食動物猛扔石頭，試圖把牠們從獵獲物旁邊趕走（古人類學家稱這樣的過程為「強力搜掠」）。精準投擲需要手眼之間靈巧調合，也需要一氣呵成完成一連串動作的能力，而這種能力是基於對需求的直覺評估。神經肌肉的協調是不小的壯舉，在任何人科動物開始製作顯然有柄的石器、當作投擲物的尖端之前，我們並沒有**直接**證據能證明他們已經具有足夠的協調性。

無論如何，良好的手眼協調性是製作石器的必要條件，這也暗示了，儘管早期的石器製造者擁有過時的身體比例，但他們或許還是能夠培養出不錯的投擲技巧，起碼有助於偶爾取得肉類。話又說回來，肉食動物的獵獲物幾乎不是任何人科動物會想要仰賴的食物來源，若你想要以這種方式討生活，那你絕對得幹勁十足才行，而且如果黑猩猩的情況可以當作參考，我們實在很難一口咬定我們的祖先最初追尋肉類食物的原因是出於飢餓。當然了，等到他們學會三不五時就搜掠一次新鮮的獵獲物，那接下來的發展倒是很容易就能預測，他們或許會開始仰賴這樣的行動為生。但是如果他們真的採用了這條危險的飲食路線（我們必須謹記在心，他們打從一開始就在支解大型動物了），那麼這就強烈暗示了他們的生活群體很大，因為恐怕沒人會認真看待一小群朝著獅子、劍齒虎或巨大的土狼丟石頭的矮小人科動物。還有其他的理由暗示早期人科動物生活在大型群體裡，我們很快就會討論到。

另外，關於早期這些懂得使用工具的人科動物本身，也關於他們已企及的認知水準，那些被支解的屍體也透露了不少端倪。在早期人科動物漫步的大裂谷裡，適合製作工具的石頭並非隨處可見。有證據清楚顯示，當需要屠宰大型動物的屍體時，他們會把適用的石頭一起帶著走，以確保能夠取得製作工具的良好材料。尤其是當我們往後越過距今兩百萬年前的時間點之後，就很常在發現帶有屠宰切痕的動物屍體化石時，同時在附近找到四散的遠古石器，有些石器甚至位在動物的體內。很典型的情形是，這些石器並不是用這一區可自然取得的石頭製成的，有時最靠近的自然來源常常在數公里外，在這種情況下，製作石器所需的細緻岩石一定是事先從至少那麼遠的地方帶來。更重要的是，這些石

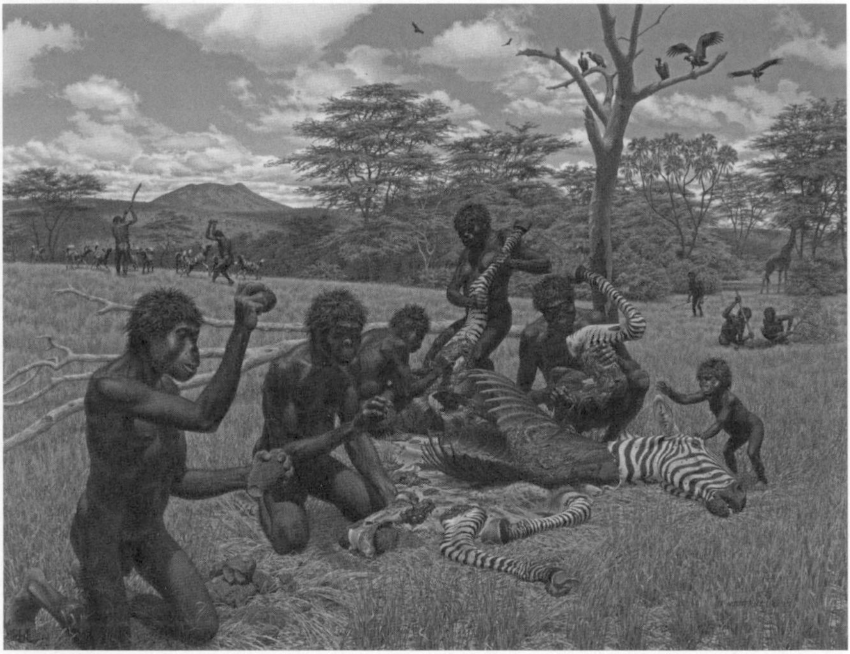

在這幅想像的重建圖裡，我們看見距今兩百萬年前的非洲莽原上有一群使用工具的早期人科動物。我們並不知道像這樣的人科動物究竟如何取得他們正在支解的哺乳動物屍體，但是左後方中間那些正在朝一群鬣狗猛扔石頭的角色，便暗示了強力搜掠的極危險過程，他們必須暫時將主要獵食者從獵獲物身旁趕走，同時在較安全的地點取下四肢和器官食用。背景的森林或許能為這些人科動物提供保護。同一時間，在右後方的中間可以見到兩隻人科動物正在使用樹枝挖掘蟻丘，對這些在開闊草原上冒險的最早人科動物而言，蟻丘也是一種食物來源。版權所有：馬德內斯，一九九五年。

頭可不是先切削製成石器才搬過來的。我們會知道這一點，是因為製作石器的過程並不只是乾淨俐落地接連做出銳利的工具，一顆卵石或許可以產出兩片以上的切割用薄片，但是在製作過程中也會產生很大量的「廢片」，也就是無法使用的石頭碎片。考古學家已經有很多次把來自單一屠宰遺址的碎片（有的有用，有的沒用）拼湊回一整顆卵石。這個費力的重建過程不只讓考古學家明白石器的製造方法，也是一個明證，證實沉重的卵石一開始是整顆被帶過來的，顯然是期望能在製造工具時派上用場。更何況，如果人科動物沒打算使用這些沉甸甸的石塊，那他們實在不太可能會辛辛苦苦地把石塊拖上好幾公里遠。

我們在黑猩猩身上完全看不到像這樣的期望和遠見。牠們是會打獵沒錯，但通常是情境使然，必須等待機會自己上門；而且如果需要什麼器具來進行某些活動，牠們會現場找尋手邊可得的材料來製作。然而，早期的石器製造者似乎相當清楚自己接下來要做什麼（狩獵、強力搜掠，或者不管什麼都好），也知道自己將會需要怎樣的工具，然後才動身。他們也明白不同材質的特性，曉得如何處理各種材質，這是黑猩猩辦不到的。這些事實已經足以說明早期的人科動物在認知方面有了大躍進，不只勝過他們那些上新世的親戚，也勝過現代的猿類。在他們的時代，懂得使用工具的南猿顯然是世上最聰明的生物（他們那些缺乏技術的直系祖先很可能也是），這一點毋庸置疑。

遺憾的是，對於這些遠古前輩，我們想知道的太多，能知道的卻太少。話又說回來，我們倒是可以頗有把握地說，他們是相當懂得互助合作的生物。如果你把四百隻黑猩猩塞進飛機的客艙從紐約飛到東京，等飛機降落的時候，八九不離十你會發現這些黑猩猩早已自相殘殺得差不多了。從任何標準來看，黑猩猩都是高度社會化的生物，但若是要生活在像我們今天所處的擁擠世界裡，他們還缺乏一種必備的特別群居能力。由於人口爆炸是很晚近的事，所以我們絕對不是為了應付現代摩肩擦踵的環境，才獲得這種特殊形式的群居能力。事實上，至少在過去的兩百萬年來，人科動物在地面上往往人丁單薄。因此，或許我們應該往我們演化歷史的更早期去尋找這種獨特社會傾向的生物學基礎。有個建議是，我們應該注意早期雙足動物的生物角色，以及他們的環境偏好。

早期社會

目前為止我們討論了很多關於黑猩猩和狩獵的事，這絕對是合理的安排，因為黑猩猩是和我們（以及我們的遠古祖先）血源最接近的現存親戚物種，這麼一來我們才能建立出包括我們在內的這些物種之間的脈絡，而且黑猩猩是一種我們可以實際在自然世界觀察生活方式的生物。對狩獵行為的重視深植在古人類學的傳統裡，這也是真的。確實，在五〇年代時，曾於一九二五年對最初的南猿化石（事實上，那是一隻死在獵鷹爪下的嬰猿）進行描述的人類學家達特，就戲劇性地宣稱，「人類歷史那血跡斑斑、開膛剖肚的紀錄」直接反映了人類初始祖先「普遍特化出的嗜血性與掠食性」。

然而，儘管我們毫無疑問是當今世上的頂尖獵食者，我的同僚哈特和薩斯曼最近卻強調，把焦點放在我們早期演化過程裡的狩獵行為根本是搞錯重點。他們指出，不能簡單把人類視為「超級黑猩猩」，雖然黑猩猩和我們在演化上有許多相近處，但牠們保持了森林動物的所有直覺，即使牠們是在樹木稀疏的環境裡（比如說方果力）消磨大把時間也一樣。根據哈特和薩斯曼的說法，我們的極早期祖先和黑猩猩之間最根本的差異，在於他們和現存猿類的做法不同，在探索森林邊緣和林地環境時，調整了整套生活方式。我們能從他們的雙足行走姿勢、牙齒、地球化學，還有一大堆其他的特徵裡看出這一點。來到這些更開闊環境的生態遷移，使人科動物得到全新的機會，以及不凡的未來可能性，但也立即面臨了巨大的成本。當然，慘痛的代價就是得在林地的獵食動物面前暴險。這項新因素的重要性無論怎麼強調都不嫌誇張，對體型嬌小的雙足動物來說，在他們遠離祖傳棲地進行冒險時，無所不在的獵食者對他們造成了極大的衝擊，任何新的作用力都無法與這一點相提並論。

考量到這個無法迴避的現實，哈特和薩斯曼認為我們或許不該一開始就在最接近我們的現存親戚物種身上找尋線索，也不該期盼能藉此得知我們最早的親戚物種之生活方式。相反地，若想尋求指示，我們更應該往那些居住環境跟早期人科動物相似的靈長動物下手，例如獼猴和狒狒。雖然這些靈長動物和南猿之間的親屬關係不比黑猩猩接近，但牠們表現出類似的生態成就，能夠面對林木和草原雜錯的開闊新棲地所帶來的優點及缺點。沒錯，牠們和人類的共同祖先或許距今已有約二千五百萬年了，但彼此之間基本的靈長類生物學特徵和生態傾向還是很類似。除此之外，化石紀錄也顯示，我們的祖先在這段約略早於二百五十萬年前的時期內，體型並不比大型狒狒大上多少。話雖如此，狒狒的犬齒尺寸相當不同，尤其雄性狒狒的巨大上犬齒更是嚇人，而且犬齒的內側有如剃刀般鋒利，這是一種我們自己的祖先顯然缺乏的防禦特徵。另外，四足行走的狒狒跑起來快多了（事實上，狒狒有種喜歡待在地面上的親戚叫做赤猴，在必要時，赤猴的奔跑速度幾乎可以達到每小時六十五公里）。所以和地棲的猴類相較之下，開闊棲地裡的南猿非常容易遭受攻擊，而獵食者加諸在他們身上的壓力因此更大。

一如你所預期，像狒狒和獼猴這種至少有部分時間待在莽原上的動物都是雜食性的，雖然牠們不會和水源離得太遠，但牠們懂得同時利用草原和森林裡的食物資源。儘管牠們會在白天時深入草原尋找糧食，不過到了夜裡，牠們通常會一起聚在樹林間或崖面上以尋求保護。就像其他在獵食者眼中很好下手的動物，牠們以龐大的群體共同生活，裡頭包含了所有年齡層的多隻雄猴及雌猴。畢竟群體裡的耳目愈多，就愈有可能有人瞥見遠處的獵食者，並高聲警告。因此不出意料的是，這些猴子也頗擅於發出各種叫聲。牠們在覓食和四處移動時，常常會將懷孕的雌猴和幼猴維持在群體的物理中心，而比較可以犧牲的年輕雄猴則待在易受攻擊的周邊，可以同時扮演哨兵的角色。由於群體龐大，整體的結構良好、組織嚴明，成員間具有複雜的個體關係，裡頭的秩序和我們在黑猩猩群體裡所見到的並不相同，雖然黑猩猩個體間的關係還要更加複雜，但牠們生活的群體裡並沒有嚴格的空間結構。

有大量證據指出早期人科動物很常遭受捕食，其中大部分證據是斷裂的骨頭和肉食動物的齒痕等等，來自棲地、體型及解剖構造的間接證據也同樣提供了佐證。因此哈特和薩斯曼做出了合理的結論，他們認為極早期人科動物的社會特徵並不是屬於狩獵者的，而是屬於**獵物**的。換句話說，我們的祖先是**被獵**的一方，而不是**獵人**的一方，而且這兩位作者相信，現代人的許多行為仍能反映出這一點。我們稍後會再回來討論我們的「行為遺產」，現在先來看看哈特和薩斯曼所指出的七種地棲猴類所使用的策略，他們相信早期人科動物在面臨他們脆弱的新利基時，非常有可能也採用了同樣的策略：

一、成群結隊生活，群體中的成員數量介於二十五到七十五之間，人多保平安。在我們自己的社會裡，人類小家庭通常人數稀少，或許古人類學家受到這一點的潛移默化，而且意識到獵食動物的族群往往不大，所以他們傾向假設早期人科動物的群體大小有限。如同我們先前說的，雙足行走姿勢和擇偶有關，像阿法南猿的雌雄體型就很懸殊，讓我們忍不住和大猩猩的情況比較；大猩猩的生活群體通常包含二十個以下的雌性個體，統統受到一隻「銀背」雄猿的支配。話又說回來，對脆弱的獵物物種而言，明顯較大的社會群體很有可能是常態。

二、學會因地制宜。別把所有雞蛋都放在同一個籃子裡，換句話說，要利用身邊隨手可得的一切環境和基質。早期的人科動物遵從了這條法則，他們結合了地表上的雙足行走姿勢和樹林間的顯著敏捷性。大部分的猴類藉由保持身型的嬌小及平庸來達到這樣的靈活習性，而早期人科動物則透過結合看似矛盾的特化來做到一樣的事。我們似乎可以肯定，人科動物這種「魚與熊掌兼得」的移動策略並非過渡性適應，他們並不是某種在爬下樹的途中給逮著了的生物。事實上，他們以這種生活方式生養不息地過了好幾百萬年，而且即使是那些我們現在回過頭看會認為是「過渡型」的特徵，在他們的時代一定也都提供了完整的功能。他們的身體形態暗示了早期人科動物採取的是穩定策略，儘管新的地面移動方法帶來了易受攻擊的缺點，但他們身上不同的部位（包括適於地棲的腿部和骨盆，以及適於樹棲的肩胛骨和手臂）似乎相當符合環境需求。

三、社會組織要保持彈性。能躲開獵食者很好，但如果因為這樣害自己挨餓就不應該了。尤其是在莽原上，靈長類動物能夠快速取得的食物資源種類常常四散各地，很少有在一個地方生產出豐富食物的情況。因此大型的社會單位應該拆散成較小的群體，以便在尋覓四散的資源時能有較佳的效率；但是當真實的危險迫近時，全體成員還是必須隨時準備好再次合併成較大的群體。

四和五、雖然從繁殖的角度來看雄性是比較可有可無的性別，但永遠要在社會群體裡包含一個以上的雄性個體，就連四處漫步的小型「次群體」也一樣。而且要讓那些雄性個體擔任哨兵的工作，尤其是在雄性的體型比雌性大、更能嚇阻獵捕的情況下。直立移動在這方面或許真有幫助，因為站起身來會使得個體在獵食者眼中看起來較大，也許不會觸發獵食者在面對平行於地面的動物輪廓時會有的攻擊反應。

六、細心選擇你的臥榻。在夜裡將群體聚集在樹林間，或是其他相對安全的地方；在白天則盡可能待在植被相對密集的區域。當穿越開闊空間時，盡可能維持最大群體規模。

七、要夠聰明。你對環境的觀察及詮釋能力愈好，你就愈安全。你的溝通能力愈好，就可以愈有效率地讓群體裡的所有成員避開獵食者。人科動物腦部尺寸的顯著增加（想必還有智能的提升）可能是在我們的祖先走出茂密森林數百萬年後，才開始真正有所進展，我們本身的屬（人屬）也才出現。但是由最初的雙足動物起頭帶來的環境改變，或許就已經是關鍵性的有利因素，替後來的發展設置好了場景。

絕對不是把這七項策略全部加起來，就能得到我們遠古祖先的全貌，也不能就這樣將他們視為社會經濟性的生物。目前為止，我們只能很有信心地說，我們的遙遠祖先確實採取了以上策略的其中二項：因地制宜，以及在樹林間安身。其他的策略只是依據類似環境裡的相關生物形態而做出的合理猜想。但即使這個清單未能確實描述早期人科動物的特性，我們還是得指出一個不容否認的事實，那就是，哪怕到了今天，我們這種在世上位居最頂端的獵食者可能還是得老實承認自己有段無法抹滅的過去，在這個物種緩慢前行的初始之時，曾經是各種肉食動物菜單上的熱門菜色。

內心世界

雖然可能還朦朧不全，但我們要開始勾勒南猿的樣貌了。他們是身型嬌小的直立雙足動物，擁有相當優良的爬樹能力；在森林和較開闊的環境之間移動，而在開闊環境中，或許生活在大型的社會單元裡以尋求保護；具有複雜的社會生活，而這樣的生活方式是基於深入的互助合作以及一種特殊形態的群居性，也就是群體之中包含了所有的年齡層，兩種性別皆有。他們擅於發出各種叫聲，而且透過和現存猿類的類比（假設現存猿類是這方面的最佳參照對象），他們大概也有數十種不同的發聲字彙，分別表達不同的情境範圍或是情緒狀態。我們可以很有信心地說，這些遙遠的祖先是雜食動物中的通才，探索著森林和莽原所能提供的食物。這麼一來，他們使得自己甚至和現代莽原上的猿類有所不同，因為猿類不管身在何處，都還是在尋找森林類型的食物資源。古老的人科動物至少有部分時間居住在危險而充滿挑戰的環境裡，雖然和體型相當的猿類相比之下，他們的腦部並沒有大上太多，但到了某個時間點，他們開始製作石器，而且還會把所需的材料帶著走，可見他們的認知複雜度超越了任何接受過示範教學的猿類。這些工具和遭到他們支解的動物屍體提供了我們手上的最初證據，證明人科動物會攝取動物的脂肪和蛋白質，雖然透過和黑猩猩的類比，我們似乎可以合理地做出結論，食肉和分享獸肉或許是一種其來已久的行為。

雖然運動技能和較高等的認知功能幾乎絕對是相輔相成的兩回事，但究竟是什麼讓製作石器的智能躍進成為可能？這是一個我們目前還沒有任何信心能賭賭運氣回答的問題。不過最初的石器（亦即跨時代轉變的第一步）製造者是我們可以稱之為「雙足猿類」的生物（雖仍有異議），在這之後浮現了一種我們會在人科動物演化的整段過程裡不停重複看見的模式，那就是，新的技術（代表了更複雜的新行為）通常和新種類人科動物的出現**沒有**關係，而是舊種類的人科動物開始做些新玩意，不過這些新玩意似乎總是暗示了在認知方面的複雜度又往前邁出一步。

我們會再回來談談人科動物的典型創新模式，但在開始之前，如果先自問我們是不是已經有能力建構、描述這些大膽的嬌小動物對四周的世界（以及對自己）有什麼樣的感覺，可能會很有趣。我們可以推論在觀察者眼中，他們的生活看來是什麼模樣，但是他們是否在任何方面共享了我們現代人類在經驗上的獨特形式？這是個無論如何無法精確回答的問題，不過我們倒是可以觀察其他生物，自問我們和這些生物之間明確共享了什麼特質，再延伸到早期的人科動物身上，藉此畫出一條大致上的基線。

我們可以先從「自我意識」這項明顯的議題開始。在最廣泛的意義上，每一種生物都擁有自我意識，能分辨出自己和別人。從最簡單的單細胞生物起，所有活著的東西都有一套機制，能夠察覺到位於自身界限之外的實體和事件，並做出反應。因此，任何一種動物或許都可以說是擁有某種層級的自我意識，無論這種動物因為外界的刺激而顯現出的反應有多麼基本。另一方面，人類的自我意識是我們這個物種的獨門絕技，我們以一種非常特殊的方式在體驗自身，據目前為止所知，這個方式是生物世界裡獨一無二的。我們每個人可以說都有能力將自己概念化、特徵化成一個獨立於自然界其他部分（以及其他人類）之外的物體。我們有意識地**知道**自己（以及我們族類中的其他人）擁有內心世界，而使我們能夠掌握這種知識的智能資源正是人類的「符號化」認知風格。這是一個簡要的術語，說明我們能夠在心理上將周遭世界剖析成一個由無形符號組成的巨大字彙表的能力，然後我們可以在心中遵循某種規則將這些符號重新組合，這些規則使我們能夠透過一系列有限的元素，描述出數量無止盡的景象。藉由使用這個字彙表和這些規則，我們能夠產生這個世界（以及我們自己）的不同版本或解釋。就是這種獨一無二的符號化能力，使得內化的自我陳述得以在人類獨特的自我意識之中表達出來。

在連結了自我意識的「原始」及「符號化」風格的光譜兩端之間，想必存在著層次幾近無限的自覺狀態。但是異質認知狀態是人類發覺無從想像的少數幾種事情之一（就更別說是去體驗了），所以只要討論到關於自覺的過渡形式（例如我們的早期祖先所擁有的那種），必然會伴隨著擬人化的高度風險。當我們試圖推斷其他生物如何理解特定的情況，或牠們在社會中的地位和牠們事實上在整個世界裡的地位，我們總是傾向套用自己的想法，忍不住假設其他種類的生物對這世界的觀察、理解方法不知怎麼的和我們一樣，只是不如我們好，也不如我們透徹。然而事實是，我們就是無法知道現代智人之外任何生物的主觀感受為何，更遑論去**感覺**了。

人類非凡的認知風格是漫長生物歷史的產物。從不懂得符號、沒有語言能力的祖先（牠本身也是極度漫長、波折的演化過程之產物）開始，然後出現了我們這種懂得符號化、有語言的前所未見物種，同時也是一種擁有功能完善、完全個體化自我意識的實體。我們的出現、跨越了認知鴻溝，是單一事件，是一種**質**的差異；由於無法從任何先於我們的物種預測出這樣的變化，唯一使人相信這道鴻溝**有可能**跨越的理由，就是它確實**已經**被跨越了。既然這起不尋常的事件確實不證自明地發生了，我們要問的問題就變成「在哪裡發生」以及「如何發生」了。話又說回來，要回答這些問題，我們必須先建立一個起始點，而這並不是一項容易的工作，從自我意識的研究就可以很清楚地看出這在實務上有多麼困難。

回到十九世紀中期，達爾文在倫敦動物園的兩隻紅毛猩猩之間的地板上放置了一面鏡子，他記錄了紅毛猩猩對自己倒影的各種反應，但是沒有明確指出他特別從這項實驗得到的結論（若真有結論的話）。這方面的進展停滯了幾乎一百年，直到認知心理學家蓋洛普進行了控制更嚴謹的測試為止，他指出對動物來說，常態是將鏡中的倒影視為另一個個體。蓋洛普讓兩隻幼年黑猩猩暴露在全身鏡前好幾天，觀察牠們對眼中所見自己的倒影有何反應。這兩隻黑猩猩在這段時間內增加了自我導向的行為，對鏡中影像進行的社會反應則減少，說明牠們逐漸學會辨認那些影像是自己。接著這些黑猩猩接受麻醉，臉上被畫上紅色的記號，等牠們重新回到鏡子前，自我導向的行為愈發明顯，其中許多黑猩猩會盯著那些記號瞧；相反地，那些先前沒有接受過鏡子實驗的黑猩猩就沒能做出同樣的反應，說明第一組黑猩猩的自我認知能力確實是在那段習慣時期內學到的。對獮猴進行的類似測試所得到的結果相反，蓋洛普認為這暗示了猴子缺乏黑猩猩學習自我認知的能力。

從蓋洛普的開拓性研究之後，「鏡子測試」就成為脊椎動物自我認知實驗的準繩，現在已經有許多物種接受過測試了。當然人類也和黑猩猩一樣，需要學習「鏡中自我認知」。恢復視力的成人很快就能辨到，大部分的人類嬰兒也可以在十八到二十個月齡時學會這個技巧。年幼的猿類在很多方面的發展都比人類孩童快，但是根據蓋洛普原本的測試而建立的研究顯示，鏡中自我認知的能力在八歲以下的黑猩猩之間非常罕見，基本上這是一種成年黑猩猩才有的技能。到目前為止，不只有黑猩猩具有鏡中自我認知能力，還有狒狒、紅毛猩猩和大猩猩，不過並不是這些物種裡所有受測過的個體都有。在人類和猩猩組別之外的脊椎動物裡，鏡中自我認知能力顯然極端罕見（雖然大象、海豚和一些鳥類或許也有這樣的表現），而在具有這種能力的動物範圍裡，幾乎可以肯定背後運作的機制跟猩猩和人類不同。但雖然猿類和人類在這方面的表現方式幾乎可以肯定是我們這一組別所獨有的特質，不過我們仍不確定這樣的能力代表了什麼意義，我們不知道透過這個方法所發現的結果，究竟和認知的哪個面向確切相關？

因此猴類研究者賽法斯和錢尼選擇了另一條途逕，來研究非人類靈長類動物的自我意識；他們採用心理學家詹姆士提出的想法，認為自我意識具有兩種不同的組成成分，亦即「心靈」（一個人的「精神機能和傾向」）和「社會」（知道自己是族群中許多不同個體的一員）。猴子就像人類，也是高度社會化的動物，而賽法斯和錢尼選擇長尾黑顎猴和狒狒，觀察牠們的個體如何理解自己在社會階層裡的地位。這裡的合理假設是，如果靈長類動物不具有對「我」的認知，那當然就無法表現出對「他們」的認知；藉由查看親屬關係和各別猴子所屬的統治階層，賽法斯和錢尼做出的結論是，牠們確實能將其他的族群成員分別視為個體，並以合宜的舉止應對牠們，因此也能在和牠們的同伴面對面時察覺對方的個人特徵。這似乎暗示了牠們具有某種層級的社會自我意識。

另一方面，這一類的自我意識顯然和人類不同。因為雖然長尾黑顎猴和狒狒絕對能夠在複雜的社會環境裡舉止合宜，但就我們目前的判斷，牠們並沒有意識到自己之所以要這麼做的理由。以賽法斯和錢尼的話來說，牠們「不知道自己知道什麼，無法深思自己知道的事，也沒辦法成為自己注意力的對象」。

沒有觀察者會否認猩猩具有比猴子更複雜的認知和行為技巧，但我們幾乎完全不清楚牠們在這些方面究竟勝過猴子多少，尤其是自我反省的能力。有些猩猩在實驗環境底下是相當嫻熟的符號使用者，就像我們的朋友坎茲，牠們可以精確辨識並回應字詞，甚至連字詞的組合也沒問題，而且牠們可以靈巧地選擇電腦螢幕上的視覺符號。但這是否就代表了牠們也有能力在心裡以同樣方式操作這樣的符號，就像是在產生自身的客觀形象？這一點還是值得懷疑。一般而言，猿類使用符號的方法就像是在做加法，他們可以理解一些概念的短字串（「拿」、「紅色」、「球」、「外面」），但是他們並不會依照心裡的規則重新組合這些短字串以產生新的概念，亦即「可能的想法」，而不只是「觀察到的東西」。加長的符號清單很快就變得叫人困惑，最後意義全失，可見黑猩猩在處理符號這方面具有本質上的限制。

普維內利是一位傑出的黑猩猩認知學者，他在幾年前提出黑猩猩和人類看待這世界的方式之間所具有的根本差異，在於人類對其他個體和他們的動機會形成抽象的觀點，但「黑猩猩嚴格仰賴其他黑猩猩身上所能看見的特徵，藉以建立牠們的社會概念，……（牠們）……並沒有意識到在其他黑猩猩的行動、臉部表情，以及行為習慣之外，其實還有更多東西。牠們不了解其他生物的心中也充滿了屬於自己的內在經驗」。這同時暗示了個別的黑猩猩對他們自身也沒有這樣的覺知。牠們**體驗**自己心中揚起的情緒和直覺，或許會因此而做出反應，或是壓抑這些感覺，因為牠們的社會形勢需要得到上位者的允許，但就像普維內利所述，牠們「搞不懂別人的念頭、信念和感覺，……因為牠們根本就不具有這樣的概念」，看來我們可以合理地做出結論，牠們也缺乏自我反省的能力。這是因為，如果個別的黑猩猩缺乏察覺別人也有內心世界的能力，那麼牠們就非常有可能也同樣缺乏照看自己內在的同等洞察力。

我們和黑猩猩之間的認知差異如此巨大，但從行為上卻並非總能明顯觀察到這種差別。事實上，黑猩猩和人類行為的方式有時候看起來相似得驚人。儘管如此，我們應當警惕，不要誇大了這些相似性。這些我們察覺到的相似行為是由於我們共享了極為漫長的演化歷史，以及我們因此而得到的相似身體構造。但就像普維內利可能會指出的，在相似的可觀察行為背後，或許也潛藏著在形式和複雜度上大相逕庭的心理過程。

所以，雖然黑猩猩擁有各式各樣的才能，但認知上的鴻溝仍然存在。套用詹姆士的想法，在我們現今世上所有能加以研究的生物裡，似乎只有現代人類顯現出「心靈自我意識」；而就連詹姆士所謂的「社會自我意識」，在人類和非人類的靈長類動物之間，似乎也存在性質上的戲劇性差異。儘管如此，雖然自從人類和任何一種猿類從同一個祖先分家開始，演化大河已經滔滔流過跨越物種鴻溝的大橋兩端底下，但大部分權威人士同意我們可以合理地做出結論，在黑猩猩（以及其他猩猩）之中看見的認知種類，提供了我們一個合理的估算，能概略說明我們的祖先呈現的認知狀態在約略七百萬年前開始。再借用普維內利的話，有人也許會合理地假設那些祖先是「聰明、會思考的生物，靈巧地注意周遭世界所顯露的規律性，並加以學習。但是……他們無法理解看不見的東西，他們對『心靈』沒有想法，對『因果關係』沒有概念」。依人類的標準來看，他們對自己也還沒有概念。就我們這支世系的認知起點而言，這是個相當可信的描述；但是基於我們對於比較性認知的現有知識，這個描述同時也或多或少耗盡了我們在這個主題上能有效著墨的重點。

當然，下一個問題是，普維內利的描述可以套用在我們哪一個已知祖先的身上？如果我們有辦法直接觀察我們在第一章見過的極早期人科動物，想必我們會發現普維內利的敘述頗為貼切，而且我們沒有強力的理由不去相信他的說法同樣廣泛適用於最早的阿法南猿。儘管如此，如果就像迪吉卡和波瑞的證據所暗示的，最早引進石器製作的確實是阿法南猿（或某種很像的生物），那麼這些最初的石器製造者顯然達成了先進的認知成就，我們就得基於這一點對普維內利的觀點進行調解。因為最早製作石器、並拿來支解動物屍體的人科動物無疑證明了他們和周遭的世界有了全新且激進的互動方式，而且我們沒有理由相信這樣的新做法不會同時產生內化的影響。有個最簡單也最可信的解釋能說明這個明顯的不一致，那就是當人科動物獲得完全不同的嶄新雙足身體形態時，基因必然發生了大規模的改變，而用以製作石器的認知**潛能**就是在這時一併誕生的；這種潛能沉睡了好一段時間，最後才透過製作石器的發明表現出來。

若我們還記得，如同我之前所提到過的，新做法並不是直接隨著**適應**取得，而是必然先以**預適應**的樣貌出現，後來才派上用場，那麼這個解釋就不如乍看之下那麼牽強了。戲劇性的身體預適應使得後來的行為大躍進成為可能，像這樣的例子在演化中並不罕有。舉例來說，鳥類就是先擁有羽毛，在很多年之後才把羽毛用來飛行；還有居住在陸地上的四足動物之祖先，最初也是在完全的海洋環境裡就獲得了四肢。

我們還會再回來談這個主題，因為在人科動物的演化之中，預適應是革新的不可或缺媒介，而我們剛剛所提到的，絕對不是預適應的最後一個驚人案例，事實上例子還有很多。但話又說回來，知道這一點對於理解早期人科動物對自己和周遭世界的看法並沒有太大幫助，因為雖然工具製造者展現出一種洞察力，具有改變世界的潛能，而且這種改變世界的方法最後有可能會造成實際上驚天動地的後果，但對於這種新能力究竟如何影響（或反映在）他們的行為和經驗的其他區塊，我們毫無頭緒。我們唯一能說的，就是那些工具製造者正以完全前所未見的方法在做事，而這些方法導致了即將到來的一切種種改變。但是我們從這些改變中還看不出證據，無法解釋那些讓我們自覺自己和所有其他生物是如此不同的任何其他特徵。

第四章 南猿家族

基於很多理由，我們應該從阿法南猿開始討論南猿。首先，阿法南猿是學界普遍相信的「骨幹」物種，衍生出後來的各種南猿；再來，目前為止，他是所有早期人科動物的邊界上最廣為人知的物種。所以幾乎只要討論到早期人科動物由南猿所建立的生活形態，阿法南猿都能充當完美的襯托。但我們不該忘記，在約略三百八十萬年到一百四十萬年前的時間區段內，曾有過各式各樣的人科動物，而阿法南猿只不過是其中的一種物種而已，這一點讓人科動物得以安穩地容身在一套見諸於所有同樣成功的哺乳動物相的多樣性模式裡。「適應輻射」是一種證據相當充分的演化現象，指的是單一生物（和早期的雙足動物一樣）進入新的「適應帶」之後所發生的物種數快速增加現象；單一個無畏冒險家的後代子孫之間出現了不同的差異，他們藉此開發身邊的所有全新可能。像這樣的過程一而再、再而三地上演，而最初的人科動物在決定爬下樹之後所發生的種種，便是這種現象的一個很好的例子。黑猩猩也許在林地環境裡過得不錯，但是牠們只是把本來就存在的特徵稍微換個使用方式，而不是像早期人科動物那樣做出巨大的改變。這反過頭來有助於說明為何黑猩猩在擴大生活範圍進入莽原環境以後，牠們的多樣性卻沒有受到影響。換言之，莽原上的黑猩猩和牠們居住在森林裡的親戚仍屬於同一物種。另一方面，早期人科動物以身體回應（至少部分時間）待在地面上的生活，而不只是改變行為；這給他們開啟了許多可以充分利用的嶄新機會。

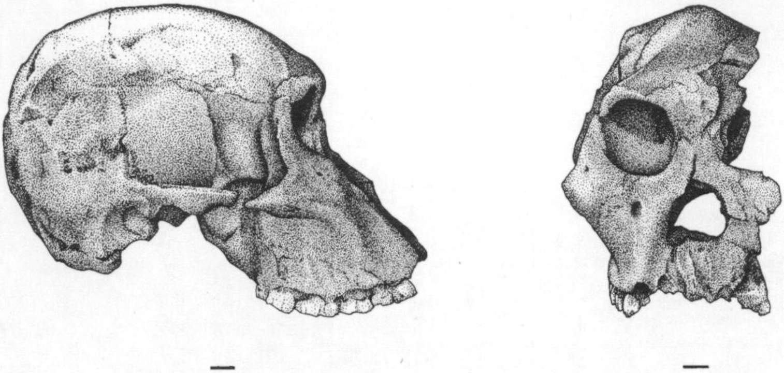

纖細型南猿（非洲南猿）的顱骨，來自南非的史特克方頓遺址。這件樣本的編號是 STS 71，距今約有兩百六十萬年。繪圖：麥格納韓。

第一個出土的南猿化石是在一九二四年，於南非高地草原的一處石灰礦坑裡發現的；接著在二十世紀的三○年代後期，其他化石開始在附近不遠處的類似遺址裡接連現身。學界很快就意識到，這些化石包含了至少兩種完全不同種類的早期小腦袋人科動物，其中一種體態輕巧，稱作「非洲南猿」；另一種則是頭骨構造比較沉重的親戚，稱作「粗壯傍人」。這兩種人科動物的腦室都不大，裡頭裝著的腦袋最多也只比體型相當的現代猿類稍大一些。然而，當非洲南猿因為擁有比例和阿法南猿非常相近的牙齒而自豪時，粗壯傍人的牙齒卻非常不同，他們前面的門牙較小，門牙後的犬齒也有類似的尺寸縮減情形，但是前臼齒和臼齒又寬又平，共同形成令人印象深刻的特化研磨機制。這些牙齒容置在一張前後距離相對較短的臉孔裡（因為那些位於前面的牙齒沒有占據太多空間），但是這張臉的構造沉重，所以能夠容納巨大的臼齒，同時還能吸收臼齒造成的壓力。由於用來移動下顎的肌肉很大，因此他們有條高聳的頭脊（稱作「矢狀脊」）沿著腦殼中線向後延伸，提供額外的附著空間給大塊的顳肌，就像我們現今在雄性大猩猩身上所看見的那樣。

因為缺乏顱後骨，沒人知道粗壯傍人的體型到底有多大，但學界很快就建立了一套二分法，分成「粗壯型」的傍人和「纖細型」的非洲南猿兩種類型。當時這些早期人科動物的確切歲數同樣無人知曉，不過從同時一起出土的動物相來猜測，纖細型一般而言比粗壯型來得古老。現在我們對這問題已經有相當不錯的概念了，南非的纖細型南猿大約生存在距今三百萬到兩百萬年前之間（最近的新發現讓我們更有信心，在一處叫做「馬拉帕」的遺址發現了一座狀況極佳的化石寶庫，屬於一種在許多方面都更為先進的全新物種「南猿源泉種」），而他們的粗壯型對應夥伴則約略定年在介於距今兩百萬年到一百七十萬年前。

在「史特克方頓」這座纖細型南猿的遺址裡，有個年代稍早一些的發現值得特別關注，原因就只是因為它的情況相當特殊。來自史特克方頓的人科動物化石主要分布自距今兩百五十萬年前左右，但是在這座遺址的一塊地底區域裡，有些重見天日的洞穴沉積物或許高齡超過三百萬歲。幾十年前，研究人員炸開了這些年代比較久遠的洞穴沉積物，找到一大堆骨頭，古人類學家克拉克在其中仔細翻找後，發現一組踝關節和腳骨，他那雙經驗豐富的眼睛馬上認出那是人科動物。他注意到構成踝關節上半部的脛段看起來很新鮮，於是便要求他的同僚摩蘇米和摩爾費進入巨大的灰暗洞穴裡，找尋鑲在灰色洞穴牆面上的白色對應橫斷面（比美金一元硬幣還小），這真正是在海底撈針。但是奇蹟似的，那些明察秋毫的研究人員立刻就找到了克拉克所預測的骨圈。接下來他們便開始進行漫長的工作，把骨架（叫做「小腳丫」）的其餘部分從堅硬的岩石基質裡開挖出來，而這具骨架在過去三百萬年來一直被埋葬在這裡。這項工作一直到本書出版時仍未完成。然而，目前已經出土的骨架已經足以揭露，它和來自史特克方頓較晚近地層裡的非洲南猿並不大像，或許它代表的是一種祖先物種，他的後代是同樣來自那些較晚近沉積物裡尚未命名的第二種物種。因此，在史特克方頓這麼一處遺址裡，我們就見證了纖細型南猿超乎預期的多樣性。

只要看看粗壯型和纖細型南猿的牙齒，你大概立刻就能想像到他們吃的是完全不一樣的東西。非洲南猿的牙齒看起來非常普通，就像是個愛吃水果的機會主義者，但同時也會將舉目所見的一切都吞下肚，符合你預期的雙足動物老祖宗的親戚物種。另一方面，粗壯型南猿的牙齒看起來像是特化了的研磨工具，可見他們專吃堅硬、或許還摻雜了砂礫的植物食材，比如說根部、塊莖，以及開闊環境中常見的其他食物。但是根據對這些牙齒因咀嚼而造成的實際磨耗方式而進行的研究顯示，事情或許沒有這麼單純。研究人員以相當高的放大倍率檢查纖細型和粗壯型的牙齒磨耗表面，結果顯示，其實所有人科動物自始至終所進食的食物類型之中，有很大一部分是一樣的，而且任何顯著的飲食差異可能只局限在一年當中環境生產力低落的時候。在那些日子裡，不同種類的人科動物或許會訴諸不同的「備用」食糧，粗壯型選擇了又硬又脆的食物，而纖細型則看上堅韌、但是比較容易彎折的食物。

從穩定碳同位素的研究裡，同樣能看出在南非的粗壯型和纖細型擁有非常相似的飲食內容。樣品間的變化很大，但是兩種南猿都出現了基本上一致的模式，他們都有很強烈的C_4訊號。研究人員認為C_4跡象大部分是因為進食了蹄兔、蔗鼠，以及以C_4植物為食的年輕羚羊所致，不過他們並未排除有些訊號是出於食草的可能，而且八成是草的地下莖。有趣的是，雖然我們知道南非的氣候和環境在南猿占據的時候有過相當可觀的變動，但是我們觀察到的碳同位素變化比率並沒有隨著時間起伏。因此即使在周遭棲地改變時，這兩種南猿仍然維持廣適的飲食癖好。

這一切全都強烈暗示了所有（或者大部分）早期人科動物之所以能夠成功，是因為採取了機會主義策略，他們全都會把到手的任何東西都吃下肚，而不是自我受限於某些特定種類的食物資源。只有在壓力底下，他們或許才會訴求那些顯然不同的食物。最能代表南猿和黑猩猩不同之處的，似乎就是這種飲食廣度無處不增加的情形，因為我們已經提過，黑猩猩就算進入了莽原，還是維持對森林形態食物的強烈偏好。我們在不同南猿之間看見的廣適飲食癖好，同時也暗示了他們多樣性的演化正起源於此，換句話說，或許我們應該將他們有時天差地遠的解剖構造差異，看成是偶發的新事件所留下的結果，而不該視為亙古時間裡的微調適應。

來自史特克方頓沉積物裡的粗糙石器可定年至將近距今兩百萬年前，而在鄰近一處叫做「史華特克倫斯」的粗壯型南猿遺址，也找到了遠自一百八十萬年前的類似器具。在史華特克倫斯還發現了一些帶有刮痕的光滑骨片，如果你嘗試使用臨時拼湊成的類似工具挖掘植物的根部和塊莖，那你大概也會弄出一模一樣的刮痕。這兩處遺址都額外產出屬於我們人屬的少量化石，而這些化石被認為是工具製造者的遺骸。不過來自衣索比亞的新證據顯示，比較明顯也更可能的解釋是，至少遠從兩百萬年前，纖細型和粗壯型南猿就都懂得製作、使用石器和其他工具了。這個想法正好和研究人員對史華特克倫斯的手骨所做出的詮釋吻合，那些手骨幾乎可以肯定是屬於傍人所有，顯示出的解剖特徵相容於高超的操控能力。從已知的顱後特徵來看，南非的纖細型南猿（來自馬拉帕的除外）和露西非常相像（至於粗壯型，我們就沒有什麼證據）。從各方面來說，這幅浮現自南非的圖像，和我們推衍自阿法南猿占據衣索比亞的較晚近部分的結果看來很像。

東非

南非是世上第一個提供了極早期人科動物證據的區域，但是自從二十世紀的六〇年代初開始，就換東非搶盡了鋒頭。一九五九年，傳奇人物李基夫婦（路易士・李基和瑪麗・李基）宣布在坦尚尼亞的奧都韋峽谷發現了「超粗壯型」南猿的顱骨化石，他們命名為「東非猿人」。因為這種化石有著又平又寬的咀嚼齒，而且門牙和犬齒都很小，所以又被暱稱為「胡桃鉗人」。現今這件樣本被歸類為鮑氏傍人（以李基的研究贊助者為名），定年結果是距今一百八十萬年前。李基夫婦已經在奧都韋尋找原始石器好幾年了，身為「人類：工具製造者」概念的信奉者，路易士早已深信那些粗糙的器具必定是早期人屬成員的作品。他們花了約略三十年的時間，在毒辣的非洲太陽底下定期尋訪峽谷，找到任何人科動物都能讓李基夫婦相當振奮。但是他們當然還是有點兒失望，因為他們的發現最後被證實完全沒有躋身人屬的希望。

儘管如此，他們並沒有等太久，就找到了（套用他們的話來說）榮登尋覓已久的奧都韋工具製造者寶座的較佳候選人。一九六一年，在峽谷裡和傍人所屬的地層約略相同之處，路易士回報找到一副下頷骨，屬於更為纖細的人科動物所有。當時許多人注意到這件樣本的牙齒和阿法南猿驚人地相似，但是路易士尋找早期人屬動物的努力並未因此受阻，幾年後，他和一些同僚將奧都韋的這塊頜骨設定為巧人的正型標本，而「巧人」這個名字當然是得名自這種生物想像中的手工技能。古人類學界自此開始了一項傳統，東非的早期纖細型人科動物通常不會被歸類到南猿屬，而是歸到我們自己的人屬。這項傳統只維持了十五年就被打破了，因為在哈達和雷托利首次發現了年代更久遠、而且比較算是粗

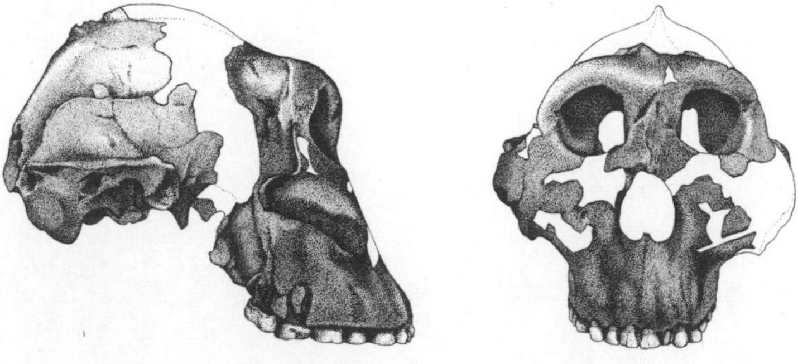

顱骨化石，奧都韋人科動物五號，亦即「東非猿人」，一種屬於鮑氏傍人物種的粗壯型南猿，出土自坦尚尼亞的奧都韋峽谷，距今一百八十萬年前。插圖繪製：麥格納韓。

壯型的阿法南猿。在古人類學的歷史上，那真是一波三折的十五年。

為了尊重傳統，等到第五章討論人屬動物起源證據的時候，我們會再回來談談纖細型的奧都韋人科動物和其他類似的化石。話又說回來，當時奧都韋的粗壯型南猿就是日後來自坦尚尼亞、肯亞和衣索比亞遺址的類似化石中的第一個。在二十世紀的六〇年代，於衣索比亞南部和肯亞北部鄰近區域進行的考察行動找到了人科動物化石的證據，年代大約介於距今兩百六十萬到一百五十萬年前之間，其中有許多是屬於「超粗壯型」。裡頭最早的一件化石來自衣索比亞南部的歐莫盆地，距今兩百六十萬年到兩百萬年前之間，相當支離破碎，不過頜骨的碎片很多，而且由於裡頭包含了巨大、平坦的臼齒和細小的前齒，和我們在胡桃鉗人化石裡看到的組合一樣，所以這些化石最後被歸類為鮑氏傍人。但是有一副距今約略兩百六十萬年前的無牙頜骨被命名為衣索比亞傍人，是以這項發現的所在國為名。

再往南走，就在肯亞北部圖爾卡納湖的東岸，略微年輕一些（距今一百九十萬到一百五十萬年前）的粗壯型南猿在二十世紀的六〇年代晚期開始問世，包括了一具相當完整（雖然沒有牙齒）的粗壯型頭骨，它有一張較寬也較短的臉，看起來和奧都韋的粗壯型物種相當不同；儘管如此，他們的牙齒比例基本上還是相似的，所以這件化石也被歸類成鮑氏傍人物種。有趣的是，我們現在知道有塊來自東圖爾卡納的額骨，看起來恰好就和奧都韋顱骨的對應部位一模一樣，卻和它在肯亞的同時代化石不一樣。所以或許我們應該來打個賭，賭在約略一百九十萬年前，圖爾卡納盆地居住著一種以上的粗壯型南猿。無論實際情況如何，所有東非的超粗壯型南猿都具有類似的巨大臼齒，最近的同位素分析暗示這些臼齒是用來處理大量的低品質植物類食物的，例如草和莎草。顯然他們的飲食內容比在南非的親戚物種狹隘許多，或許他們是南猿雜食性法則的例外。

在一九七〇年，東圖爾卡納有一項非常令人興奮的粗壯型南猿相關發現，研究人員找到了局部的頭骨，而頭骨的主人比剛才提過那個沒有牙齒的粗壯型頭骨的主人體型要小得多，但是都屬於同一個物種。我們終於有一個粗壯型南猿是「性雙型」動物（意指兩性之間具有顯著體型差異）的有力證據了。這項發現一勞永逸地終結了所有意圖將纖細型和粗壯型分類成同一種人科動物雌雄兩性的懸念，因為結果顯示雌性的粗壯型南猿看起來並不像纖細型，而是比較像是粗壯型雄性的縮小版本。

在二十世紀的七〇年代，考古工作在東圖爾卡納繼續著，但是到了八〇年代，本來集中在圖爾卡納盆地的注意力便轉移到了湖的西邊，在那裡，藏有化石且年代略微久遠一些的沉積物正要重見天日。在一九八五年，被稱作「黑骷髏」的著名樣本出現了。這件樣本具有許多鮑氏傍人的顱骨特徵，但是臉部較長，輪廓凹陷，腦殼的最後端具有顯眼的矢狀脊。學界很快就形成了共識，這種生物形態

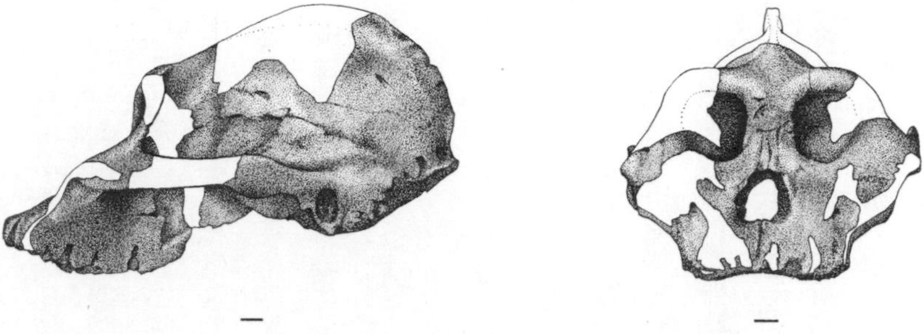

「黑骷髏」，編號 KNM-WT 17000，來自肯亞的隆姆克威，距今兩百五十萬年前，這是我們所擁有最完整的衣索比亞傍人頭骨。衣索比亞傍人是「粗壯型」南猿世系的最早物種。

是鮑氏傍人和南非的粗壯型南猿的祖先，此舉使得粗壯型的世系往回退到距今二百五十萬年前。主要是為了方便起見，這件樣本繼歐莫的頷骨之後，同樣被命名為衣索比亞傍人。在這段時間範圍的另一端，從衣索比亞南部一個叫做「孔索」的地方，發現了一副距今一百四十萬年前的頭骨，那是鮑氏傍人最後為人所知的倖存者，事實上也是所找到的最後的南猿。到了那個時候，我們人屬的成員遍布在這片土地上的四處，而且在孔索的沉積物裡，也找到了在其他地方只和人屬動物化石有關聯的那種先進石器。

姑且不論東非和南非的化石紀錄有著明顯不同的歷史詮釋，它們都同樣透露了南猿表現出蓬勃的適應輻射，而在這幅圖像裡，各式各樣的早期雙足物種正在積極多方嘗試運用他們的人科動物遺產。但據我們目前所知，南猿適應的基本模式都沒有改變，例如可以在樹林間敏捷移動所以比較小的輕巧身體、寬大的骨盆和一雙短腿、無所不吃的食性和「移動式」的前臂、雖然擅長手工但擁有相對較小的腦袋等等，即使在石器發明之後皆然。石器的發明明白揭示了這些具革命性、但身體結構（和我們相較之下）

過時的生物，已經發展出感知、應對世界的全新方法。他們所採取的方法確實是一種身體和行為方面的成功策略，不過，雖然這套策略就像是一座橫越了鴻溝的橋樑，而鴻溝的一端是過去在森林裡的生活，另一端則是未來占據開闊區域後的生活，無論如何我們不能將這套策略描述成介於這兩種情境之間的「過渡型」。那是一種完全自成氣候的生活方式，而且在我們人屬可辨識的成員登場之後，這種生活方式還延續了相當久的時間，只不過南猿最後還是敗給了那些更接近人類的親戚物種。顯然早期的人屬動物是所向無敵的競爭者，即使他們所競爭的，只不過是南猿已占有的資源裡的一部分。

就算到了這個時候，故事的全貌仍未完整。在二〇〇一年，肯亞國家博物館（位於肯亞首都奈洛比）的古人類學家宣布他們發現了新的人科動物化石，來自圖爾卡納湖西邊的遺址，定年結果為距今三百五十萬到三百二十萬年前，而且這些化石有著吊人胃口的差異。主要的樣品是一副碎得不成形的顱骨，但就算考量到有失真的可能，這件顱骨和所有來自圖爾卡納盆地的其他已知人科動物還是都不一樣。它的咀嚼齒似乎披覆著厚厚的琺瑯質，但是尺寸相當小，而且顱骨本身很明顯有一張短臉，所以發現者選擇以「平臉肯亞人」做為這種新化石的名字。令人遺憾的是，由於這件樣本的保存狀況太差，我們對它也沒什麼好說的，但是描述者注意到，有一件發現自東圖爾卡納年代晚近許多的沉積物裡的顱骨化石，和這件樣本之間有著明顯的相似處。東圖爾卡納的這件化石距今有一百九十萬年，腦部尺寸比南猿的範圍略大一些，辨識用的綽號平淡無奇，叫做 KNM-ER 1470（這是它的博物館目錄編號）。在二十世紀的七〇年代早期，這件化石被當成第一個發現的巧人顱骨，因此招惹了一些臭名；當時的人認為，既然它看起來和任何已知的南猿都不像，所以似乎證實了巧人這個物種的真實性。無論如何，不幸的是這件樣本的保存狀況也相當不良，所以一樣很難知道可以拿它做些什麼。我們會在下一章更仔細看看這件化石，現在我們只能說，只因為南猿屬或人屬裡都容不下它，所以把它歸類到肯亞人屬裡似乎暫且合情合理。

顯然人類的演化故事在上新世晚期的情結相當複雜，並不只是單獨一支人科動物中心世系的逐步改進過程。我們在這座已消逝的舞台上辨認出的南猿屬物種數量倍增，特別是我們還發現了諸如南猿源泉種這樣的生物形態，他們看似擁有許多先進的特徵，尤其是在骨盆的部位，完全沒有我們在露西身上看見的那種往兩側戲劇性展開的喇叭狀模樣。在這個時期，第一個宣稱的人屬成員也開始出現，而且無論他們是否值得這個稱號，再清楚不過的是，我們的祖先在這段時期正在進行偉大的演化醞釀。人科動物的舞台上滿是演員，全都為了爭取聚光燈而互相推擠，而我們唯一能確定的是，南猿最終落敗了。

第五章　跨步向前

人先是自稱為「人類」，然後要到了很久以後，才終於有人的心中揚起一絲最模糊的念頭，認為我們的物種透過一系列綿延更迭、滅絕已久的過渡生物形態，和大自然的其餘部分有所連結。其實至少在所有生物都有共同祖先的概念成形之前，並沒有非得精確定義何謂「人類」的理由。這就是為什麼在達爾文出版《物種源始》的一個世紀前，偉大的瑞典自然史學家林奈會很滿意地刷掉「智人」這個種名，並附上一句「知汝其身」的評論（林奈創建了我們今日所使用的生物分類系統，他的偉大革新，就是替他命名的所有其他物種都定義了診斷式的身體特徵）。顯然林奈和他同時代的人認為我們的物種是如此獨特，和其他任何生物都不一樣，所以不需要正式的描述。誰能怪他們這麼想呢？雖然「人類」的精確定義長久以來娛樂了許多哲學家，但考量到十八世紀時的動物學背景，這根本就不是個實用的科學問題。

話又說回來，現在的情況已不可同日而語。目前我們是地球上唯一存活的「人類」生物，但我們已經知道我們有一大堆已經滅絕的近親，而且他們跟我們的關係比猿類還要親近。更重要的是，我們愈往時間深處追尋，這些化石親戚和我們就愈不相像，這自然引發了一個問題：「我們的祖先何時才真正成為『人類』？」這問題顯然也會引人發想，好奇在這個轉變過程裡到底牽涉到怎樣的改變。雖然這些問題顯而易見，在超過一個世紀以來也一直被反覆提出，但這並不代表已經有答案可以滿足所有人（甚至是任何人）的期望。「人類」這個詞在不同的人眼裡有不同的含義，即使對同一個人來說，在相異的情況下，意義也不盡相同。舉例來說，我很樂意使用「人類演化」這個字眼來指涉人類種族的整段歷史，一路回溯到人類種族和現存猿類的共同祖先。在這個脈絡底下，「人類」的意義幾乎等同於「人科動物」。但是這真的是在暗示所有的人科動物都是「人類」嗎？就我來說，我很不願意用這個字眼描述那些生存於歷史最初數百萬年的雙足猿類物種。事實上，所有我或許會想稱之為「真正人類」的物種，只能在人類演化樹的最頂端找到。但這只是我的個人見解，這裡頭還有很多空間能容納有理可循的反對意見。「人類」是個難以捉摸的字，絕對沒有官方定義，甚至也沒有受到普遍接受的定義。和林奈幾乎同時代的詹森在他偉大的英文字典裡將「人類」定義為「擁有人的特質」，而「人」的定義是「一個人類」。值得注意的是，從此之後我們在這方面幾乎沒有進展，而詹森的字典已經是大概兩百五十年前的事了。儘管如此，即使古人類學家以好辯聞名，我們大概仍可以很中肯地說，我們其中大部分的人都普遍認為，可以基於某些有意義的理由而被我們稱之為「人類」的最早生物，就是我們自己的屬（人屬）的化石紀錄裡那些最古老的代表。

不幸的是，這個原則上的共識對實務上所遭遇的問題幾無幫助。沒有人講好到底所謂「人的特質」指的是什麼。對於那些只能從骨頭和牙齒得知的化石生物形態，我們必須應用一些相對較簡單的術語，但就連這些術語的使用也未有定論。因此，究竟哪些化石應該擺到人屬裡頭，就變成非常混亂的一個問題了。為了理解當前的狀態，我們必須暫且回頭談談歷史。如同我們在第四章所讀到的，在二十世紀的七〇年代，路易士．李基和他的同僚將人屬的定義往回延伸到直立人之外，他們不計一切代價，把那些從奧都韋峽谷底部一百八十萬年前的岩石裡找到的纖細型「巧人」（意指手工靈巧的人）化石納入人屬。李基和他的合夥人將一塊殘缺的下頜骨視為巧人的正型標本，雖然這塊下頜骨看起來和來自南非的纖細型南猿化石並沒有太大差異，但是李基認為有些腦殼碎片暗示了化石主人的腦部比典型的南猿還要大上一些（不過仍然偏小，還不到七百立方公分）。除此之外，據推論，這塊下頜骨化石的主人和一種顯為直立的雙足動物殘缺的腳部化石有關。那件腳部化石的大拇趾和其他四趾排成一直線，還有良好彎曲的足弓，在當時的人科動物化石紀錄裡，完全沒有能跟它媲美的，而且它的特徵適切吻合李基夫妻長久以來的偏愛，他們認為人屬的根源來自很久以前，就像那些在同一處沉積物裡發現的粗糙石器，也完美對應他所喜好的「人類：工具製造者」想法。人屬的形態學概念就這樣延伸到將一些實在非常古老的生物形態也包含了進去。

古人類學家花了好幾年時間，好不容易才認同將奧都韋那些外貌過時的人科動物納入人屬的想法，但他們一旦改變立場接受這個頗為奇異的概念，同意能納入「人屬」的生物形態範圍，不知怎麼地可以從現代智人一路延伸到古老的坦尚尼亞化石，那麼他們就有可能開始把來自其他非洲遺址的各式樣本也含括到巧人裡頭。這樣的過程開始自一九七二年，在東圖爾卡納發現距今一百九十萬年前的那塊無牙顱骨 KNM-ER 1470 之時。這件化石在出土後不久，馬上就被認為是目前保存最佳的巧人頭骨。它之所以被歸類到人屬，很大部分的原因是基於它那令人印象深刻的腦容量，估計約有八百立方公分之譜（後來下修到七百五十立方公分）；但是正如我們前一章所提到的，這件樣本的保存狀況相當差，還是難以判別它究竟代表了哪一種人科動物。在發現 1470 之後，接下來是考古學界的一片榮景，其他人科動物化石在東非接連出土，而各式各樣來自奧都韋峽谷和東圖爾卡納（以及遠自南非）的顱骨和顱後骨樣本，也跟著被硬塞到巧人物種裡頭。隨著這些化石逐一被捲了進來，人屬的可塑性似乎更大了。

諷刺的是，甚至在這堆極端雜亂的化石大集合喧鬧到令人無法忽視之前，我們的老朋友1470（就是說服了大多數古人類學家應該要相信巧人存在之事實的關鍵人科動物），就已經是這個新名字的「掌旗手」了。在二十世紀的八〇年代，有個俄國古人類學家將這件化石重新命名為「盧多爾夫猿人」（很奇怪地使用杜布瓦的古老屬名「猿人」，而不使用廣為接受的屬名「人」）。在幾年內，其他古人類學家開始選擇使用盧多爾夫「人」做為其物種名。和發展迅速有如氣球膨脹一般的巧人類似，這第二古老的人屬物種也在肯亞和甚至遠到馬拉威等地取得了新的模範。這些化石裡有些距今已有兩百五十萬年之久，但是大部分的年代都在約略兩百萬年上下，而且全都相當支離破碎。

這段介於距今兩百萬到兩百五十萬年前之間的關鍵時間區段也和東非許多發現的時間點重疊，它們的發現者寧可將自己的發現簡單稱作「早期人屬動物」，想必是有點擔心巧人與日俱增的混亂程度（事實上，盧多爾夫人的情況也一樣）。在迪吉卡那些切痕骨片的卓越發現之前，這些化石裡最古老的一件可以定年至距今兩百五十萬年前，和最早的石器使用證據之時間點相當接近，這當然同時是「早期人屬動物」和「人類：工具製造者」概念的有力背書。不過若只憑著這些化石所保存的解剖構造，就把其中任何一者擺到我們的屬裡頭，無論如何都有點兒牽強附會。隨著新證據逐漸積累，這樣的巧合看起來愈來愈不像是一種障眼法，而比較像是「自我應驗預言」的基礎，害古人類學家走進了死胡同。

幸運的是，當我們往後越過兩百萬年前的時間點之後，不必等上太久，就能開始尋找真正值得納入人屬的化石，而那些化石的主人將具有和我們明確共享的種種特徵。稍後再來討論他們，我應該

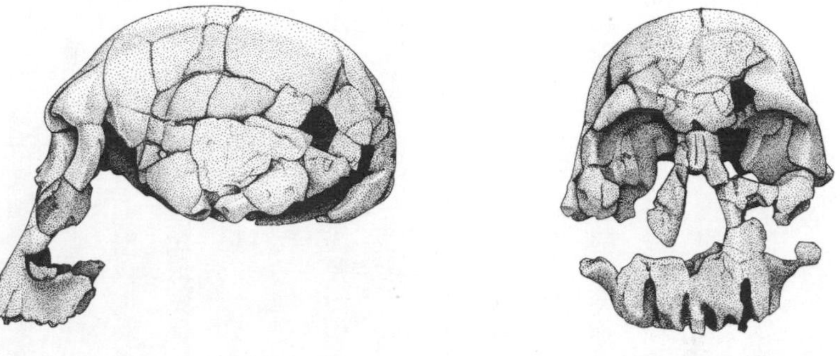

KNM-ER 1470 的局部顱骨化石，來自肯亞的東圖爾卡納，距今約一百九十萬年前。這個個體以擁有約略七百五十立方公分腦容量的腦部而自豪，比典型的南猿要大，而且它的發現說服了許多古人類學家，使他們相信巧人是種真實存在過的物種。繪圖：麥格納韓。

先指出一點，此時此刻我們很難知道這些嶄新、革新得驚人的化石親戚究竟來自何方，讓人心裡感到不踏實。他們和我們剛剛才提到的任何「過時人屬動物」化石幾乎都沒有直接的關聯，雖然我們知道南猿屬的成員繁多，而且在這些早期的雙足猿類裡頭，八九不離十最終有那麼一支最後變成了人屬，但想要在這些各式各樣的生物裡，明確指出哪一種是我們人屬的起源，實在是很困難的一件事。簡單來說，所有已知生存時間早於約略兩百萬年前的那些化石，其中沒有任何一種能證明自己是有說服力的候選人，可以爭取其後新人科動物之直系祖先地位。我們現在只能說，對人科的成員而言，介於距今兩百五十萬年到兩百萬年前之間的這段時期顯然是個連續的演化醞釀期。人科動物的潛能在這段時期內進行著持續性的實驗，我們所知的這些人科動物化石因而表現出耐人尋味的多樣性，但是對於這樣的多樣性，我們仍然只能依稀窺見其樣貌，所以更增添了不確定性。

這個不確定性的部分原因在於證據的本質是零碎的，但是我們的視線之所以如此模糊，非常有可能也是因為古人類學家即使在原則上，也普遍不願意接受這樣的多樣性確實存在。會這樣想的理由之一，是明明我們手上可以任由處置的證據滿坑滿谷，但卻又殘缺不全得叫人沮喪，這實在很沒道理。從化石樣本中整理出物種的生理構造是古生物學家必須負責的最基本任務，但就算是在天時地利的情況下，這常常也是最困難的工作。當你在鑽研布滿整張桌子的化石碎片時，你所能想到的最簡單預設，就是把眼前所見的一切都當成是屬於同一種具有高度變異性的物種，這麼一來，你就不必畫出任何可能的物種分界線。但這只是一項因素，對多樣性的排斥心理在很大程度上也是出於對演化模式的潛在預期。我們還需要再稍微談一點歷史，才能理解為什麼在最近數十年以來，古人類學家會傾向採取這樣不尋常的「無所不包」方法來決定人屬的成員。

在二次大戰之前的半世紀裡，古人類學主要是屬於人類解剖學家的專業領域，而人類解剖學家所接受的訓練著重在人類身體變化的諸多細節。沒有人強迫他們面對自然界中不受拘束的多樣性，那是其他自然歷史學家必須處理的問題。這段獨立歷史有項副產品，在這時期內的少數古人類學家有機會接受到的大量訓練，若不是和演化的過程有關，就是和命名新物種時應該做為基準的程序和需求有關。這造成了大量人科動物的新屬名和新種名，彷彿出現的每個新化石都需要被賜予一個屬於它自己的屬名和種名，幾乎就像西方人那樣，每個人都有名也有姓。到了二次大戰的戰火四起時，已經至少有十五種普遍使用的人科動物屬名，還有數不清的種名，而且那時的化石紀錄還不過只有中等數量。

長遠看來，這注定會是一種相當禁不起考驗的情況，尤其在所謂「演化綜論」的運動在演化生物學的大部分領域扎根後，這種命名方式就顯得更站不住腳了。所謂的「綜論」是一場會議，匯集了本來在遺傳學、系統分類學和古生物學領域各自為政的學者思維，而在這些領域裡，本來就各自擁有好幾個版本的演化進程學說。一方面，演化綜論強調了在生物族群和物種之內變異之重要性；另一方面，它也宣揚了演化過程的基本貢獻。演化綜論允許生物的演化譜系產生分裂（若非如此，大自然大概絕不會達成今日所見到的華麗多樣性），但是它同時也強調，演化改變是基因頻率在悠長的譜系裡，依循天擇引導而緩慢改變的結果。因此，原則上物種被視為不斷改變的譜系裡的一個任意片段，也就是說，物種只是暫時的單位，在任何時間點都具有高度的可變性，所以我們預期物種會藉由這樣緩慢轉變的過程，最後消失不見。這個漸進式訊息的說服力如此強大，使得演化綜論在二十世紀的二〇年代晚期到四〇年代中期，成為英語國家演化生物學的中心法則。抵抗這股潮流到最後的，差不多就是古人類學，這是因為其獨特歷史所致，但其實也沒能抵擋太久。

也許演化綜論最有影響力的締造者是遺傳學家多布然斯基，他早在一九四四年就宣稱，基於化石證據，在任何時間點從來都只存在一種（具高度變異性的）人科物種。一九五〇年，在紐約長島冷泉港實驗室舉辦了一場影響深遠的會議，多布然斯基的同僚鳥類學家邁爾在會議上力挺他的主張，而且還進一步延伸。邁爾認為文化將人類的生態利基擴展到一定的程度，所以原則上同一時間可能只能存在一種人類物種。值得謹記於心的是，對我們這種擅於講故事、又恰好是當今世上唯一存在的人科物種成員來說，邁爾所提出的想法在直覺上就是個非常具吸引力的主張。不知怎麼的我們天生就想要相信，這個揭露人類演化歷程的故事，應該會牽涉到將這一個物種投射到過去的過程，想像人類就像一些古老史詩裡的英雄，專心致志地從原始狀態一路奮鬥，最終到達現在的完美巔峰。

雖然或許邁爾終其一生都沒見過任何人科動物化石，但他接著把塞滿人科動物化石紀錄的眾多屬名縮減成一個，也就是「人屬」；不只如此，他也把相關的種名縮減到僅剩三個。這麼一來，單一的繼承關係就成形了，特蘭斯瓦人（即南猿）使得我們稱之為「直立人」的中間階段崛起，最後再成為智人（包括尼安德塔人在內）。邁爾在冷泉港實驗室的宣言像一顆炸彈擊中了古人類學界，即使他在不久後就因為粗壯型南猿的接連發現而被迫承認人類的演化主幹上的確至少有過一支分枝，但邁爾對人類化石紀錄的簡化觀點，仍然在接下來的數十年內束縛著古人類學。或許是因為古人類學家從來沒有真正投注太多注意力在演化理論上，古人類學發現自己忽然之間已受到演化綜論的主宰。事實上，這個領域因為邁爾的規勸而遭受到全面性的傷害，以至於在二十世紀的整個五〇年代以及六〇年代的許多年內，許多古人類學家幾乎完全不敢使用動物學名稱，而偏好以所發現的遺址名來指稱各個化石。這麼一來，他們就不會被他們的同行指控在生物學觀點上太過天真。

等到傷害逐漸弭平，古人類學家終於覺得可以再次自在地使用動物學名稱時，他們便陷入一種在分類上盡行包容的風格。他們的態度就像是，就算我們非得使用動物學名稱不可，我們還是要盡可能少用。即使蓬勃發展的化石紀錄已經使得人科動物的枝繁葉茂成為無法忽視的事實，但是大部分的古人類學家仍然堅守相當偏向極簡主意的思維，今日大多數的重要從業人員在當年接受訓練時，這樣的思維便至為風行。當然，古人類學家可不是傻子，而且也不再有人否認，人類的演化樹看起來比較像是分岔的灌木，而不是纖長的向日葵。更值得注意的是，許多不同的人科物種現已得到廣泛接受，如同第一章的圖例所示。然而，雖然學界廣泛認可人類的演化過程其實大有文章，並不只是天擇作用下的簡單世系改變，但是漸進式的思維仍然徘徊在古人類學家殘存的排斥心態裡，所以他們浪費了不必要的長時間，才終於承認人類演化樹上存在更多的分枝。或許等這樣的排斥心態再多消退一些，我們將能夠更寫實地看待「早期人屬動物」化石的多樣性，也能看出在這些集合之中，哪裡才是人屬的真正根源。

我們在這方面的進展還不多，但是英國古人類學家伍德和科拉爾在一九九九年跨出了重要的第一步。這兩位科學家檢視了同行將非常早期的人科動物化石納入人屬裡時所依循的準則，他們很快就確定這套準則是有缺陷的。他們並不打算從那些已經被歸類到人屬裡的大量化石開始著手，也不試圖合理化解釋這些化石為什麼應該像李基和他的後進所想的那樣全部畫分到人屬，伍德和科拉爾從另一端（也就是關鍵物種智人）下手，然後再往外推衍。他們以這個方式另起爐灶，歸結出任何在形態學方面有連貫的人屬成員都必須符合一系列的準則（包括身體尺寸和體型、縮減的頜骨和牙齒，以及延長的發育時間），所有種類的南猿都因此被排除在外。不只如此，這些準則也排除了所有個別歸類到巧人、盧多爾夫人，以及「早期人屬動物」的那些化石。

不幸的是，伍德和科拉爾同時也建議應該將這些被除名的化石移到南猿屬底下，這讓南猿屬變得比以前更凌亂。但是這種情況在幾年後得到某種程度的緩解，李基夫婦的媳婦米芙．李基和她的同僚建議應該將樣本 1470（也就是盧多爾夫人）分派到他們的新屬名「肯亞人屬」裡，而他們的依據在於，1470 和西圖爾卡納那副同樣無法確實判定的顱骨有著相似的面部特徵。他們不只是創造了一個新物種，更以此建立一整個全新的屬，對這些科學家來說是很勇敢的舉動，尤其是考量到他們的正型模式標本完全稱不上保存良好。不過這是非常有必要的一步，而且如果幸運的話，這一步便預示了未來的研究人員將採取更實際的人科動物分類方法。我們剛剛才談到的那些化石大雜燴一旦被逐出人屬，同時也會使我們人屬的概念清爽許多。不過人屬還是包含了很長的時間跨度，也容納了類型廣泛的生物形態。

全天候雙足動物

杜布瓦在一八九四年將來自爪哇特里尼爾遺址的早期人科動物稱作「直立猿人」（也就是現在的「直立人」）的時候，他就知道那是一種很古老的物種，因為在那裡的一部分動物相化石不只包含了許多現已滅絕的單一物種，更包含了許多整個屬都已滅絕的動物。至於我們這裡提到的人科動物，他只有幾顆牙齒、一塊頭蓋骨，和一些看起來和人類非常相像的大腿骨。事實上，古人類學家仍在爭論這些腿骨和那塊看起來原始許多的頭蓋骨是否真有關聯，那塊頭蓋骨又長又淺，可以容納的大腦容量大約有九百五十立方公分，它的形狀讓很多人聯想到後來的尼安德塔人，也就是當時僅知的另一種已滅絕人科動物，只不過尺寸小了很多。尼安德塔人擁有平均和我們一樣大、或許甚至還要更大的腦（平均值約為一千三百五十立方公分）。相反地，那塊頭蓋骨和現代人的差異相當大，它有個強壯的眉脊，前端突出在（遺落的）眼窩上，後端則有著獨特的角度。至於腿骨和人類非常像，而且強烈暗示了站姿，這也是杜布瓦替這個物種如此命名的原因。

定年技術的進步讓我們能夠確定特里尼爾化石距今介於一百萬年到七十萬年前之間，而後續在爪哇其他地方的發現已經揭露，特里尼爾直立人是當地特有的人科動物族群（包括著名的北京人在內）的一部分，或許從遠自一百八十萬年前到近至四萬年前的時間區段內，這個族群在他們東亞的據點上蓬勃發展著。雖然這些相關的化石樣本之間有著不小的變化，但似乎仍理當將它們全部囊括在直立人之內，因為它們所共享的區域性特徵，明顯區隔了它們和同一時期在非洲及歐洲的人科動物。

然而，邁爾堅持直立人就只是在南猿到智人的世系發展過程裡的一個過渡階段，許多古人類學家仍然同意他的見解。因此，在距今一百九十萬年到四十萬年前的時間區段內種類繁多的化石，隨後都被歸類到「直立人」物種，主要的根據是因為他們生存在「中間」時期，而不是因為他們實際上的樣貌。目前為止，學界普遍同意歐洲並沒有已知的直立人化石，不過許多科學家還是喜歡談論一群被他們稱之為「早期非洲直立人」的化石。無論如何，這讓直立人的概念跳脫了合理的生物學限制，而且那些非洲的早期生物形態較受偏好的名字是「匠人」，意思是「工作的人」，這是以類似恩格斯（德國哲學家）式的觀點看待他們製作的石器而命名的。獲得這個名字的是一塊距今一百五十萬年前的下頜骨，是在一九七五年於東圖爾卡納發現的。說實話，即使是同樣被隔離在匠人物種內的化石，彼此間仍有相當程度的不同，但是這些成員似乎的確屬於一個相當一致的較大群體。在我們理清細節之前，匠人物種提供了相當有說服力的一把保護傘，將他們都收攏在內。

圖爾卡納少年

在二十世紀的八〇年代中期之前，代表性的匠人樣本是一塊編號 KNM-ER 3733 的顱骨，在一九七五年發現自圖爾卡納湖東邊一處距今一百八十萬年前的沉積物裡。它是如此古老，看起來和我們已知來自更早時期的任何生物都絲毫不相像。雖然它的臉部輪廓分明地坐落在略微膨大的顱頂前方，但並不像猿類那樣明顯凸出。然而它可能有個稍微突起的鼻子，而現存的猿類和南猿都以扁平的臉部中段為特徵，所以這是個引人注意的分歧點。它的顱頂所能容納的腦容量大約有八百五十立方公分，遠遠超過 1470 的估計腦容量，也不比特里尼爾那件年輕許多的樣本遜色多少。整體而言，這是第一次有這麼一件能用來預期未來情況的人科動物顱骨，而不是只讓人想起過去，所以值得考慮將它納入人屬。3733 號顱骨的牙齒只剩下一顆，但結合了其他來自東圖爾卡納的殘缺顱骨和牙齒，就能知道在距今一百八十萬年前，有些東非人科動物已經達到了全新的境界（許多古人類學家也許會稱之為新的「等級」），而直立人是另一個例子。

要等到一九八四年，這個新等級的獨特程度才真正突顯出來。那一年在圖爾卡納湖西側的實地考察裡，發現了一具幾近完整的青少年骨骸，技術上的編號是 KNM-WT 15000，但是更為人熟知的名字是「圖爾卡納少年」。在這項發現之前，許多人科動物的顱後骨已經在湖的東邊重見天日，但是除了一具因為病理學特徵而令人感到困惑的殘缺骨骸之外，所有這些發現都是獨立的元素，沒有任何辦法能確知它們究竟和哪種人科動物有關。話又說回來，這裡有一具幾乎完整的骨骸，它的主人是個不幸早夭的個體，在大約距今一百六十萬年前，臉朝下倒在湖邊的爛泥裡。對我們來說是幸運，因為他的遺骸在可能吸引食腐動物之前，就先被柔軟的保護性沉積物覆蓋了，結果成為古人類學家眼中的大寶庫。因為這是史上第一次，我們得以看見匠人的實際身體構造。

圖爾卡納少年死時尚未成年，這有點不方便，重建成年匠人樣貌的工作因此更為複雜。和年幼的猿類（以及南猿）相較之下，現代人類的幼童長大成熟的速度非常慢，而且他們會經歷一段「青春期發育爆衝」的過程，而圖爾卡納少年死時所處的發育階段，大約就是這個過程開始的時候。根據計算，在圖爾卡納少年喪命時，他站起來大約有一百六十公分高，而且如果他能夠按照現代人類的時程

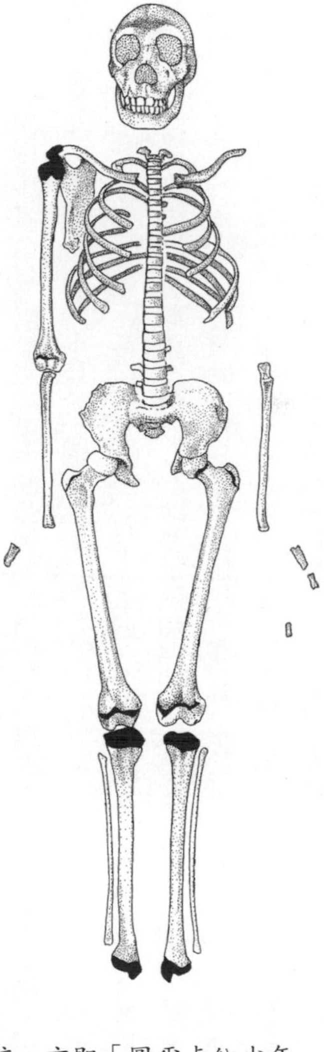

KNM-WT 15000 的骨骸，亦即「圖爾卡納少年」，發現自肯亞北部的納里歐柯托米，距今約一百六十萬年。這件驚人的樣本是我們所僅有幾近完整的東非匠人骨骸，而且雖然他的腦部只有中等大小，但顯現出和現代人基本一致的身體比例。繪圖：麥格納韓。

來發育，那他成年後或許站起來能有一百八十五公分。他又高又瘦，體重也許將近七十公斤，他還活著的時候，可能和他那些個頭矮小、健壯結實的雙足猿類祖先有很大的不同。

但是他的不成熟在科學上也有個重要的優點，我們能夠藉此檢視有哪些我們的特徵是圖爾卡納少年還沒發展出來的。雖然他已經長牙，而且骨頭的接合程度約略等同於現代的十二歲孩童，但是在強力顯微鏡底下計算牙齒生長量的痛苦工作完成後，結果顯示他其實大約只活了八年。顯然他的發育時程很快，而且雖然已經朝我們的方向改變，但還是比較接近猿類，而不是現代人類。這到頭來就暗示了圖爾卡納少年死時，其實已經完成了大部分的生長過程。所以就算他可以活久一點，看起來他的身高也不太可能可以逼近一百八十公分大關。

不過大部分的現代人類也都沒有超過一百八十公分高就是了。除了發育之外，圖爾卡納少年最值得注意的一點，是他的骨骸和露西以及其他雙足猿類之間有著驚人的反差。圖爾卡納少年很高，有一雙長腿，主要就是因為這雙長腿，他的基本身體比例和我們很接近。有些來自過去的回音仍徘徊不去，但是在最根本的要素上，我們看見的是一種至少在脖子以下和我們不會太不像的生物。這裡終於有這麼一種人科動物，能夠適應大步橫越開闊莽原的生活，遠離樹林的遮蔽。雙足猿類骨骸「魚與熊掌兼得」的兩難問題不見了，圖爾卡納少年的身體是必然用兩隻腳走路的動物才會有的那種身體，而且以雙足行走對他來說不僅只是一種兼用功能。換句話說，擁有這種身體的生物會堅定地採用直立雙足行走姿勢做為生活方式，而不只是將這種移動方式當成一種選項。

從別的角度來看，圖爾卡納少年和其他像他的動物已經適應了莽原，並以此為家了。到了距今一百六十萬年前時，非洲已廣布草原，不過那些塞倫蓋蒂風格（同樣的景色綿延不絕到天邊）的開闊莽原還要數十萬年後才會出現。匠人移動穿越的環境在很大程度上仍然像是過去的拼貼地貌，或大或小的草原混雜在密集或四散的樹林間，真正的森林在窪地的河道旁，像圖爾卡納少年葬身之處的沼澤地沿著湖邊分布。但是這種嶄新的身體形態當然反映出一種利用周遭環境的全新方法（或者說，有了這樣的身體形態，匠人才被允許、甚至是被要求使用這種生活方式），更看重那些可以在較開闊的區域裡取得的資源。

透過圖爾卡納少年的骨骸，可以反映出匠人顯然放棄了樹林。舉例來說，露西那過度寬闊的骨盆變窄了，和變長了的腿部明顯有連帶關係。對於露西來說，她需要一個寬大的骨盆，因為骨盆的水平轉動能夠在她向前擺動每隻腳時抵消過度下降的重心；而圖爾卡納少年的長腿則透過另一種手段達到同樣的功能。和我們比起來，圖爾卡納少年的手臂略長，但是和猿類的差異很大。他的手臂上端容置在朝向外邊的肩部臼狀關節內，就像你我的情況，而不是像猿類那樣擁有朝上的肩關節。但他的肩關節還是比我們略微朝前了一些，因此有人猜想圖爾卡納少年的投擲能力受限。可惜的是，這具骨骸只保存了很少的手骨或腳骨，但是約略一百五十萬年前，有個如同圖爾卡納少年的人科動物邁著大步在圖爾卡納盆地晃盪，這是已經確認的事實，因為最近在湖的東岸發現了大型的人科動物腳印。這些腳印呈現出很長的步距，以及基本上很現代的足部解剖特徵。

巨變

這種新演變的身體形態代表了在邁向真正人類的長路上的一大步，而且不管這一步究竟如何達成，從我們手邊的化石紀錄看來，這是完全出乎預料的一件事。就像我先前所暗示的，因為沒有任何一種化石紀錄，可以有說服力地被視為介於任何南猿或「早期人屬動物」和圖爾卡納少年之間的過渡物種。再說，根據目前我們擁有的證據，圖爾卡納少年也不是完全符合演化綜論的預期，因為照理說，新的特徵應該在人科動物的世系裡逐步出現。這種不協調並非史無前例，回到十九世紀中葉，就連達爾文和他（風格迥異的）強悍辯護者赫胥黎，都對「自然是否躍進」的問題有非常不同的見解。達爾文專注於緩慢累積的變化，而赫胥黎則擔心他在化石紀錄裡（以及大致上從自然界）看見的許多不連續處，因為這和達爾文提出的模式並不一致。達爾文鍾愛的天擇機制提供了一套具說服力的漸進改變機制，但是赫胥黎的異議是基於令人信服的證據。幸運的是，最近在分子遺傳學上的進展終於有助於我們了解，關於人類身體形態的起源，以及其他一大堆顯而易見的自然不連續性，到底有哪些實際必須發生的要件。

所有身體上的革新都源自我們DNA裡所持續發生的突變（自發變化）。DNA是構成染色體的遺傳分子，藏在我們的細胞核裡，包括生殖細胞在內，也就是在受精時結合以產生新個體的那種細胞。長列DNA分子的特定段落等同於個別的「基因」，而基因是早在DNA的結構為人所理解之前就已設想到的遺傳單位。過去的人認為基因沿著染色體分布的方式，就像是一條弦上的串珠，每一個基因都經過編碼，能製造出各種不同的蛋白質分子，而這些蛋白質分子是建構五花八門組織的基本建材，這些組織再組成發育中的身體。這幅井然有序的圖像適切符合演化綜論的漸進式預測，根據這樣的詮釋，天擇就只是一個將大部分的突變抹除、同時推廣其他突變的過程。世系內受到天擇偏好的突變會逐漸積累，造成演化上的改變，就像是一顆串珠被其他串珠接二連三地取代。然而，自從DNA

的基本結構在二十世紀的五〇年代初期揭露後，我們才明白事情根本沒有這麼簡單。

這帶領我們再次回到剛才簡短介紹過的主題。大部分對蛋白質進行「編碼」的基因決定了一種以上的身體特徵，而且大部分的身體特徵是由好幾個基因決定的，這是久為人知的事實。一般認為，在基因的個數和生命體的複雜度之間必然存在某種概略性的關係，但近期的發現顯示，由數十億個細胞所組成的人類竟然只擁有大約兩萬三千個蛋白質編碼基因（這個數量和身上只有一千個細胞的線蟲差不多），實在讓人感到震驚。更重要的是，原來蛋白質編碼基因只占了整個基因體（我們細胞裡的全部DNA）的百分之二左右。像人類這麼精細而複雜的生命體，怎麼會只由這麼少的基因來主宰我們的發育？還有，其餘的「垃圾」DNA究竟是做什麼用的？

這兩個問題的答案密切相關，而且已經透過近期一些設計巧妙的調查得到了解答。編碼基因在發育過程裡被啟動的時間點和歷時長短，很大程度影響了它的效果，而在這個過程中，那些「垃圾」DNA的部分明顯參與了蛋白質編碼基因的開啟或關閉。事實也顯示，編碼基因的效果端視它在被那些「開關」基因啟動時的活躍程度。另外還有其他DNA段落是所謂的「管控」基因，掌控了編碼基因在組織發育過程中所表現出的活力。不只如此，同樣的基本基因的不同表現，或許會造成表型（在個體身上能觀察到的特徵）的巨大差異。舉例來說，主宰黑猩猩腦部發育的基因，和主宰人類腦部發育的基因，兩者之間的差異主要在表現方式，而不在結構。有一項研究找到了和人類腦部發育有關的約略兩百個基因，和它們在黑猩猩身上的對應基因相比，這些基因經過「管控」，因此較有活力。有趣的是，腦部的差異較小，身體其他組織（像是睪丸、心臟和肝臟）的差異則較大，可見就改變本身而言，腦部受到了特定的約束。

這套「DNA管理DNA」的系統，是這些少量的編碼基因之所以能完成這麼多工作的關鍵所在，而這樣的分工也解釋了為何**所有**生命體的基因體都驚人地相似。在大約二三十年前，遺傳學家還以為決定蒼蠅和人類外貌的基因大概會有極大的不同，但是現在我們已經知道這兩種動物都是憑著同樣的基因體，各自玩出相當程度的花樣。只要考慮到蒼蠅和人類有著共同的祖先（不過這個祖先存活的時間距今超過五億年就是了），這個事實就不像剛發現時表面看來的那麼令人驚訝了。但是像這樣天差地遠的生命體，卻擁有三分之一的相同基本基因，這仍然是很不可思議的一回事。當然了，那些基因在各個物種之間有著結構上的變化，這就是為什麼系統分類學家在試圖釐清他們研究的生命體之間的關係時，基因可以派上很大的用場。不過編碼基因所造成的表型差異，除了因為基因的基本結構所致，這些基因在作用時的組合、時機和表現的變化等等，或許也同等重要，尤其對血源關係密切的親戚物種來說更是如此。

上述事實提供了一把鑰匙，能夠解開自然界如何偶爾出現那些讓赫胥黎掛心的大躍進。基因的細微變化或許會產生大程度的表型差異，這樣的想法在二十世紀的四〇年代遭到遺傳學家戈特斯密特嚴詞批評。畢竟那是演化綜論的全盛期，而或許讓人遺憾的是，戈特斯密特選擇使用「有希望的怪物」這個詞來形容轉化後具有相當差異的生命體。無論如何，現在我們已經公認基因在結構上的細小改變可以產生新的適應類型，而像這樣的革新至少偶爾會帶有演化上的優勢。棘背魚是個經典的例子，牠們是一種背上長著尖刺的小魚，這些尖刺衍生自骨盆的骨架，讓掠食者難以下咽。不過有些底棲的棘背魚卻發現背上的尖刺有個很明顯的缺點，舉例來說，那些急著把棘背魚吞下肚的蜻蜓幼蟲就可以抓住這些尖刺。因此底棲棘背魚的尖刺便退化消失了，而這改變顯然發生得相當快、也相當晚近。像這樣的改變很難說是小事，畢竟有個複雜身體構造的重要部位被消除了，但是這個重大的身體變化最近卻被發現竟然沒有牽涉到**任何**編碼基因的改變，相反地，有一小段管控DNA遭到刪除。因此基本基因仍然原封不動地進行它的必要工作，但是藉由降低它在身體特定區域裡的活動力，尖刺的發育過程就被連根拔除了。基因體裡的一個小改變，造成了重大的表型結果。大部分這種規模的改變其實都是不利的，而這種類型的機制當然也包括了棘背魚演化史上那些效果更小、更局部突變之重要性。然而，在底棲棘背魚的例子裡，這個特定的改變恰好是個具優勢的改變，顯然也很快就散布開來了。

或許圖爾卡納少年全然不同的身體構造也可以歸因自類似的遺傳事件。在圖爾卡納少年的世系裡發生了一次無關緊要的突變，透過更改基因的作用時間和表現，這個突變大幅改變了基因主人的形態學樣貌，而且純屬意外地替他們開啟了新的適應大道。所以或許我們不必再自問，為什麼在已知的化石紀錄裡找不到圖爾卡納少年全新身體形態的前兆，也許根本就**不存在**任何像那樣的中間型，或者至少在化石紀錄所代表的粗略時間尺度裡，我們無法合理預期能找到任何一個。在圖爾卡納少年祖先的基因體層級上發生了某件稀鬆平常的事，而它只不過恰好改變了人科動物歷史的路徑。

進一步的研究顯示，圖爾卡納少年那快速發育的時間表並不罕見。對匠人和直立人之類的人科動物而言，這種略似猿類的快速生長似乎很典型，而且對圖爾卡納少年的牙齒和爪哇的直立人樣本所進行的牙齒分析，得到了非常相似的結果。這些觀察共同提供了堅實的暗示，得以一窺在古人類學家所謂的這個「等級」（即一般種類）和時間區段內的人科動物生前的可能樣貌。尤其對我們所知和腦部生長相關的線索來說更是如此，而腦部生長在發育過程的很早期就開始了。猿類長大的速度比人類快上許多，而且他們直接從幼年跳到成年，略過了時間延長的青春期發育階段。儘管如此，也許令人感到驚訝的是，他們的妊娠期幾乎和我們一樣長（不過過程本身有些微妙的不同）。胎兒期的主要差異在於，人類在懷孕期的最後三個月投注在腦部發育的能量比猿類多上許多，因此人類的新生兒和初生猿類相較之下，有著較大的腦部。雖然這本身可能是件很好的事，但是每顆頭顱都有著嚴格的尺寸上限，以便能毫無困難地通過相當堅硬的骨盆產道。

現今的智人正艱困地挑戰這個上限，在缺乏現代醫學照料的情況下，高得令人不安的難產死亡人數即為明證（大約每九十秒，世上某處就會有一位婦女以這種可怕的方式死去）。有人提出，以匠人嶄新的狹窄骨盆，即使新生兒的頭顱尺寸稍微增加，也會讓產婦在生產過程中需要他人的協助，在這種情況底下，或許會出現某種助產方式。這個概念本身暗示了社會和認知上的複雜度，目前仍屬推論。話雖如此，毫無疑問的是，這種生產上的需求不可避免地限制了腦部在出生前的可能增大程度，意味現代人類為了達到成年的腦袋尺寸，必須在很長的一段時間內分配大量能量供給腦部發育之用。這麼一來，猿類出生時的腦容量就有成猿的百分之四十，但是人類雖然在出生前會加快腦部發展，但新生兒的腦容量約略只有成人的百分之二十五。因此人腦是個異數，和猿類及其他哺乳動物的腦部生長會在出生後趨緩的情形相反，人腦至少在出生後的一年內仍會以胎兒的生長速率繼續增長。所以，雖然即將滿一歲的猿類腦部已經達到成猿腦部尺寸的百分之八十，但人類的嬰兒在一歲時，腦容量只有成人的百分之五十而已；人腦需要持續生長更長的時間，大約要到七歲時才能長到成人的大小。

在圖爾卡納少年死時所處的成長階段，他那八百八十立方公分的腦袋大概已經很接近成人的尺寸了，所以他的化石遺骸無法透露太多關於早期腦部發育的線索。但是其他證據確認了匠人和直立人等級的個體所依循的腦部發育模式相當接近猿類，而不是人類，其他方面的生長模式也是。所以最近一項對爪哇的幼年直立人（死亡時間或許距今有一百八十萬年之久，死時大約一歲）所進行的研究顯示，即使在這樣的稚齡，快速發展的大腦已經達到他的所屬物種平均成年腦容量的百分之七十二到八十四了。

腦部發育的加速時程暗示了那些遠古人屬成員的心智複雜度，同時也暗示了他們過的是怎樣的生活。現代人類是種「次級晚熟」的生物，意思是我們的物種所產出的嬰兒，數量相對較少，又很無助，或說是極端仰賴父母協助，以度過一段很長的時期。在我們的例子裡，這段時期和大量的複雜學習以及社交技巧的轉移有關，也包括了語言能力的習得。另外，用以撫養嬰兒長大成人的社會設備漸趨複雜，愈來愈多世代參與其中，而這也和延長的幼年時期有關。猿類在大約七歲時達到性成熟，主要的學習時期也就結束了；相反地，現代人類需要將近兩倍長的時間才會性成熟，而且還要更長的時間以完成身體和情感上的發展。舉例來說，十幾歲的駕駛之所以有這樣嚇人的事故率，主要原因在於他們的腦部仍未成熟，無法完整評估風險。可以肯定的是，發育快速的猿類是卓越的精巧生物，他們擁有細緻入微的社會和複雜的人際關係，不過雖然他們顯現出某種我們可以廣義稱之為「文化」的雛形（所謂文化，就是在一個區域內傳承的習得傳統，而非全面性的物種遺傳），但他們的文化複雜度顯然和人類不是同一個等級。每個人為了融入社會而必須知道的事，當然遠遠超過猿類需要精通的任何技巧。

那麼圖爾卡納少年和其他直立人等級的成員到底落在發育時間表光譜上的何處？這又如何影響、反饋他們的認知？這個嘛，如果表象可以信賴的話，這些人科動物相對快速的成熟速度強烈暗示了，雖然他們擁有一切和我們相似的革新身體構造，但他們在認知方面和現今的智人有相當大的不同。他們確實獨特，因為他們不是雙足猿類，也不是現代人類，而且他們顯然進展良好，已越過猿類的階段，但是在他們的生活背後，並不具有任何類似我們的「心靈裝備」。儘管他們成年後的腦部尺寸比雙足猿類大上許多，但和他們較大的體型相較之下，比例上其實也沒有大多少。這是個關鍵的考慮因素，因為當你的身體愈大，你就會需要愈大的腦來控制身體的基本行動和知覺功能。

當然了，認知能力正常的現代人可以具有範圍很廣泛的腦部尺寸，這暗示了在任何物種**之內**，腦的大小和聰明程度並無密切關聯；但是在物種**之間**就是另一回事了。如果你把各種哺乳動物的腦部和身體大小的關係大致繪製成圖，你會發現這兩個變數的確有強烈的關聯。隨著體型變大，腦容量也同樣增加（不過通常而言，哺乳動物腦容量的增加速度比不上體型變大的速度）。雖然如此，智人有個值得一提的特徵，那就是我們的大腦袋使得我們在圖上的位置遠遠脫離了描述這個基本關係的曲線。以我們這種體型的哺乳動物來說，我們的腦袋超出預期的大小太多了。但是圖爾卡納少年和他的同類在這方面就沒那麼突出，他們和典型的靈長類動物「腦部相對體型」尺寸關係的差距不像我們那麼驚人，不過他們也脫離了猿類那種「相對較小的腦袋，配上增大了的體型」的明確模式。這些人屬的早期成員或許也是當時最聰明的哺乳動物，但是我們幾乎可以肯定他們對世界的知覺、處理相關資訊的方法和我們不同。他們絕對不是我們自身的「少年聯盟」版本，而且我們應該抗拒誘惑，不以這種觀點看待他們。

當我們檢視圖爾卡納少年腦部的形狀時，像這樣的抗拒尤其重要。身體裡的大部分骨頭都是先以軟骨成形，再隨著個體生長逐漸轉變成為硬骨，但顱頂的骨頭不同，是先以膜成形，這些膜再隨著裡面的腦部擴張向外撐開。我們的腦部在尺寸上相對於猿類有很大程度的增長，是因為大腦皮層（大腦的外層）之擴張，而既然有著大腦袋的人科動物正在試著把一大堆多出來的皮層硬塞到一個相對較小的空間裡，在人類演化的過程裡，這樣的擴張動作讓皮層變得曲曲折折又皺巴巴，因此提供了更大的表面積。這裡頭的關鍵在於，主要的皺褶可以概略描繪出在傳統上被認為的大腦主要運作區，而且因為骨頭和大腦外部的密切發育關係，所以顱頂內側便提供了這些重要分界的紀錄。大腦本身無法保存，但是既然大腦和腦殼的內側密切配合，像是圖爾卡納少年所擁有的這種顱骨化石內側的印痕（或稱「顱內模」），就可以精確反映內部器官的外觀。當然，這種方法所能得知的訊息有其極限，因為大腦內部的連結方式才是大腦運作的關鍵，不過外部的細節還是可以透露一些資訊。

在開始對圖爾卡納少年的顱內模進行研究之初，就有件事吸引了研究人員的目光。圖爾卡納少年的顱內模可以很明顯地看出一個叫做「布洛卡區」的小區域輪廓，位於皮層的左額葉上。布洛卡區得名自十九世紀的法國醫師布洛卡，他注意到大腦這塊特定區域受傷的病人通常會有說話困難的症狀，但他們還是可以輕易理解別人說的話。顯然大腦的這個部分（事實上是兩個部分，因為神經解剖學家現在基於細胞結構，把它區分成兩塊了）不知怎麼地和言語的生成有關，而布洛卡區也是最早辨識出和特定功能有關的外部腦區，這在辨識大腦的特定區域（即不同的團塊和神經類型）反映出何種特定任務的研究上是很重要的一步。我們並不是以整個大腦來思考，或是對刺激做出反應，從某個角度來說，大腦這樣的運作方式令人感到失望，因為這意味了古生物學家無法從絕對（或甚至相對）的大腦尺寸得到任何非常明確的訊息，但是這也讓一切都更有趣了。

或許自布洛卡的時代以降，在理解腦部運作這方面最顯著的進展要透過造影技術才有可能辦到。經由腦部造影技術，可以觀察到活生生的腦袋在處理各種心智任務時所進行的活動。這種即時研究的重大成果，就是認識到大部分功能（包括說話能力）其實是廣泛散布在實體大腦裡的各處，而不只是簡單的表面對應。然而，在圖爾卡納少年身上辨認出布洛卡區的事實，引起了他或許會說話的推測，但是事情不會這麼簡單，而且我們現在知道布洛卡區也牽涉到許多和語言無關的記憶和執行功能。很顯然，雖然在布洛卡區擁有的許多特徵裡，其中有一項的適切功能是生成話語所不可或缺的，但這並不能當成說話能力本身的**初步**證據。而且再怎麼說，就算這些人科動物擁有或許和生成話語的潛在能力有關的身體結構，我們也完全不能就此妄下定論，認為他們擁有某種符合我們認知的語言。

圖爾卡納少年另一方面的解剖構造也強烈支持他們並不具有語言技能。脊柱不只用來支撐上半身，同時還可以將脊髓從大腦往下傳送，透過由脊髓擴展出去的神經網絡，便能從身體的其餘部位控制和接收資訊。脊髓所穿過的管道寬度對大部分的靈長類動物而言相當一致，人科動物也不例外，但是在現代智人（說句公道話，還有尼安德塔人）身上，這條管道通常在肺部所在的胸椎區顯得較寬。這段多出來的寬度容納了數量增加的神經組織，供應給胸廓和腹腔壁的肌肉使用，一般認為這些額外的神經是專門用來增進對呼吸的控制能力。要能細微調整我們在言語中所使用的聲音，有許多要素是不可或缺的，而這種精密的控制能力就是其中之一。有趣的是，圖爾卡納少年在這方面和普通的靈長類動物無異。有人因此認為，姑且不論圖爾卡納少年的大腦特質，他並不具有能用來產生言語的周邊能力。

還有另一種爭議性的講法，認為圖爾卡納少年脊柱裡的狹窄空間或許是一種病態。或許真是如此，但是有大量的獨立理由足以相信，無論他和他的同類如何溝通（他們無疑具有某種複雜的溝通形式），都不會是我們習以為常的那樣藉由語言來分享資訊。首先，現代的口說語言是終極的符號化行為，而我們在匠人和直立人群體的相關考古紀錄裡，還有在他們漫長存在時期裡的任何時間點，都找不到絲毫證據，能證明他們對接收自外界的資訊有任何符號化的心理操作能力。事實上，雖然這些早期的人屬成員所遺留下來的考古紀錄相當粗略，但是很明顯的是，裡頭顯然缺乏像這樣的證據。或許最令人感到驚訝的是，圖爾卡納少年和他的同類所製作的石器，在概念上和那些幾乎要再早一百萬年的哥納石器一模一樣。這麼漫長的時間過去了，但在技術水準上，我們卻找不到任何顯著的改變。身體形態上的大幅改變並沒有造成任何類型的技術革新；反過來說，任何類型的技術革新也沒有造成身體形態上的大幅改變。我們只有很少的物證能確認匠人和他的祖先有著本質不同的生活方式，不過解剖結構的跡象促使我們推測，必然已經發生了某些改變。

新出現（而且腦比較大）的人科動物不應該帶著新技術登場，或許這看來有悖常理，但是這樣無連結的關係其實反映出一種在人科動物之間建立已久的模式，畢竟最早的工具製造者是雙足猿類，而不是人屬成員。這種模式設立了一個未來發展的模板，而在這個模板上，我們無法將任何較晚引入的新技術和人屬內新物種的出現扯上關聯。你只要仔細想想就會覺得有道理了，因為任何技術終究是由單一個體發明的，而這個單一個體必然屬於一種已經存在的物種。任何種類的革新必然源自於物種之內，就只因為除此之外，革新無處立足。

第六章　莽原上的生活

圖爾卡納少年的非凡骨架讓我們對「匠人」物種的樣貌有了深刻的理解，他們是生長快速的人科動物，但是身體構造和我們所知任何更早的生物都不像，而且他們顯然是一種安心離開了祖傳森林的生物。環境上的巨大差異給這個年輕的物種帶來許多新的需求，但他們顯然並不是透過技術方面的調整做為最初的回應。據我們所知，最初的匠人繼續製造那些解剖構造較過時的祖先所使用的同類型工具。由於缺乏技術改變的堅實證據，如果我們想要了解匠人的生活裡有哪些新玩意，我們只能屈就，從身體構造和其他間接的指標來判斷。儘管我們很難依此得到明確的結論，但這些指標相當具有提示性。

雖然圖爾卡納少年有著纖瘦的體型，但他絕不弱小。以力學角度來說，他的四肢長骨頭的骨幹基本上是空心的圓柱，而且雖然構成骨頭的材質堅硬而強韌，但並非靜止不變。相反地，這種材質在整個生命過程裡會重新塑形，以抵抗施加在四肢上的壓力。骨幹壁上的厚度變化則反映出生活裡遭遇的壓力大小，以及這些壓力的分布方式。這就是為什麼劍士和網球選手慣用手的手臂骨頭會比另一手粗壯，而在微重力環境下停留太久的太空人骨頭會變得脆弱。圖爾卡納少年的四肢骨和我們有個重大的差異，他們和其他早期人科動物一樣，骨幹壁比你在現今人類身上看見的要堅固得多。這可能暗示了圖爾卡納少年活著的時候已經非常強壯，而且他所維持的活動量遠超出一般現代人。當然了，我們現在慣於久坐的生活方式是非常近期才出現的現象，但就連我們那些以打獵和採集為生的遠古智人祖先，他們長骨頭的骨幹壁也相對較薄。整體而言，從圖爾卡納少年的時代以來，四肢骨幹的骨頭厚度便急遽減少，暗示了在人科動物的生活方式底下，體力逐漸成為較不重要的因素。

圖爾卡納少年所在的環境並不輕鬆，至少一開始，他和他的夥伴身處在仍點綴著零星樹木的非洲莽原上，卻沒有顯著改進的工具可以使用。我們有絕對的理由相信，既然他們的攀爬能力相對較差，他們不能、也不會像他們的雙足猿類祖先那樣高度仰賴樹林做為遮蔽處；而且在他們偏愛的開闊地區，有許多獵食者在那裡遊走，和那些仍然潛伏在森林邊緣的獵食者一樣可怕。這些獵食者主要是大型貓科動物，種類遠比現今在非洲見到的還要多，但除此之外還有很多不同的獵食者，而且全都隨時準備好要撲向任何遇上的粗心哺乳動物。依我們的標準看來，匠人個體是很強壯沒錯，但和這些獵食者比起來，他們仍顯得弱不禁風，缺少一副大頜骨和巨大的犬齒。他們如何回應這個危險的新環境？又是如何利用環境？各式猜想層出不窮，雖然少有證據能證明其中任何一種為真，但我們可以建立一個「旁證案件」。

我們有一個情節合理的腳本，其中包含的想法是這樣的，匠人的大腦尺寸已適度增加，所以需要品質較高的食物，他們的祖先賴以為生的飲食內容雖有變化，但仍以植物為主，這對匠人來說是不足夠的。這是因為，雖然對我們智人而言，擁有一個大腦袋的優點似乎不證自明，但所要付出的代價至少也同樣明顯。就像我先前簡短提過的，從代謝的角度來看，大腦是身體裡一個相當「昂貴」的組織。在我們兩耳之間的質量約略只占了全身體重的百分之二，但實際消耗的能量卻大約介於我們所攝取的全部能量的百分之二十到二十五之間，這對身體的整體經濟（包括消化系統的能量在內）有著重大的含義。圖爾卡納少年的南猿祖先擁有寬闊的腹部，裡頭幾乎可以肯定容納了巨大的消化系統，這個特徵和現在人類形成鮮明的對比。我們有個相當驚人的特徵（幾乎和我們的大腦袋一樣驚人），那就是我們的內臟相對體型來說顯得非常小。同樣的情況也發生在臀部相對較窄的匠人身上，而且這種特徵強烈暗示了圖爾卡納少年和他的夥伴的飲食內容。因為從能量的角度觀之，內臟幾乎和大腦一樣「昂貴」，所以這種特徵已經有力地指出一點，在人類的演化史上，腸道的尺寸縮減不僅只是大腦擴張的必要取捨，同時也提高了我們對高品質飲食的需求。因此，雖然在匠人的時代，人科動物才正要開始進行令人眼花撩亂的腦部擴張過程，但匠人那尺寸縮減了的腸道或許本身就足以成為訴求高營養價值食物的理由。

那麼，在體型高大、腦袋大小適中的匠人身體裡，那些多餘的能量從何而來？明顯的答案是，這些早期人科動物已經把注意力轉向身邊可以取得的最高品質食物，也就是動物蛋白質和脂肪。畢竟這些食物資源是以龐大的數量在非洲的莽原上漫步著，各種體型大小的哺乳動物充斥在這個他們新採納的環境裡。不過這些美味的野獸同時也吸引了種類繁多的專家級肉食動物，而且數量還遠勝現今占據非洲大陸的肉食動物。人科動物在追尋莽原上的草食動物時，他們不只要和那些專業的獵食者競爭食物，還要保護自己不受到牠們的傷害。

或許較不危險的方案是捕魚，的確也有理由相信這樣的活動或許對匠人（和其後繼者）的重要性超過物證所暗示。水生動物是重要的營養來源，身體可以少量合成對正常腦部功能很重要的 omega-3 脂肪酸，對以猿類為例的小腦袋來說這樣就夠了，但是增大的腦部需要更大量的 omega-3 脂肪酸，只能從飲食中補充，而且有人認為，人科動物的大腦之所以能夠在過去約略兩百萬年內變大，攝食魚

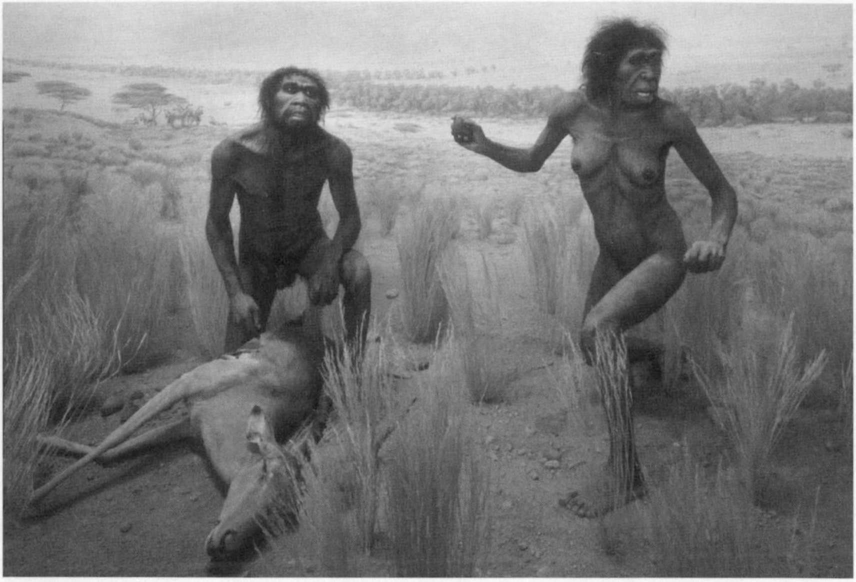

美國自然史博物館裡的西洋鏡，圖中所示為約略一百八十萬年前肯亞北部的兩個匠人。觀眾可以自行決定這些人科動物正在支解的飛羚是他們獵來的，還是死後才遭到他們搜掠。繪圖：侯爾姆斯；翻拍：芬寧。

類和其他水生動物或許就是其中一個前提。許多靈長類動物（尤其是獼猴）曾被觀察到取食水生的無脊椎動物，有個地方的紅毛猩猩還被觀察到徒手捕魚。對早期的人屬動物而言，乾季時在逐漸變小的池塘或溪流裡捕魚應該不會太困難，所以他們很可能以這樣的資源補強了飲食內容。

無論來源為何，動物類食物不只在經過處理前較難消化，肉類本來就相當難到手。潛在的獵物很難抓到，因為牠們不想被吃掉，不像塊莖或果實那樣在原地等著被精明的覓食者採集，牠們總是飛快逃之夭夭。對任何初來乍到莽原，一心想利用哪怕是小型動物做為主要食物資源的新成員而言，獵物這種急於逃命的傾向大概會讓他們很傷腦筋。但有些研究人員相信，只要利用一些行為上的創新（不過我們不必預期這一種創新行為能反映在物質紀錄上），人科動物單憑他們的新解剖構造所提供的身體優勢，就能有效獵捕較大型的哺乳動物了。他們指出，雖然匠人不大可能跑得比四足獵食者快，但他們纖細的臂部和長腿能讓這個物種的成員成為足堪表率的長跑好手。在白天的高溫底下，這種能夠長時間步行的能力使得這些身材瘦長的雙足動物可以挑中……就說是一頭羚羊好了，然後一直追著牠跑，直到羚羊中暑倒地為止。

像這樣的獵食策略不只需要付出昂貴的新陳代謝代價，也必須要有專注的心智，這麼一來才能緊盯著動物到天涯海角，而且當牠從視野裡消失時，還可以透過足跡、斷掉的樹枝，和其他間接的跡象追蹤獵物。現今非洲的獵人和採集者還在使用這套追捕的模式（他們很聰明地傾向走路或小跑步，而不奔跑，因為跑在柔軟的地面上就跟跑在堅硬地面上一樣危險），這一招之所以可能成功，不只因為獵人的複雜認知能力，也因為獵人和獵物之間身體上的差異。雖然大部分哺乳動物跑得比人類快，但牠們沒有能力排除在熱帶太陽底下進行持續活動而產生的熱能，除非在陰涼處暫停，然後再主要透過喘氣讓熱能慢慢消散。另一方面，無毛的人類持續透過流汗和熱輻射排除熱能，使得他們能夠在其他動物中暑倒地時繼續前進。我們不可能確知匠人是否真的無毛又滿身大汗，即使到了今天，我們的身體仍然覆有體毛，不過毛髮量已縮減到大部分都看不見的地步。支持「匠人裸露皮膚」想法的擁護者很巧妙地提出一些關於體蝨的有趣研究，大部分的哺乳動物只會長一種物種的蝨子，但是人類的身體很奢侈地供養了兩種。這些寄生蟲的其中一種住在頭髮裡，另一種則以陰毛做為棲地。有點尷尬的是，人類的頭蝨是獨家所有，但是陰蝨卻和大猩猩身上的蝨子是近親，而且一般認為人類的陰蝨就是感染自大猩猩。頭蝨似乎是那些在人類祖先身上到處漫步的蝨子所留下的倖存者，而陰蝨則是在人類失去體毛之後才染上的。藉由「分子時鐘」（基本上，就是DNA裡的突變次數或多或少維持恆定速率的假設），寄生蟲學家已有能力估計這兩種蝨子大約是在三百萬到四百萬年前分家的，而這個時間範圍在邏輯上應該可以指出人類失去體毛的時間點遠早於圖爾卡納少年的時代，或許甚至還早於露西。

寄生蟲資料或許有點爭議性，不過學界的普遍共識是，在人科動物長成現代的身體形態之時，濃密的體毛就消失了。遠離樹林、站到非洲的熱帶太陽底下以後，生理規則已然改變。我們有很好的理由猜想大腦和身體保持涼爽的主要手段，就是透過流汗來排熱，這值得我們賭上一把，說圖爾卡納少年以及和他相似的動物應該是裸露著皮膚的。更重要的是，在具有強烈太陽輻射的環境底下，皮膚應該會非常地黑，在熱帶沙灘上待了太久的北方人一定很清楚，淺膚色對紫外線輻射非常敏感，而當今世上皮膚癌發生率最高的地方是陽光普照的澳洲昆士蘭，這絕非巧合，因為在那裡，皮膚白皙的群眾習慣不明智地穿著最少的衣服玩耍。

話又說回來，或許這些行為上的推測聽起來有點兒太像人類了，以至於無法總結成一幅具說服力的匠人圖像，彷彿我們的主要行為特徵在那個遙遠的時間點就已經建立了，然後所有剩下的種種都要讓人科動物再等上大約一百五十萬年，直到他們的大腦變大。更重要的是，耐力狩獵策略迴避了許多重要的問題，比如說，匠人有沒有隨身攜帶水的技術呢？因為雖然流汗或許是散熱的有效方法，但是流汗也是一個相當有效耗損身體流體供應的方法。要能夠在炎熱的熱帶太陽底下橫越大地追逐動物，同時補充這些流體，大概會需要能夠隨時取得的水分，而我們沒有任何直接證據，能證明匠人擁有達到這個目標所需的製造容器的技術。在另一方面，既然中大型動物的胃袋或膀胱是唯一能用來運水的可能材質，那我們也不期望能找到使用的證據，因為那些器官容易腐爛，而我們不能把證據的缺乏視為不存在的證據（找不到證據，不代表就是假的）。除此之外，我們能夠很公允地指出，關於匠人的知覺能力，沒有任何我們已知、或可以合理推斷的證據，可以排除這些生物懂得使用簡單容器的可能性。例如我們就知道，早在人屬出現之前，最早的南猿石器製造者就已經在每天的活動過程裡，表現出他的遠見和計畫能力了。既然這些早期的人科動物在某種程度上能理解堅硬材質的特性，那為什麼他們不會也能理解某些軟材質的特性呢？儘管如此，值得注意的是，在必要的地貌考古工作完成之處，和圖爾卡納少年同時間區段的人科動物活動遺址，通常在水源附近，只不過後來我們就發現了人科動物毫不受限地橫越荒野進行冒險的證據。從各方面來說，這幅圖像殘缺得叫人感到沮喪。

火和煮食

無論這些不可或缺的高質量飲食是如何取得的，狩獵仍然是相當耗能的活動。所以，尤其對有一副短小腸道的人科動物而言，如何在狩獵的過程中盡可能取得最大的成果，就是件相當重要的事。如同我先前在提到雙足猿類的食肉傾向時所提及的，達成這個目標的方法之一，就是把你的受害者屍體給煮了。如果你不像獅子或土狼擁有專門對付生肉的消化道，生肉實在相當不好消化，就算永無止盡地咀嚼它，有著大胃袋和長小腸的黑猩猩還是會在狩獵後，排洩出許多未消化的肉塊在糞便裡。靈長類的消化道就是不太擅長從生的動物資源裡取得能量。但是「煮食」完全改變了遊戲規則，而且帶來了一連串的優點。恰如其分地煮食可以讓食物（所有類型的食物，不只是肉類）更好咀嚼，也更容易從其中獲得營養素。煮食可以殺死毒素，讓食物的保存期限變長，而且徹底增進了風味和口感。不管從哪個角度切入，煮食顯然都對人科動物的生活造成了巨大的不同。

然而，關於煮食是否真的是一種關鍵要素，有助於像匠人這種生物的繁榮興盛，仍純屬推論。因為煮食的前提是熟練用火的技能，而我們只有很少的珍貴直接證據，能證明匠人已經能辦到這一點。有些早期的跡象顯示，在匠人的時間區段內，就有火堆在人科動物的遺址熊熊燃燒過了。在南非的史華特克倫斯找到了一些約一百八十萬年前，顯然被燒焦了的骨頭，還有在肯亞的契索旺加一處粗壯南猿的遺址，也找到了大約一百四十萬年前的烤焦泥球。雖然這些物品的確看似遭受過營火溫度般的高溫燒烤，但還是很難將它們視為在人類監管下的受控火堆的絕對證據；**受控**火堆的最早堅實證據要等到很晚以後才出現，那是在以色列一處距今八十萬年前的遺址，在那裡發現了裡頭覆蓋著厚厚一層灰燼的火爐。當然了，你可以爭辯說用火並不見得總會留下禁得起長時間考驗的蛛絲馬跡，而且我們擁有屬於這時期的非洲考古紀錄又極不完整，留下很多懷疑空間。或許你這麼想是對的。

至於在時間表的另一端，有積極證據顯示，火的經常性使用是在人科動物歷史的很晚近時期才出現的。無論如何，對火的控制毫無疑問是人科動物生活裡一項革命性的創新，如果用火的方法一旦發明以後卻沒有廣為流傳，當然看來會是很奇怪的一件事；不過實情若非如此，應該會有更多、更好的用火證據才對。如果曾經有火爐在那些為數眾多的遺址裡存在過，你應該會預期能找到幾個，但我們卻找不到。要等到數十萬年後以色列那次證據確鑿的用火事件，我們才終於找到火爐裡受控火堆的更進一步證據，所以火的使用最開始非常可能是出於誤打誤撞，而不是日常的生活方式。

儘管我們不可能忽視，匠人的用火證據幾乎全都是間接證據的事實，但認為這些早期的親戚會烹煮食物的想法仍稍能令人信服，而且我們還有其他雖然也非直接證據的原因能支持這個想法。毫無疑問的是，火的使用絕對會讓匠人在莽原上的生活輕鬆不少，而且一般認為控制火的能力終歸是這種新生活方式得以實現的唯一要件。或許一開始誘使匠人出走到莽原上的是關鍵食物資源（也就是草食動物），但這同時也讓這種人科動物身處險境，而他們顯然不能簡單明白地被歸類成獵食者或是獵物。他們或許至少能算是某種程度的獵食者，但同時也是行動緩慢、容易得手的目標。事實上，有一塊來自肯亞某遺址的匠人額骨，在眼窩的上方有肉食動物的齒痕，可見他就是慘死在獵食動物的爪下。

這個等級的早期人科動物在本質上是不成熟的獵人，他們才剛入行，學得又慢。儘管我們靠著所有自吹自擂的技術實力而成為當今世上最頂尖的獵食者，但我們確實仍未完全擺脫屬於遙遠過往的柔弱身軀。任何曾遭到山獅抓傷的慢跑者，和曾被熊追趕上樹的弓箭獵手都可以跟你保證這一點。用火大概會是匠人嚇阻獵食動物的絕佳辦法，尤其可以彌補他們由於手臂關節朝前旋轉而受限的投擲能力。如果你打算再添上幾項假設，你會發現「用火」的弦外之音遠不僅止於此，有些專家甚至認為，包括高度社會性和分工合作在內的許多人屬的招牌行為，都是源自群體成員之間的親近感，而這樣的親近感或許和擠在火堆旁取暖和尋求保護的行為有關。圍坐在火堆旁的現代人會感受到一股親近感，而對那些生活在早期時代的人科動物來說，他們的感受也是一樣的。

社會環境

無可否認，「火」對現今人類來說具有一種獨特的象徵性，同時也有著實用的意義，懂得抗拒由此而生的擬人化衝動是很重要的。話又說回來，有些人認為火的馴化直接造就了我們獨一無二的高度社會性形式，這種想法本身便是自諸多假設而得的縝密推論，雖然我們這麼說可能對這個想法有點強加附會，但是現代人類絕對無疑地具有較其他靈長類特別突出的合作傾向。不過，除了簡單的分工合作，他們也共享了某種複雜的社會性樣貌，亦即所謂的「親社會」行為（喜愛社交活動的行為），這似乎是很獨特的一種特質。從最根本的角度來觀察這種特質，人類至少會在某種程度上互相關心彼此的福利，而黑猩猩卻並不如此（我們所有其他的靈長類親戚可能也都一樣）。當然了，母子之間的連結在黑猩猩的世界裡可以延續一輩子，而狩獵和類似的複雜活動有時會牽涉到群體成員間的廣泛合作，更重要的是，黑猩猩曾被觀察到會去安慰侵略行為下的受害者，可見牠們擁有某種形式的個體同理心。但是像這樣的表現不同於親社會行為的那種對其他人的普遍關心，而且在一項大規模的實驗研究裡，黑猩猩被發現是一種很明顯對同伴缺乏關照能力的生物，即使在喜愛黑猩猩的研究人員眼中看來也是如此。

研究人員已經在囚禁環境裡測試過這一點，在一系列於不同地點對許多不同受囚群體進行的實驗裡，研究人員以許多方法提供黑猩猩兩個選擇，牠們可以選擇領取食物獎賞給自己和另一隻鄰近的黑猩猩，也可以選擇只給自己就好。對負責選擇的黑猩猩而言，這兩種情況下所領取到的食物獎賞是一樣的，但是黑猩猩總是在這兩個選項之間大致隨機地進行抉擇。至少在這些測試的基礎上，受測的黑猩猩個體對其他黑猩猩的利益似乎始終漠不關心，這和人類的情況有著相當鮮明的對比，人類在心理測試裡似乎具有幫助陌生人的顯著意願，而且甚至願意付出成本這麼做。

當然了，黑猩猩的實驗結果或許反映出和群居習性並無直接關聯的某些認知極限，但無論這些極限確切到哪，都似乎很可能已被那些容易被獵食動物傷害的匠人以某種方式超越了。幾乎可以肯定的是，在匠人那危機四伏同時又物產豐饒的新棲地裡，如果他們不具備一些認知和社會上的特質（也就是那些屬於匠人後代的標誌性特質），那他們大概沒辦法勉強過活。很可惜的是，除了這一點，我們沒有信心再去多下任何評論。但是關於這些莽原上的先驅所帶來的生活方式，以及曾生活在其中的各種群體，我們確實可以做出一些其他方面的推論。

我們先前讀到，在獵食動物眼中，南猿這種徘徊在森林邊緣的小個子生物很容易下手，因此他們或許居住在相當大型的群體裡，但是對圖爾卡納少年和其同類而言，他們心中的盤算很可能相當不同。如果這些人科動物確實擁有某種文化上的做法，能據以控制新環境裡的獵食威脅（很可能的確如此），那麼維持大型群體規模的壓力就減輕了。而且隨著在飲食上對動物產品的依賴度愈來愈高，那些適用於任何專業獵食者的限制，也就愈來愈能用來說明人科動物的生活方式。在任何生態系統裡，獵物的數量都遠勝獵食者，因為過多的獵食者可能會在短期內就吃光了獵物，這樣對大家都不好。如果匠人是在採行獵食生活方式（至少偶爾如此）的早期階段，那麼優勢或許就在於降低人口密度和擴大群體規模，我們有相當好的理由這麼認為，因為單一群體所能支持的個體數量，取決於這個群體能夠進行巡查的地區內可持續取得的資源多寡。

區域大小還可以因為雌性的活動力而進一步限縮，因為她們所生下的無助嬰孩需要長時間的密集照護。在一般的靈長類動物裡，新生的子代會攀附在母親的毛皮上，雖然哺乳的生理需求很強烈，不過只要嬰兒的數量不太多，一次只有一兩隻，那麼帶著黏在身上的嬰兒四處走動並不會構成技術問題。但是匠人母親或許沒有能讓嬰孩抓附的毛皮，而且帶著成長緩慢的嬰兒移動大概會是一件相當辛苦的差事。就這方面來說，子代愈多並不見得就愈好。的確，根據文獻記載，對那些居住環境可與匠人相提並論的現代獵人兼採集者群體而言，與其追求多子多孫，他們更注重人口控制。居住在南非喀拉哈里沙漠的桑人女性通常以母乳餵養她們的嬰兒最多達四年之久，因此能抑制排卵的荷爾蒙泌乳素，便維持在高檔。毫無疑問的是，匠人的嬰幼兒死亡率會因為遭到獵食或其他原因而居高不下，所以匠人母親還是會生下較多的後代，但是數量增加的程度有其極限，而這個極限本身也確保了群體規模的適當大小。在這些小型的群體裡，顯然受到嬰兒牽絆的雌性會受益於她們和雄性之間的連結，因為這些雄性能夠幫忙供養子代。但無論這些群體內部是否真能建立持久的兩性連結，仍純屬假設。

一個典型匠人群體的個體數量（十來個？二十個？）同樣仍然是一個猜想，不過顯然群體規模因地制宜，端視當地環境的食物產量而定。人科動物群體肯定已遊走過廣大的區域，或許隨著環境要求而分裂成較小的覓食群，偶爾會遇上其他人，而且持續以植物性食物餵養自己，在情況許可時也會取得動物資源。在經過屠宰的骨頭上，有時那些古老石器造成的切痕底下會出現肉食動物的齒痕，因此可以推測動物屍體有時是搜掠得來，或許還是強力搜掠的結果。但是在其他案例裡，也有些經過屠宰的骨頭上是完全沒有齒痕的，暗示了人科動物至少有可能會進行狩獵行為。

這些早期的人屬群體至少偶爾會在一個中心根據地四周移動，而且他們會頻繁地回到這個中心根據地去，這是相當可能為真的事。舉例來說，在奧都韋峽谷就發現了在同個季節的同一地點處理許多動物屍體的證據；在肯亞一處叫做坎傑拉的遺址則有證據顯示，看似在約略兩百萬年前，人科動物就已經常常使用石頭製成的工具來處理動物的各個部位，而且這些石頭是取自十二到十三公里之遙的許多產石的地點。這些發現的弦外之音令人很感興趣，或許其中最重要的一點是，即使我們還沒找到匠人在場的決定性化石證據，但人科動物已經顯現出一些後來人類行為具有的重要元素。雖然這麼長的石頭運送距離暗示人科動物在兩百萬年前就已經過著相當積極的生活，就像對圖爾卡納少年的骨骸進行分析後所得到的結果，但我們還是無法完全肯定居住在這些遺址的人科動物到底是哪一種。幸運的話，或許在補強、整理過那些距今兩百五十萬年到兩百萬年前、吊人胃口的人科動物化石大集合之後，這個問題就能釐清。同時我們可以很有信心地說，在圖爾卡納少年於距今約略一百六十萬年前出場的時候，人科動物已經有著複雜的生活方式，後來的重大發展也是指日可待。

無論如何，雖然匠人的直接祖先已擁有一切複雜特質，但顯然我們不能排除匠人只是一種具有新身體類型的先進雙足猿類。不過我們同時可以很確定這種人科動物的生活方式在相當程度上，顯現出和過去一致的行為連續性。在人科動物史前史的更宏觀脈絡底下看來，這一點並不令人感到驚訝。首先，匠人的最早成員操作的石器，基本上和他們的祖先用了幾十萬年的那些一模一樣，這項知識讓我們再一次初窺另一種人科動物的耐久行為模式。換句話說，人科動物傾向以新方法使用既存的工具組來回應變動的氣候和環境情況，而不是發明新的技術。這和一項事實完全一致，那就是，人科動物從一開始就是一種懂得在各種生態環境裡生存的生物。在這個有時變動相當戲劇性的世界裡，我們通常會維持經久不衰的靈活特質，做為對改變的外在情境之回應，藉此避免特化的危險。一般而言，人科動物主要並不是因為改變而發生**適應**，而是簡單地**容身**其中。

這些都不代表在雙足猿類的漫長時光裡，不會出現逐漸累積的修正。在南猿這個古老群體存在的數百萬年以來，他們的生活方式或許已經變得更複雜，對資源的開發能力也大幅精進，不過任何達成這類改變的方法，都只能間接反映在我們目前擁有的物證裡。這是很可惜的一件事，因為如此嶄新的匠人看來顯然起源自某種擁有複雜行為的獨立南猿。比較有可能的情況是，這副新身體只是恰好在開闊的新環境裡，替主人帶來了極具優勢的新機會，但它絕對不是受到環境推動才有的產物。下一個技術上的躍進最可能（在一段延遲之後）出現在匠人本身的族群內部，以符合這套已建立的模式。

第七章　離開非洲……而後復返

人類家族在非洲誕生之後過了數百萬年，我們才找到人科動物試圖脫離非洲大陸邊界的證據。在很長的一段時間裡，學界相信人科動物最早進入歐亞大陸的舉動，必然是因為獲得了一些戲劇性的新特徵或新能力，像是變大了的大腦，或是掌握了某種技術的改良。不過現在事情看起來卻更不明朗，因為人科動物最初走出非洲的時間點似乎有距今一百八十萬年前那麼早（或許還要更早），而且是在非常古早的考古情境底下發生的。

中世紀的廢城德馬尼西位於喬治亞共和國，就在黑海和裏海之間，那是一個根本沒人會預期能在那裡尋找早期人科動物化石的地方。德馬尼西沒有千層蛋糕似的層疊沉積物，也沒有東非大裂谷裡那種被太陽烤焦的光禿禿露頭，而是位於一片青蔥翠綠的土地上，高高坐落在黑色玄武岩斷崖的頂端，俯視著兩道河谷的交匯處。古老的重要貿易路線沿著河谷，在此地會合。光是這座城的周遭環境，就已讓它成為世上一個很壯麗的化石遺址地點。德馬尼西漫長而騷亂的歷史結束在十五世紀，入侵的突厥人武力全面洗劫了整座城，原本繁華的城鎮自此陷入衰退。德馬尼西遭到世人遺忘，幾百年來沒有改變，因此提供給二十世紀的考古學家一個很好的機會，能夠在這裡尋覓線索，期望能更了解中世紀偉大絲路的其中一條主要支線沿線的生活。研究人員在殘餘的建築物裡頭進行挖掘後，發現古老的城鎮居民在他們的房子底下挖了環形地窖來存放穀粒。一九八三年，完全出乎意料的事發生了，其中一座地窖的牆裡竟發現有哺乳動物的化石遺骸。原來這座城是建立在薄薄一層沉積物上，玄武岩被覆蓋在底下。發現自這些軟質岩石裡的第一件化石是犀牛的牙齒，事實證明它屬於更新世早期獨有的一支物種。忽然之間，城鎮底下的土地變得比城鎮本身更有趣了。

在那之後沒有多久，粗糙的石器就被發現了。德馬尼西的第一件人科動物化石在一九九一年出土，那是下頷骨的一部分，帶著一組保存得很好的牙齒。當這項發現在一九九五年公布時，便引發了和直立人的廣泛比較，而且一般認為最能和它相提並論的是東非的樣本，相關的哺乳動物化石暗示了這兩處的樣本大致屬於同一時期，後來城鎮底下的玄武岩被定年至距今約略一百八十萬年前，因而確認了這一點。玄武岩的定年結果和地質分析一致，根據地質分析，未遭侵蝕的玄武岩表面因擠壓而突出於地表，隨後就受到埋藏著化石的沉積物覆蓋及保護。在德馬尼西的早期年歲於二〇〇〇年和二〇〇二年得到確認之前不久，來自爪哇的定年結果才剛發表，暗示了直立人很早以前（距今一百八十萬到一百六十萬年前）就出現在東亞了。毫無疑問的是，綜合這些定年結果，可以知道人科動物幾乎是在新的身體形態出現後立刻就啟程離開了非洲，比先前任何人猜想的時間點都還要早了許多。

到了二〇〇四年，已經有四塊人科動物的顱骨和三塊下頷骨（其中一個非常大）從德馬尼西的沉澱物裡重見天日。這些化石現在的定年結果是在距今一百八十五萬年到一百七十六萬年前之間，它們組成一個五花八門的大雜燴（尤其是如果你把那塊很大的下頷骨也算進去的話，而且相應的顱骨在那之後也被發現了），但是它們在沉積物裡的發現位置相當接近，大部分的觀測者認為這個事實提高了它們全都代表同一物種的可能性。那塊大號下頷骨在二〇〇二年被命名為「格魯及亞人」，但是德馬尼西的研究團隊在這之後又回頭採納這些化石全都屬於直立人的想法，很有效地延遲了對這些化石進行分類的任何明確決定。

各個德馬尼西化石的特質並不相同，其實可說相當獨特，不過他們有個共通點，就是腦袋全都很小。這些化石的腦容量在六百立方公分到七百七十五立方公分之間不等（大部分聚集在靠近這個範圍的下限這一端），每一個都比圖爾卡納少年明顯來得小。他們的體型也很嬌小，目前我們找到兩具殘缺的骨架，包括一個青少年在內，他和那些頭骨的其中一個有關。這兩具骨架暗示這些人科動物和他們的肯亞親戚比起來個頭很小，所以相對來說，他們的大腦或許也不是真的小到哪裡去。根據個體的長骨長度，可以估計出他們的身材相當矮小，只有一百五十公分到一百六十公分，但是骨頭本身的形狀據說讓人忍不住聯想到現代人的身體形態，其中的主要元素和圖爾卡納少年有著解剖構造上的相似性，和任何一種南猿的差異都比較大。

那些隨著德馬尼西的人科動物化石一起發現的石器，跟同時代的東非匠人所使用的很像，都是簡單的疙瘩石核，以及從上面敲下來的鋒利薄片，和最早製造的石器幾乎無法分辨。所以這顯然是一種有效、適用範圍廣，而且又經久耐用的技術（在未來的一百萬年內，像這樣的原始工具還是持續被製造出來）。德馬尼西的發現確認了人科動物最初得以離開非洲，並不是因為他們的工具組改進了；如果腦容量能夠做為表象證據，那麼看來也不是因為製作這些工具的人科動物比他們的非洲祖先來得聰明。因此，既然技術和增大的腦並不是潛在的有利因素，那麼顯然是人科動物在身體形態上的大幅轉變造就了差異。環境的改變或許也有關係，因為普遍乾旱的氣候帶動了某種類型的棲地擴張，正符合新的人科動物所需。約略同一時間，也有其他幾種哺乳動物物種從非洲擴散進入歐亞大陸，暗示了亞洲西南部的環境正在變遷，而母體大陸（非洲）的情形也一樣。然而，新的人科動物的適應能力顯然值得一提。舉例來說，透過黎凡特的哺乳動物種類來判斷（黎凡特是位於地中海東岸的一塊地區，藉由西奈半島連接非洲東北部和歐亞大陸），我們知道當時那裡大部分地區覆蓋著地中海型林地，而這種環境和熱帶非洲所提供的環境之間的差異程度，足以使我們相信新興的人科動物一定有克服廣泛環境類型的能力。

針對花粉進行的研究顯示，就在最早的人科動物占據德馬尼西之前，喬治亞的南部已經享有溫暖、潮濕的氣候，能夠支持由森林和草原組成的豐富混合棲地。但是等到人科動物真正在這裡出現時，氣候開始變冷、變乾，使得草原區域擴大，潮濕的森林也轉變成更貧瘠、更破碎的樣貌。這樣的環境能提供給人科動物的植物性食物較少，和他們的祖先在非洲時的情形不能相比。但是也有證據顯示，當時在德馬尼西的哺乳動物相種類廣泛，包括了群體規模很大的食草動物，想必這裡的人科動物曾以某種方法利用資源，帶有敲打凹痕和切痕的哺乳動物骨頭就是明證。

來到德馬尼西的人科動物面臨了一種新的生活面向，也就是四季分明的氣溫和濕度，而這樣的氣候變化深切影響了在一年的不同時期所能取得的資源。這可不是輕輕鬆鬆就能渡過的環境變遷，我們幾乎可以肯定典型的靈長類物種是辦不到的。這一點強化了德馬尼西人科動物吃苦耐勞、適應良好、多才多藝，而且能夠克服變動快速之環境的形象。顯然早期人科動物在歐亞大陸獲得成功的關鍵，在於行為上非凡的靈活度。這樣的靈活度今昔皆然，同時也是他們的非洲祖先既有的標誌。

當德馬尼西的第四塊人科動物顱骨出土時，我們有了一個特別的驚喜。這塊顱骨的編號是D3444，屬於一個上了年紀的個體，一般認為是個雄性。他的所有牙齒都不見了，只留下一顆。發現化石顱骨在死後丟失了牙齒並不是罕見的事，但是在 D3444 這個案例裡，大部分的牙齒卻是在他死

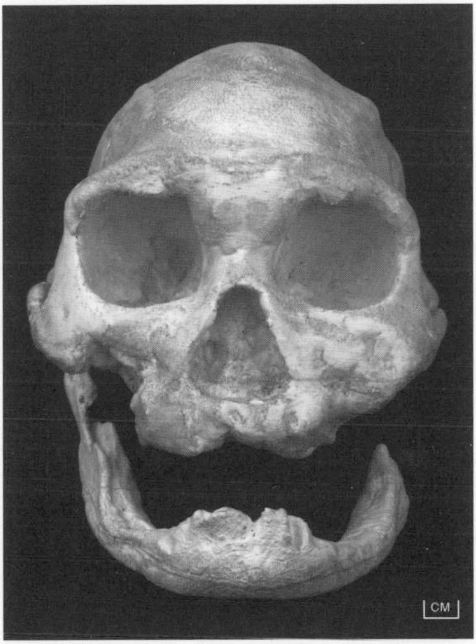

來自德馬尼西的無牙人科動物顱骨之前視圖（D3444 / D3900），距今約一百八十萬年前。這個上了年紀的個體（一般認為是雄性）在他死亡的很久以前就掉光了所有牙齒，只剩下一顆。有人認為他之所以能夠存活，或許需要其他個體提供大量協助，暗示了相當複雜的社會環境。鑄型攝影：斯特絆。

亡的很久以前就消失了，幾乎所有的齒槽都已萎縮，而這樣的過程大概需時數年。尤其如果他和他的同類賴以維生的飲食內容大部分以肉類為主，這位年長的雄性個體在咀嚼食物時一定會遇上很大的困難，而德馬尼西的研究團隊相信，若不是他所屬的社會群體裡的其他成員提供了大量的協助，他大概早就餓死了（不過我們也可以想像得到，或許他會拿石核敲打肉塊，讓肉變軟一些）。儘管如此，認為這個極度弱勢的個體長期受益於親屬的同情心之想法，終歸來說還是個很可信的論點。

偶爾也會有沒牙的黑猩猩設法存活了好一段時間的情況發生，但是和德馬尼西人科動物可能的食物相比之下，黑猩猩吃的東西要柔軟許多。

類似這種身負重大「傷殘」的古老人科動物想辦法存活一段長時間的情形，D3444 是我們目前所擁有的最早案例。事實上，那些第二古老的弱勢個體案例（顱部和腦部畸形的證據）要等到一百萬年後才出現。德馬尼西的那一位年長雄性個體的殘疾，藉由我們想像中的文化手段至少得到了一部分的補償，而這個事實模糊但有力地暗示了認知的複雜性。不只如此，如果德馬尼西的研究人員猜得沒錯，那麼 D3444 還提供了我們人科動物紀錄裡，第一個推想關於社會關注的實例。像這一類有關人類同情心的證據要等到非常晚近才大量出現，但是考量到早期的紀錄本來就參差不齊，或許這很難叫人感到驚訝。更重要的是，在人類的心靈裡，富有同情心的行為顯然和相反的冷漠行為一樣根深柢固，而黑猩猩常會安慰受了傷或受到壓迫的同伴，我們甚至有可能藉此瞥見這種表達方式的根源。無論如何，猿類最顯著缺乏的，就是對同伴實際提供技術協助的能耐，而我們似乎可以完全合理地得到一個結論，那就是，德馬尼西人科動物的認知層級已經足夠使他們透過物質支持的形式表達出同情心。在人科動物首次進入歐亞大陸的時候，他們顯然已經是懂得同情的生物，而且還具有相當的應變能力和複雜度。

同一時間，在非洲大牧場的情形……

正當人科動物忙著擴散進入舊世界的其他區域，並且透過建立已久的方法在幹活時，那些還留在母體大陸的也沒有停下腳步，至少在技術上仍持續前行。如同歐亞大陸的情況，舊方法繼續沿用（技術總是在時間上重疊，時至今日仍然如此），但是在大約一百五十萬年前，非洲（還有最近在印度）的考古學家開始拾起嶄新石器製作觀念的證據。在整整一百萬年（或甚至更長）的時間內，製作石頭器具的核心概念一直是製造出有著鋒利邊緣的較小薄片，而這些薄片和用來削切出它們的石核到底是什麼模樣，其實並不是真的重要。這些石器不在乎美感，就連基本形式的想法都沒有。製造工具的概念完全就只是功能性的，總之就是要弄出一個可以拿來切割的邊緣就對了。

然而，就在匠人登場的不久以後，這一切就全都因為「手斧」的出現，而有了戲劇性的改變。手斧石器是所謂「阿舍利」文化的象徵，而「阿舍利」之名是得自於首次辨認出這些石器的法國遺址地名。無論如何，這些手斧的年代相當晚近，它們的定年結果遠不及五十萬年前，而目前這種工具類型的已知最早案例出現在肯亞的一處遺址，定年結果約略是距今一百七十八萬年前。然而，雖然間隔了這麼長的時間，當時的手斧還是相當粗糙，而且極端罕有，要等到又過了數十萬年，它們才成為考古遺址裡常見的特徵。

手斧和它的「前輩」比起來，是一種大上許多的工具，而且牽涉到「何謂工具」的全新概念。要製作手斧時，石頭的「核」（在較接近現代的時間點，石核本身就是一大塊薄片）兩面都藉由多次敲打以進行精巧塑形，最後成為一個平坦、對稱的淚滴狀物品。長度通常是大約二十到二十三公分，但是偶爾也會有特大號的樣本出現。有時這些工具的一端相當尖，這種情況下它們被稱之為「尖嘴鋤」；在其他案例裡，它們或許會從一個筆直的邊緣被截斷，這種則叫做「切刀」。但是基本的淚滴形手斧相當一致，而且這種器具在整個非洲大陸大量製造，後來逐漸散布至其他地方。

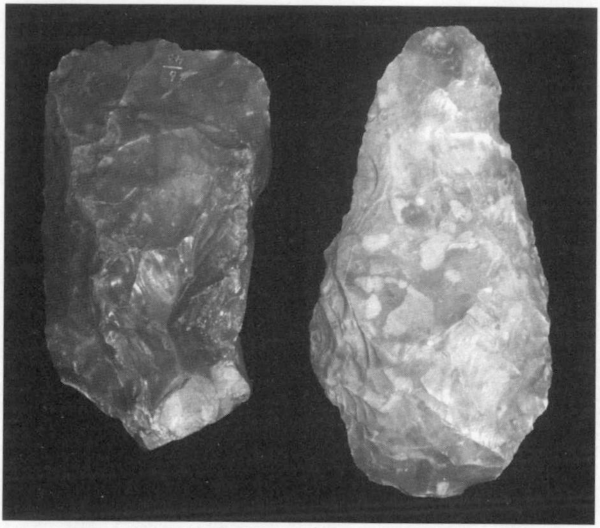

來自法國聖阿舍利的切刀（左）和手斧（右），阿舍利工藝即得名自此地。攝影：威特森。

手斧被證實是一種極端耐用的工具形式，雖然後來的製作方法有些改進，但製作概念在超過一百萬年的時間內都沒什麼變化。事實上，這種器具有個綽號叫做「舊石器時代的瑞士軍刀」，因為它顯然有許多用途。針對手斧所產生的磨耗方式而進行的研究顯示，手斧被應用在各式各樣的工作裡，從割樹枝、切肉片，到剝獸皮等等。手斧穩定不變的形式正暗示了這些工具有多麼萬能，哪怕這些工具的製造者居住的棲地氣候從潮濕劇烈轉變成乾燥，然後又回到潮濕（有時還是在難以置信的極短時間尺度內），手斧都能應付。

要製作奧都萬薄石片，在選擇適合削切成片的石頭這部分有相當的複雜度，像是顆粒粗糙的岩石就比較不適合製造、支撐出一個用來切割的邊緣。火山玻璃、燧石、黑矽石，甚至是顆粒細緻的熔岩可以辦到像這樣的技術，而這些材質在可能的情況下被持續選用著。最早的石器製造者在看見好石頭時，他就清楚知道自己找到了想要的東西，而且就像我們先前提過的，他們常常帶著石頭走上很長的距離，期待在某個或許找不到這種石頭的地方能派上用場。但是手斧製造者面臨的是比奧都萬還要更複雜的情況，不只石頭的**種類**要對，而且每一塊石頭本身就必須合用，因為在製造成形器具時，預期會需要進行一連串剝下薄石片的動作，石頭不能有任何會阻礙這些動作的瑕疵。所以工具製造者不只要有能力在開始剝下薄石片之前，就先「看見」石器完成後的模樣，也必須能夠確保石核本身的同質性足以進行必要的一系列複雜動作。顯然這是個雖不清晰但卻明確的暗示，說明了阿舍利的心智能力。

我之前說過，為了理解任何大幅度創新（比如說像是製作手斧）的認知背景，我們所做的努力都將遭遇一個無法克服的問題，那就是我們現代人發現，要去想像任何和我們不同的認知狀態，簡直就是不可能辦到的事。即使付諸最強大的意志力，我們就是無法讓自己感同身受地理解我們祖先的認知方式，因為這些早期人科動物的認知系統顯然不是我們自己的「低階版」，所以不能簡單將我們的智商像在轉動棘輪一樣往下調個一或三格，就來到早期的手斧製造者所在之處。而且如果我們以為阿舍利的工具製造者和我們很像，只是比較笨一些（因為他們的大腦較小），那我們絕對是搞錯方向了。事實上，如果實情確實如此，那幾乎可以肯定他們的日子會很不好過。想要以我們的方式營生，需要我們所擁有的這種特定類型的聰明才智，而我們用來處理環境刺激的符號化做法似乎是非常晚近才取得的技能。毫無疑問的是，早期的手斧製造者對世界的主觀體驗，以及他們應付周遭世界資訊的方法，在某些主要的性質上與我們**不同**。

我們的推測當然有限，然而結論無可避免，手斧的發明必然代表了（或者說，起碼反映了）當初製作出最初石器的雙足猿類有某種相關的認知大躍進。像手斧製造者這樣依照一連串規則製造出一致性物品的情形，暗示了他們懂得遵從某種辨別好壞優劣的整體鑑賞能力，而這種特質有時還被認為是「原始人類」和「人類」行為之間的分水嶺。但是這裡所暗示的認知改變究竟代表了人科動物頭殼裡實際發生的什麼事？對於他們理解、回應這個世界的方式又反映了什麼？不幸的是，由於物質紀錄付之闕如，我們無法推敲出任何答案。

還有其他幾個因素進一步加劇了我們對當時實際情形的不確定性。其中一點是，手斧似乎是在匠人出現後才發明的。其實這並不令人感到驚訝，因為如同我在第六章所說的，在這一階段，能提供最佳認知能力線索的那些技術進展，必然是發生在單一人科物種**之內**，因為我們沒有更好的理由相信除此之外哪裡還有革新的立足之處。顯然，能夠從一塊石頭想像出這種特定而可實現的淚滴狀器具的智能潛力，必然在手斧製造者開始展現能力**之前**，就已經潛藏在他們的大腦裡了。不過這種新技術的發明者身分仍有點模糊，只因為在人科動物化石的「光譜」上，那些通常被歸類到匠人的化石有可能其實包含了超過一種的已滅絕物種（更別提那無所不包的直立人了）。而且若真是如此，關於到底是誰製作了手斧，我們毫無頭緒。我們目前的相關知識狀態僅允許我們確定，在遠早於距今一百七十萬年前的非洲大陸上，曾有一股創新精神正在早期的人屬動物之間蓄勢待發。這很可能是我們需要知道的最重要一點，特別是既然沒有證據能顯示在技術進展的過程裡，曾牽涉到兩個以上的人科動物**等級**。

無論轉變的細節如何，得以實現手斧發明的神經潛能究竟如何確切影響阿舍利生活的其他面向，仍是隨人猜想。雖然我們已經知道了許多手斧的遺址，但是在這些遺址進行過的活動種類（至少在初期）看似和那些較古老的遺址在物質方面並沒有什麼太大的不同，不過有一個重大的例外。以前的工具製造者一般會在屠宰現場製造他們的石頭器具，也就是等需要時才做，在這種地方發現的工具通常不會很多，因為這些製造者為了要當場製成薄石片而能合理攜帶的石頭數量很少。相反地，手斧常常在「工作坊」大量製成，地點常常很接近適當石材的優良來源地。像這樣的工作坊，或許最出名的一個是肯亞的歐羅結撒依立耶，研究人員在那裡貨真價實地找到了上千件百萬年之久的石器，被亂扔在遠古大地的一塊小區域裡。這些集中的石器隱含了一種全然不同於奧都萬工具製造者（包括最早的匠人在內）的生活方式，甚至還強烈暗示了群體成員的社會及經濟角色具有某種程度的專化。

雖然頗具爭議，但也有人認為這些遺址之所以包含了數量不尋常的手斧，是因為在當地曾有過儀式性的聚會，而且至少有些工具是為了社會功能才使用的，並不是為了純粹的實用功能。這仍純屬推測，但是在像是坦尚尼亞的以西麥拉等地，找到了一些巨大而壯觀的手斧，使我們有可能更有信心地做出這樣的結論。這些工具太大又太重，根本不能用在日常生活中，讓人不禁猜想它們的用途反而是儀式性的。這個推理或許有點太先入為主，摻雜了我們自己的人性化風格，不過這一類的工具也相當有可能是玩心大起的產物，甚至是大型社會聚會裡，做為炫耀之用的競賽作品。像這樣的表達手法讓我們更感挫折，因為我們對於阿舍利的生活方式幾乎沒有什麼其他的支持證據了。隨著時間流逝，他們的生活方式可以變得更加複雜，而以西麥拉是相當晚近的遺址了。

在歐羅結撒依立耶，我們也找到了目前最有可能是早期手斧真正製造者的實際候選人。距離這處盛產工具的遺址不遠處，在相同的地層層級裡發現了化石碎片，屬於一個體型非常嬌小的個體（比圖爾卡納少年要小得多），遺址的開挖人員懷疑他是工具製造者族群裡的一員。他們將這件樣本描述為直立人，但事實上這麼認定的理由主要是因為他的年代，而不是因為身體形態。他的顱骨碎片看起來和爪哇的樣本（或圖爾卡納少年）完全不像，不過以現今的標準，將他視為人屬的早期成員是完全合理的。雖然他的大腦尺寸估算起來不足八百立方公分，但是這麼低的特徵值仍然在直立人和匠人的範圍內，尤其是考量到這個個體的嬌小體型之後。

大腦和大腦尺寸

在匠人和直立人身上，我們第一次見到人科動物大腦尺寸顯著增大的新篇章，而這是一個具有獨特重要性的主題。人科動物化石的大腦尺寸已經吸引了大量的關注，不只因為我們的大腦袋一直都是我們最自吹自擂的器官（至少它區隔了我們和其他動物），也是因為腦容量易於量化，只要你有一塊顱頂化石，而且保存狀態夠好，可以拿來量測或進行估算即可。人科動物的大腦尺寸在過去數百萬年內有個令人著迷的特點，它們毫無疑問隨著時間而顯現出愈來愈大的驚人趨勢。大腦尺寸在南猿稱霸的漫長時光裡約略維持不變，整體來說，非常晚期的南猿似乎擁有比最早的同類略大一些的腦袋，不過即使這樣的改變並沒有簡單反映在體型上，其中的差異仍小到不值一提。但是人屬一旦登場，一切都改變了。平均而言，人屬裡愈晚近的化石成員就可能擁有愈大的腦袋。這一點至關重大，因為我們頭殼底下處理資訊的方式，最能清楚畫分我們現代人和這個行星上所有其他生物之間的不同。雖說腦部尺寸大小並不代表一切，但我們的認知能力顯然仰賴我們所擁有的這顆大腦袋。

因此，大腦尺寸毫無疑問是人類演化的一項關鍵因素，但我們必須謹慎詮釋。尤其是在因演化綜論而導致的漸進式脈絡底下，古人類學家常常會想要將四散的小點簡單連接起來，畫出一條描繪大腦尺寸增加的單一連續線。兩百萬年前，我們祖先的大腦基本上和猿類一樣大；一百萬年後，腦容量增加了一倍；時至今日，我們的腦容量又再次倍增。這是再清楚不過的殘酷趨勢，比較聰明的個體青出於藍，勝過了那些比較笨的祖先。而且當我們回首過往，對我們這種經過時光淬鍊的物種而言，還有什麼更大的恭維嗎？你想想，這真正是古人類學家讓自己感覺良好的終極配方。

但是大腦尺寸的圖像還有別的切入點。首先，即使我們擁有的人科動物腦殼化石遠不及我們想要的數量，但也已足夠讓我們知道，大腦的尺寸在任何時間點都有很大的差異。在各種南猿物種之間，我們可以看見一個相當狹窄的腦容量範圍，大約從四百到五百五十立方公分；在接下來距今大約兩百萬年前的時期，我們從最早的人屬物種身上看見的範圍大概是六百到八百五十立方公分；然後到了距今約略五十萬年前，腦容量的範圍或多或少已經擴展到大約七百二十五到一千兩百立方公分了。

我們也在尋找各種令人印象深刻（但常常未能得到確認）的化石形態。以定年結果同樣都在距今約略一百萬年前的四塊東非顱骨化石為例，包括來自歐羅結撒依立耶的那個嬌小個體（腦容量估計少於八百立方公分）、衣索比亞布伊亞的一塊顱骨（七百五十到八百立方公分）、衣索比亞達卡的一塊頭蓋骨（九百九十五立方公分），以及發現自奧都韋峽谷第二層的一塊腦殼（一〇六七立方公分），這些化石都被歸類到直立人物種裡，但是每一個看起來都帶有決定性的差異，而且不只是和爪哇的直立人模式標本不同，而是彼此互異。這裡頭顯然大有文章，不是簡簡單單把它們整堆分類到直立人（或甚至匠人）就能了事，因為它們之中的任何一個看起來也都不太像圖爾卡納少年。

這個領域的傳統信念從幾年前開始遭到事實證據挑戰，因此導致了矛盾。這裡有個完美的例子能說明這種情形，一支在圖爾卡納盆地工作的研究團隊描述了兩件發現自依勒雷特區（位於圖爾卡

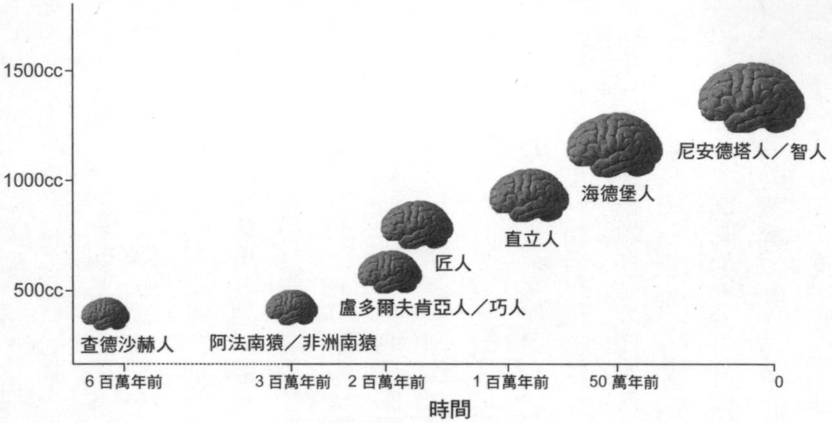

人科動物的平均大腦尺寸隨著時間變化的粗略示意圖。一開始是持平階段，然後大腦尺寸似乎在接下來的兩百萬年內持續增大。但是你必須謹記於心，圖中每一個腦容量值都是人屬之內、數量不一的各世系之平均值，而這幅圖表所反映的，其實很可能是腦容量較大的人科物種在各個時期搶先獲得成功的情形，而不見得代表了腦容量在單一世系內具有持續增加的趨勢。繪製：賈西亞。

納湖東側）的人科動物新化石，其中一件是構造單薄的腦殼，估計腦容量為六百九十一立方公分，距今約略一百五十五萬年前。雖然這件化石在形態學上並不具有任何爪哇模式樣本的標誌性特徵，但仍被歸類為直立人。另一件化石是一塊或許年輕了十萬年的下頜骨，被認為屬於巧人。研究人員為了這些發現而喝采，因為這項證據證明在約略同一時間的圖爾卡納盆地，至少居住著兩種不同的人屬世系，更強調了這一時期的人科動物多樣性。而那件腦殼化石之所以被研究團隊歸類為直立人，唯一能想像得到的背後邏輯，就只因為他們相信直立人是中間等級物種，屬於一支正在逐步演進的單一人科世系，而且這支世系遍布全球，並具有相當的多樣性。事實上，這種概念恰好就是他們表面上希望能夠破除的。

當然了，既然我們現代人類的腦容量範圍大約從一千立方公分到兩千立方公分不等，單憑過去的大腦尺寸變化，我們實在很難抗拒「單一而多變的人科世系隨著時間持續增大腦容量」的想法。但是最起碼，我們在這些用來容裝大腦的頭骨之間所看見的巨大形態學差異，強烈暗示了人科動物的世系並不只有一支。而且如果過去**確實**有過多種人科物種（很遺憾的是，我們並不知道他們的大腦尺寸範圍和地質壽命），那麼我們所見大腦尺寸在過去兩百萬年內持續增加的趨勢，很可能是由於腦袋較大的人科物種在生態競技場上獲得了勝利；換言之，也就是腦袋較大（所以較聰明）的個體具有生殖優勢。

這套「腦袋較大的物種持續取得勝利」的腳本或許可以視為一種暗示，在本質上，人科動物隨時間演進而擴增大腦的這種推動力，可能是一個生態學問題，是物種之外的事。話又說回來，也有一項重要的觀察暗示了人屬成員的大腦尺寸一直有增加的傾向，因為在人屬內部，至少有三支世系獨立出現了大腦的增大現象。爪哇那些最初的直立人的定年結果最早可能早於一百五十萬年前，一直到約略晚於一百萬年前，他們的腦容量下限為八百立方公分上下，上限則略微超過一千立方公分；另外一組比較晚近的爪哇群體雖然難以定年，但也許距今已有二十五萬年，他們的腦容量則有九百一十七到一〇三五立方公分；接下來，在所有爪哇直立人裡最接近現代的群體（距今或許不超過四萬年）之腦容量則是從一〇一三到一二五一立方公分不等。類似的情形也出現在智人和尼安德塔人身上，他們從一個腦袋較小的共同祖先（距今遠遠超過五十萬年前）開始分道揚鑣，然後各自獲得了尺寸不相上下的大腦袋。例如，有一系列六十萬年前的西班牙化石，就預示了尼安德塔人的腦容量約略是一一二五到一三九〇立方公分，而較晚近的尼安德塔人平均則有一四八七立方公分。

考量到直立人居住在地處熱帶的東亞，尼安德塔人住在冰河時期的歐洲，而智人的祖先則在非洲，這三支世系都獨立依循了腦部增大的趨勢，我們很難從中看見共同的環境脈絡。人屬動物在演化的極早期，必然不知怎麼地獲得了某種擴增發展腦部的潛在傾向，而這個傾向可能是生物上的，也可能是文化上的。如果想要完全理解我們如何成為這種非凡的認知個體，那就必然需要將這個傾向的因素給找出來。但如同我們之後將會讀到的，雖說大腦袋顯然是我們獨特的現代認知形式的一個必要條件，但其實並不是充分條件。

儘管如此，雖然人屬動物的大腦有增大的傾向，但並沒有什麼事是絕對會發生的。最近在印尼弗洛勒斯島的梁布亞洞穴有一項很了不起的發現，強勢地提醒了我們這一點。在那裡發現了所謂的「哈比人」，這種不尋常的人科動物（技術上稱作佛羅勒斯人）保存狀況最佳的樣本是一具嬌小的骨架，編號為 LB1。LB1 生前站起來不到一公尺高，雖然以雙足行走，但他的身體比例相當罕見。容納在 LB1 頭部小腔室裡的大腦或許只有三百八十立方公分這麼小，這樣的腦容量甚至比露西還要略小一些，而露西是所有已知的南猿裡大腦最小的一個。不只如此，或許最奇怪的是，這個個體存活的時間距今竟只有區區一萬八千年。

在這種完全在預期之外的哈比人公諸於世後，可以預期將引發大量的爭議。描述 LB1 的科學家認為，哈比人或許是直立人族群侏儒化的後裔，他們在遙遠的過去不知怎麼地設法抵達了弗洛勒斯島。這並不是一個難以置信的想法，因為在像弗洛勒斯島這種小型的獨立陸塊上，哺乳動物和爬蟲類出現「島嶼侏儒化」的現象並不罕見。事實上，在埋藏著 LB1 的同一個洞穴裡，也發現了小型象的骨頭化石。但是哈比人的解剖構造卻不太能暗示他們和直立人之間存在任何密切的關係，而且若LB1是正常的侏儒化過程之成果，他的大腦卻比你預期的或許要小了許多，即使他的祖先是大腦尺寸大致屬於中等的直立人也一樣。幾位權威人士提出了另一種建議，他們認為LB1就只是一個生了病的現代人類死後所留下的骨架，但是沒有任何一種他們提出的疾病症狀能夠適切符合哈比人的案例。隨著我們對這件樣本的了解愈來愈多，最終LB1和他的同類就愈有可能被證實是非洲的極早期出走者的後裔，他們所保存的古老特徵或許最後能帶給我們很大的幫助，讓我們得以知道那些出走者的模樣。與此同時，無論這起特殊的案例是否確實牽涉到某種程度的島嶼侏儒化現象，LB1都告訴我們，對人屬的成員來說，除了較大的模式之外，時間和大腦的增大並不見得一定得是同義詞。只不過這種說法或許恰好可以適切說明人屬的情況。

第八章　最早以四海為家的人科動物

在大約一百萬年前的這段時期內，描繪各種人科動物化石關係的系統化圖像仍然相當模糊，這是因為在非洲「創新中心」的相關化石數量稀少，而且相隔遙遠、分散四處，但是大約六十萬年前的情況卻相當明確。世界上最早擴散到整個舊世界的人科物種是海德堡人，我們就是在這個時期，得到了關於海德堡人身分的第一個跡象。一九〇八年，在鄰近德國城市海德堡的毛爾，有一處砂石坑裡發現了一塊下頷骨，海德堡人物種就是以這塊下頷骨為基礎，但是它的定年結果距今僅僅只有六十萬九千年。另外在法國的庇里牛斯，有一個叫做「阿拉戈」的洞穴，裡頭同樣也保存了一副臉骨和相關的頭骨，定年結果為距今約略四十萬年前。如果只看毛爾的頷骨，會讓人感到有點困惑，但幸運的是它和阿拉戈洞的化石樣本裡的頷骨對應良好。因為有了大部分頭骨的加持，我們可以很有信心地將以下這些化石同樣指認為海德堡人（或是某種非常接近的物種），包括來自衣索比亞波多的一塊距今六十萬前年的殘缺顱骨，還有尚比亞的卡布韋、希臘的佩特拉羅納，以及中國的大荔和金牛山的幾塊顱骨，再加上非洲和別處較不完整的其他樣本。大部分這些化石的定年狀況都相當差，但是似乎全都落在一個寬廣的時間範圍內，從距今大約五十萬年前，一直到約略晚於二十萬年前。但同樣不幸的是，我們對海德堡人的身體構造所知甚少，因為骨架化石的骨頭又少又分散（中國的金牛山樣本除外，但細節還未能在科學社群內完全公開）。儘管如此，我們確實知道的資訊，暗示了一種沿著基本的現代身體

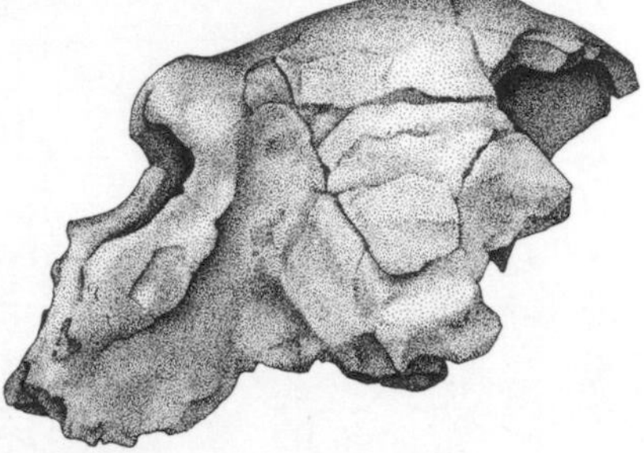

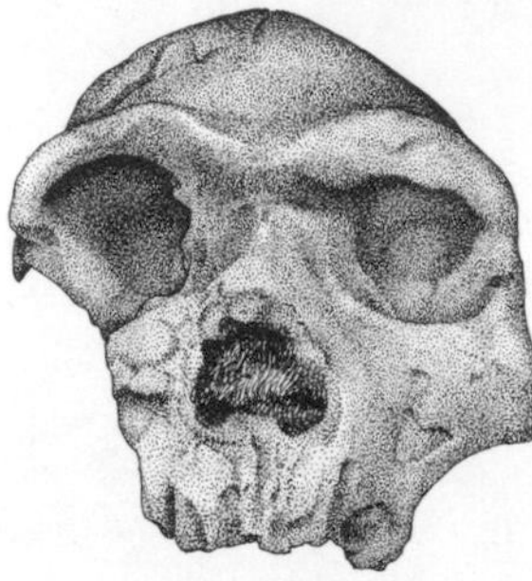

海德堡人的殘缺顱骨，來自衣索比亞的波多。圖中所示的樣本是這個物種已知最古老的化石裡的其中一件，距今已有六十萬年。繪圖：麥格納韓。

設計而打造的體型，不過他們非常強壯，有許多細節和我們不同，並且預示了尼安德塔人的骨架模樣。我們很快就會多談談這部分。

考量我們目前所知，看來海德堡人最可能在非洲崛起，然後擴散離開非洲大陸，就像在他們之前的最早人科動物出走者那樣。過去一百萬年內的考古紀錄吊人胃口地呈現出混亂的人科動物形態，而在這一團混亂之中，海德堡人的起源細節持續困惑著我們。但沒有異議的是，隨著海德堡人出現，我們進入了一塊全新的適應疆土。這個新物種憑著他們的顱骨形態再一次預示了未來，至少到達呼應他們過去的程度。他們有張結實但較為平坦的臉，齒列比他們的祖先短，眼睛上方高高突起，寬闊的顱頂內部容量介於一一六六立方公分到一三二五立方公分之間。現在我們很舒服地進入現代大腦尺寸的範圍內了，只不過這樣的數值還是比今天的平均略低了一些。

據說目前為止所有描述過的海德堡人，顱內模都顯現出增大的布洛卡區，但是除了這一點，那些進行研究的古神經學家卻令人失望地一直悶不吭聲，他們普遍對這些顱內模和現代腦部之間的相似處比較印象深刻，而不是那些差異點。儘管如此，雖然這些顱內模據說也顯現出大腦的不對稱性，就像我們在現代人大腦的左右兩半之間會看見的那樣，但是在我們雙眼正上方（對海德堡人來說是在雙眼中央的斜後方）的大腦皮質前額葉區和智人相較之下，通常以又寬又平做為特徵，恰好就是你看著他們那用來容裝腦部的頭骨時，心中可能會浮現的預期模樣。

現代人的前額葉皮質主宰了幾個心靈活動的關鍵區域，像是決策判斷、社會行為的表現，以及人格特質的表達等等，對我們複雜的認知能力來說相當重要。我們似乎可以很合理地做出結論，認定前額葉皮質在海德堡人身上所扮演的角色大致雷同。但是這兩種物種的前額葉區在外觀上的差異，對實際功能是否有什麼影響，我們就不大清楚了，尤其是關於海德堡人腦袋裡這塊腦區的內部構造，以及它和相鄰結構的連結關係，我們更是毫無頭緒。同樣地，我們也實在無法明確指出智人那略大一些的大腦尺寸，能為我們帶來什麼勝過海德堡人認知狀況的心靈優勢。這一切未知所代表的意義是，雖然我們可以單憑大腦尺寸合理地認為，海德堡人不知怎麼地比他們的祖先更「聰明」，但無論透過何種形式的直接觀察，我們都無法確定其智能增長的各種細節。我們又一次必須轉向考古紀錄所提供的間接指示。

我們手上最久遠的海德堡人化石如果不是缺乏任何考古脈絡（比如說毛爾），不然就是具有相當古老的關聯（比如波多）。事實上，在波多的頭骨重見天日的衣索比亞遺址裡，石器雖然頗為常見，但它們是奧都萬的那種類型，而且顯然沒有手斧。這個時候手斧其實已經發明一百萬年了，而且還在較底下（也就是較古老）的岩層裡出現過。我們再次在新種類人科動物的出現和創新的技術之間找不到關聯了。儘管如此，很有趣的是，在波多的樣本上有趁著骨頭還新鮮時留下的切痕，彷彿這塊頭骨的主人是遭到蓄意殺害似的。我們可以明顯推論出這種情形一定有人科動物介入，但除此之外，我們並不確定這代表了什麼。同類相食的可能性並不大，因為切痕出現在臉部和額頭，而這些部位能吃的肉很少。不過我們同樣也應該要謹慎一些，不要把這些切痕誤解成我們今日熟知的儀式場合之證據。

幸運的是，歐洲有許多考古遺址落入海德堡人的時間區段內，填補了故事的細節，有助於我們知道這時的人科動物都在忙些什麼。其中一處特別有趣的人科動物根據地在特拉阿馬塔，位於法國的地中海海岸城市尼斯的郊區。特拉阿馬塔所在的台地在大約三十八萬年前是片遠古的海灘，當時有一小群獵人多次回到此地（唉，但是沒留下任何屬於他們本身的證據）。他們在那裡搭建了許多大型的遮蔽物，由大塊石頭排列成的橢圓環是線索，而這些橢圓環是用來固定一排排的樹苗，樹苗以一端插在地上，然後在頂端交會。這些遮蔽物或許還覆上了獸皮，成為貨真價實的棚屋，關於這一點我們不得而知，但看起來很有可能。在這些得以保存至今的結構體裡，最有說服力的是石環的斷口，不只暗示了遮蔽物的入口，也是在遮蔽物內部直接生起的火堆產生的火煙逸散之處。火堆在一個從地面挖出來的淺坑式火爐裡燃燒著，考古學家在火爐裡找到了燻黑的鵝卵石和獸骨。根據推測，這些獸骨上的獸肉曾受過烹煮。特拉阿馬塔的火爐或許是繼以色列那個八十萬年前的例外事件後，關於用火能力的最古老堅實證據，而且這座火爐的存在等於是宣布「火」開始成為有紀錄可尋的、人類行為戲碼裡常見的一部分，因為從特拉阿馬塔的時代以降，火爐就是人科動物根據地裡愈來愈常見的一種特徵了。

建築結構和經常性的用火習性代表了朝向現代行為模式跨出的一大步，不過另一方面，在特拉阿馬塔發現的大量石器卻異常地簡單。找不到雙面成形的手斧，大部分的工具都只是製作出來的薄

最早有紀錄可尋的遮蔽物重建圖，來自法國的特拉阿馬塔，距今約三十五萬年前。用來增加結構強度的石頭排列成石環，其中的斷口標示出入口的位置，而就在入口進去的不遠處，有一座在地上挖出來的淺型火爐。概念：德拉姆利；繪圖：塞勒絲。

石片。這些工具之所以如此粗糙，也許是因為當地的岩石（矽化的石灰岩卵石）並不是製造切割工具的好材質，不過或許值得注意的是，特拉阿馬塔的人科動物從遙遠的地方帶回了一些紅色和黃色的顏料，顯然他們受到這些顏料的美學特性所吸引。

另一處同等不尋常、也同等有趣的遺址位在舍寧根，埋藏在德國北部一處厭氧泥炭沼澤裡。這個獨特的環境保存了最早的木製工具證據，還有十隻遭到屠宰的馬匹和大量的其他哺乳動物遺骸。不過很可惜的是（對我們而言），這些動物的獵殺者本身並沒有留下遺骸。死去的木材是很脆弱的材質，很少能撐過數十年，在最好的狀況下也很難保存幾個世紀，然而在很久很久以前，木材絕對是人科動物所使用的一種資源（南猿很可能會用樹枝來挖掘）。幾支大約在四十萬年前精心打造的長矛竟能保存至今，這簡直是個奇蹟。事實上，在這項發現之前，最早的木製器具是一個以短葉紫杉製成的矛尖，發現於德國的黎赫林根遺址，藏在一隻古菱齒象的肋骨之間，距今也僅僅只有十二萬五千年。根據推測，這個矛尖是狩獵的工具。

在舍寧根的沉積物形成時，那裡的環境氣溫涼爽，適合人科動物取食的野生植物資源的種類相當受限。因此，有人或許會猜想在他們的飲食內容裡，肉類必然占了很大的比重，這麼一來才能支撐居住在這個緯度的人科動物。但是這些矛的複雜程度還是讓考古學家感到很驚訝，因為許多考古學家在二十世紀的九〇年代中期（也就是舍寧根的木製工具發現時）仍然相信，任何古老的人科動物所使用的矛應該都是用手拿著往前戳刺的那種類型，但是舍寧根的矛顯然很像是一種投擲器具，它的長度超過一百八十公分，形狀像是奧運的標槍，重心集中在前端。這些矛的矛尖以雲杉製成，精細地做出一個尖銳的端點。雖然這些矛能像標槍一樣使用的想法已遭到推翻（因為木製的尖端很容易被大型哺乳動物的厚重獸皮彈開，除非投擲物是在非常近的距離內丟出，不過這樣投擲式的矛勝過手持戳刺式的優勢就不明顯了），但是據稱這些矛的設計仍是為了投擲，暗示人科動物已經開始進行複雜的埋伏狩獵行為了。無論這些人科動物實際採用的狩獵技術為何，這裡大量發現的各式遭到屠宰的大型哺乳動物遺骸，便證明了舍寧根人科動物的狩獵成效很好。

舍寧根遺址還有了另一個「最早」的紀錄，而且這一個可能更顯著。「複合式」工具是由一個以上的構件組合而成的工具，而發明這種工具是人科動物技術史上的一項重大創新。這項創新可以大幅改進效率，任何人只要曾經嘗試使用沒有握把的榔頭，就會明白這一點。在舍寧根，除了各種燧石的薄片，還找到了三段處理過的冷杉樹枝段，長度從數公分到三十公分不等，每一段的一端都有槽口。一般相信這些樹枝段是做為工具的把手之用，尖端有燧石薄片黏附（或綁束）在槽口裡。任何舍寧根的石器都找不到使用黏膠的潛在跡象，但是我們從稍晚一些的時間點得知天然的樹脂可以當成黏著劑，比如尼安德塔人就懂得這麼做。

如果舍寧根的木頭斷片確實是複合工具的握把，那麼這項改進在接下來的十萬年內，至少在歐洲引領了製作石器領域的下一次大躍進。在介於距今三十萬年到二十萬年前的某個時間，人科動物引進了「預製石核」器具，代表了一種塑造石頭形狀的嶄新方法。這種方法需要高品質、碎裂方式可預期的石頭，像是燧石或黑矽石。工具製造者為了將石核的兩側精心打造成想要的形狀，他會多次敲打石頭上仔細選定的適當位置，通常是使用骨頭或鹿角製成的「軟」榔頭，直到最後一擊使得工具成品從石核上脫落為止。這種製作方法或多或少會留下幾乎遍布石核表面的連續切邊，然後石核可以丟棄不用，或者再用來敲下另一片石薄片。如果有需要，這些石薄片可以接著再修整成特定的形狀，或許可以拿來刮東西或切東西。

在這種新的工具製作手段裡，我們顯然看見了新層次的認知複雜度進入了人科動物的行為戲碼裡。工具製造者不只要有能力在開始製作前就先「預見」工具成品的形式，他還必須能夠預先計畫及概念化幾個步驟，而不是埋頭苦幹，然後就這樣做出想要的形狀。這個製作工具的新方法究竟是在歐洲或非洲發明的（或是在兩地獨立發展出來），我們並不清楚，發明者的確切身分也同樣不明，但是這種方法代表的是一個適逢其時的想法，而且是在海德堡人稱霸的時期內發生的創新。有趣的是，在母體大陸非洲也有使用石槌製造「刀片」的早期證據（所謂的「刀片」，基本上就是有著平行兩側的薄石片，而且長是寬的兩倍以上），發現地是肯亞一處定年結果超過五十萬年前的遺址，這也是在海德堡人的時間跨度內。非洲出現這麼久以前的刀片，特別引人注目，因為像這樣從圓柱形的石核上敲下來的器具，只有在數十萬年後的歐洲發現過，而且那時來到歐洲的，是已經有著完整認知能力的現代人。刀片的製作是了不起的成就，不只牽涉到一系列複雜的動作，還必須對要加工材質的特性有扎實的了解。無論肯亞早期的刀片製造者究竟屬於哪個物種，他都完成了非常嚴苛的認知任務。

海德堡人存在於地球上的時期大約介於距今六十萬年到二十萬年前之間，因此他們見證了各種人科動物在許多生活方式和技術上的創新。雖然我們完全無法肯定地指出這些創新的肇始者身分，但我們倒是有合理的自信，可以將他們歸類到海德堡人或某種很類似的物種。他們是刻苦耐勞、足智多謀的一群人，藉著技術上和文化上驚人創造力的發展，他們所占據、開發的棲息地範圍廣泛，遍布整個舊世界。他們是敏捷的獵人，之所以有能力追獵大型獵物，是因為利用了複雜的技術、搭建出來的遮蔽物，以及對火的控制能力，而且他們具有前所未見的敏銳心靈，能理解自身的棲息環境，還擁有極好的石器（他們至少偶爾會把這些石器組合成複合器具）。整體來說，他們的生活比任何之前的人科動物都還要更複雜。

不過若只看這一點，我們不能很有信心地把任何敲碎石頭的技術視為某種符號化思維的過程，而且在海德堡人的整段稱霸時期內，任何人科動物在任何地方所製作的任何東西，都不能讓我們肯定地說那是個「符號化」的物件。或許只有一些非常晚近的物品具有資格符合這方面考量，其中有一個是在貝列卡特藍出土的「維納斯」。貝列卡特藍位於戈蘭高地，是以色列考古學家於一九八一年探勘的一處距今二十三萬年前的遺址；而「維納斯」是一塊小小的卵石，形狀約略形似女人的軀體。有人認為這件物品在擬人化方面透過三道刻意刻畫出來的溝槽而得到了強化，不過我們仍然不確定它是否牽涉到任何具有目的性的人類活動。第二個競爭者是一對由鴕鳥蛋殼製成的穿孔小圓盤，發現自肯亞，這對圓盤是否被用來當作個人裝飾的物品（因此有符號化的意義）仍有疑義，更有疑義的是它距今是否已有二十八萬年。這件物品的定年結果和詮釋都一樣純屬理論，而且顯然沒有任何物質紀錄能夠證明資訊的符號化運用能力是海德堡人的認知本領裡常見的一部分。如果真是如此，我們應該會預期能看見更多物證。

海德堡人絕對是一種卓越的物種，而且在他們還存活的時候，這個物種的成員無疑是地球上所有曾經出現過的生物裡最聰明的。雖然我們可以在他們身上看見許多和我們的相似之處（就像我們在黑猩猩身上可以很輕易做到的那樣，不過我們和黑猩猩的相似程度較小），但海德堡人並不只是我們的簡單版本。如果我非得下注賭看看，我會說這些人科動物的智能或許看來強大，但其實只是純粹的直覺，而且是非陳述性的。他們既不像我們以符號化的方式思考，也沒有語言。因此，就認知方面而言，我們當然不能很有效地將他們視為我們的另一種版本；相反地，我們需要以他們自己獨特的用語來理解他們。就像我先前所強調的，即使在天時地利的情況下，這都不是很容易做到的事，而且在海德堡人的案例裡，我們所擁有關於這些人科動物生活方式的線索更是少得叫人心焦不已，所以想理解他們就更困難了。

第九章　冰河時期和早期的歐洲人

非洲大陸一直是人科動物演化史上的創新泉源，有一部分原因只是因為在追尋人類的過往時，這裡所進行過的搜羅比地球上任何其他地方都要更深入。不過歐洲也擁有大量的考古資源，我們能藉以理解自己和最親近的已滅絕親戚物種之間有著怎樣的差異。若想要尋求這樣的理解，關鍵在於我們對歐洲特有的人科物種尼安德塔人的了解有多廣。尼安德塔人是紀錄狀況最好的物種，勝過其他任何已滅絕的人科親戚，而且相當重要的一點是，尼安德塔人的大腦跟我們的一樣大，甚至還略大一些，因此尼安德塔人最適合拿來當作一面反射我們自身獨特性的鏡子，他們就是人科動物「大腦袋瓜」主題下的另一種樣貌，有助於我們進行估量，在代謝成本高昂的「腦袋愈大愈好」之主軸底下（不管是什麼原因，這個主軸似乎主宰了人屬的歷史），現代人類自吹自擂的心智才能是否只是一種被動的副產品。為了使對照更為完整，我們可以拿自己的行為和推論得知的尼安德塔人行為比較，而我們對他們行為的推論相當詳盡，叫人不太習慣，這是因為關於尼安德塔人的生活方式，他們替我們留下了不尋常的完整物質紀錄。透過這樣的比較，我們或許有希望能取得某種觀點，可以精確指出到底是什麼使得我們成為今日世上唯一的人科動物，而且我們同時還是一種以前所未見的方式與世界互動的物種。但是在我們開始談論尼安德塔人替人類故事添加的新元素之前，先讓我們很快看一下後來的人科動物演化出現時的氣候背景，因為就有機世界的演化而言，環境變遷（無論規模大小）一直都是最重要的單一驅動力，對人類來說也不例外。

冰河時期

我們已經提過，早在我們的屬（人屬）起源之前，全球各地的氣候正在逐漸惡化，刺激了早期人科動物所占據的那些相對開闊的非洲棲地發展。這股趨勢在大約三百萬年前有了強大的推動力，當時北美洲和南美洲的碰撞造就了巴拿馬地峽，而這道新出現的陸地屏障阻擋了來自太平洋的溫暖洋流進入大西洋，加速了非洲的冷卻及旱化趨勢，北極冰冠也開始形成。我們可以看見這起事件的結果，戲劇性地表現在從約略兩百六十萬年前開始的非洲化石紀錄裡，適應草原生活的草食動物激增，以樹葉或嫩枝為食的較古老生物形態則消失了。有些權威學者相信，在這段時期前後，因為環境變遷而導致的動物相變化，就是促使我們人屬出現的最重大刺激。無論事實是否確實如此，這起背景事件無疑開始了一個新的氣候周期，對人科動物演化的後續階段造成了深遠的影響。非洲的氣溫仍然相對溫暖，但是這片大陸深受大量起伏的降雨量影響。歐亞大陸受到的影響還要更大，就連人科動物在約略兩百萬年前開始移入的較高緯度地區，也同樣受到氣溫顯著偏離的牽連。

北極冰冠始於大約距今兩百六十萬年前，代表了冰期和間冰期交替更迭的「冰河時期」循環由此開始，地球兩端的冰冠隨著周期，規律地擴張又縮減。這些起伏的發生，是因為地球在繞日軌道上的變化，造成行星表面接收到的太陽輻射產生差異。但是在一百萬年前左右，廣大的塞倫蓋蒂式莽原逐漸出現在非洲的一些地方，這次周期平靜了下來，旋律相當穩定，大概每隔十萬年，氣溫便會從寒冷的波谷擺盪到溫暖的波峰（我們現在正經歷的時期就是波峰）。在兩個極端之間還有許多短期的振盪，有時這些振盪實在相當短暫，就像從十六世紀持續到十九世紀的「小冰河期」，就呈現出三次明顯的最低氣溫。

在最寒冷的時候，北極冰冠會往南一路延伸到北緯四十度，覆蓋大部分的歐亞大陸，而阿爾卑斯山、庇里牛斯山，以及其他歐亞大陸山脈的較小冰冠也會增長，有時連成一線，形成無法克服的地理屏障。鄰近這些冰冠的環境在本質上各有不同，端視當地的地形特徵以及和海洋之間的距離而定。但是在大多數地區，冰塊很快就讓位給凍原，永凍層之上一層薄薄的土壤長著莎草、地衣和雜草，支持了為數眾多的草食哺乳動物，像是麝香牛和馴鹿。在遙遠南方的受遮蔽區域，植被長得較高，松樹林最終退讓給有鹿群漫步其中的針闊葉混合林。隨著氣候愈發溫暖，冰層往北退縮，植被也跟著前進，裡頭的動物相也一起被帶著往北遷移。至於南邊的情況，闊葉林在較溫和的時期內稱霸一方，比較乾燥的地區則讓給了地中海型的灌木。隨著這一切的進行，地形本身也改變了，因為海水在較冷的時期會被封鎖在冰冠裡。在冰層覆蓋面積最廣的時候，世界的海平面比今天低了超過九十公尺，因此有些溫暖時期的島嶼（像是不列顛和婆羅洲）便會和鄰近的大陸相連，使得大陸的海岸線往海的方向退了很遠；而在較溫暖的時候，步步進逼的海洋無疑多次淹沒了許多人類冰期棲地的主要遺址。

最近一次的正式地質測定界定（有些人不大認同），在距今約略兩百六十萬年前的那一次冰期循環開始時，就是地質學家所謂的「更新世」時期之始（「更新」就是「最接近現代」的意思），然後更新世一直延續到距今大約一萬兩千年前、最後一次大規模冰冠退縮的時候。接下來是地質學家所知的「全新世」（意思是「完全最近」），不過除了人為的衝擊，我們並沒有好理由認為自己能不受到冰期循環的影響。無論你打算如何定義「人屬」，它都是更新世的產物，而事實是，我們的祖先是在環境條件漸趨不穩定的時期內演化出來的。這一點在母體大陸非洲和歐亞大陸都是對的，非洲的降雨量在壓縮的時間尺度內有著劇烈的變化，而廣袤的歐亞大陸在這段時間內則是周期性地變得不適合人科動物居住。因此我們絕對不能昧於事實，認為更新世的人科動物演化是在某種特定環境、甚或是某種環境趨勢底下的穩定演化過程。相反地，人類的演化故事比較戲劇化，若遭受變動情況的打擊，人數極少的人科動物族群常會退縮，或者在某處滅絕，只因為他們在不對的時間出現在不對的地點。

雖然如此，值得注意的是無論在非洲或歐亞大陸，更新世提供了理想的條件，規律性地分散了本就人口稀少的人科動物族群，有助於新的遺傳特徵在各個地區固定下來，也有助於物種形成。對於像人科動物這樣的生物而言，固定遺傳特徵和物種形成的過程都有賴於實際的隔離狀態，以及較小的族群規模。冰河時期的情況對人科動物個體常常是很嚴苛的，但是再也沒有別的環境，比我們那些高度機動、適應能力強、足智多謀的更新世祖先所身處的環境更適合進行有意義的演化變遷了。整體來說，這種內在因素和外在因素的結合，或許就是人科動物在更新世演化速度驚人的原因。無疑地，人科動物在這一段地質年代內發生的演化史事件，比當時任何可以相提並論的哺乳動物群體都要多上許多。如今我們和最早期更新世祖先之間的差異，比起這顆行星上其他生物和牠們更新世祖先的差異，要大得多。

相較於專化程度較高的物種，一般而言那些在生態方面比較多才多藝的物種會有較低的種化率及滅絕率，所以諷刺的是，人科動物這次能夠快速進行演化，幾乎可以肯定是因為我們那多才多藝的祖先結合了靈活度和彈性，再加上他們在快速變動的世界裡，具有隨時往新環境擴散的傾向。因為人科動物連帶採行掠奪式的生活方式，使得族群結構稀疏而分散，或許有助於這個過程的進行。有些非常近期的發現也指出相當出乎意料的結果，在更新世動盪的條件底下，新基因進入了人科動物族群裡，有可能是某些彼此間差異很小的近親人科物種偶然發生混種。

但是最後有一項完全為人科動物所獨有，而且在某些方面看似自相矛盾的重要因素，那就是人科動物擁有複雜的文化，尤其是在技術方面的呈現。如果不是因為我們的祖先有能力利用技術適應不熟悉又極端的條件，他們的探索傾向可能永遠無法得到滿足。一般常視文化為一項有助於人科動物隔離環境影響的因素（而且這種看法有正當理由），人科動物因此能不受到天擇影響。但是在這個特定的情境底下，「文化」在促使數量稀少的人科動物四處分散這方面所扮演的角色，或能真正有助於說明人屬何以在更新世演化得如此快速。

早期的物質學家使用冰河進退的物質證據建構出更新世的年表，比如說被冰河帶著走的石塊會在峽谷側壁和地面造成水平刮痕，這種石頭也會在冰河融化時被留在原地而形成沉積層。但問題是每次冰河擴張，就會將上一次冰河遺留下來的大部分證據清除殆盡，最後生成的觀察結果解讀起來簡直是一場噩夢。以前我們將更新世區分成四個主要的冰期和間冰期，但自從二十世紀的五〇年代以來，這種區分方式就被新的年表取代了，這個新年表的基礎，來自鑽探海床沉積物、格陵蘭，或南極冰冠，對取得的長柱狀冰核進行現代年代學分析及地球化學分析。

就這兩種分析方式，受青睞的方法同樣一直都是測量不同質量氧同位素的比例，而用來測量的樣本可能是積冰本身的冰層，或是微生物的外殼。這些被拿來測量同位素比例的微生物本來生活在海水表層，死後才下沉到海床，形成一層泥沙堆。同位素的比例提供了當時氣溫的指引，因為較輕的同位素比較容易自海水裡蒸發。在寒冷的時候，蒸氣以水或雪的形式沉澱在極地，那些較輕的同位素就會被「鎖」在冰河裡，因此冰冷的海水和裡頭的微生物便富含較重的同位素，至於較輕的同位素則是在冰冠裡的含量較豐。所以冰層和海床岩芯裡的同位素比例和冰層及沉積物形成時的氣溫高度相關，由於這些岩芯提供了同位素比例起伏的連續紀錄，因此也揭露了不同時期的氣溫變化。

根據這些資料，古氣候學家能夠辨識出從更新世開始的一百零二個不同的「海洋同位素時期」，由最接近現代的時期開始依序編號，所以溫暖的時期得到奇數編號，寒冷的時期則得到偶數編號。我們現在身處溫暖的海洋同位素第一期，前一次冰期高峰的編號則是第二期，以此類推。在每一個氣溫起伏的主要階段內，都有許多較小的波峰和波谷，稱之為「階段」，其中有一些階段明顯到擁有自己的編碼。舉例來說，海洋同位素第五期就被分隔成5a、5b，一直到5e等五個階段。其中年代最久遠的階段（5e）非常溫暖，當時的海平面比現在還要高出好幾公尺。

回到更新世的早期，氣溫的振盪雖然不是非常明顯，不過常常發生。但是隨著我們愈來愈接近現代，振盪的間距也愈來愈寬，而且愈發激烈。將特定的人科動物化石遺址與海洋或冰冠的次序搭配，並不大容易，因為有時候確切的定年結果並不可得。但是由於不穩定的環境條件通常會造成動物相的頻繁改變，相關動物遺骸的身分常常可以提供珍貴的線索。在任何情況下，只要結合了新的定年方法和獨立的氣候測量技術（像是分析花粉化石和土壤等等），我們對於祖先當年必須克服的環境挑戰，就能有相當不錯的概念。

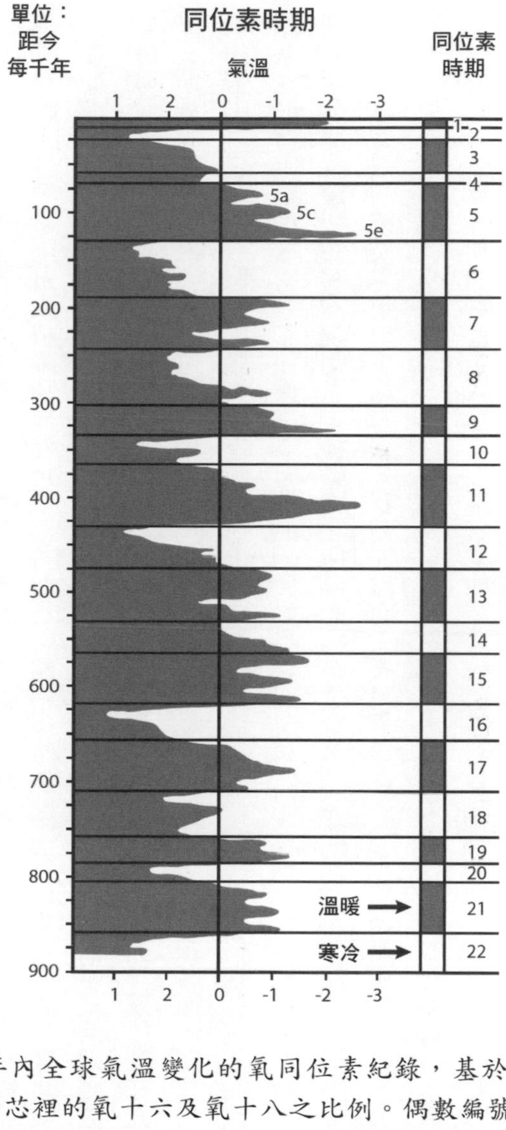

過去九十萬年內全球氣溫變化的氧同位素紀錄，基於來自印度洋和太平洋海床岩芯裡的氧十六及氧十八之比例。偶數編號的時期相對較冷，而奇數編號則相對較暖。在每一段主要時期裡，都有相當程度的氣溫振盪。資料來源：沙克爾頓和海爾（一九八九年）；製圖：斯特緋。

第一個歐洲人

我們必須考量到，在早期人科動物占據歐洲時，他們必須對抗不穩定的氣候和地理背景。就在不久前，學界一般還相信早期的人科動物是在相對晚近的時間點才首次進入歐洲，而且絕對比南亞的部分要晚上許多，因為人科動物族群可以沿著亞熱帶的海岸線擴展，藉此抵達南亞。德馬尼西恰好就位在亞洲和歐洲之間的關鍵地點，那裡的發現出乎意料地透露出，人科動物很早就滲透了溫帶地區。現在我們有個來自伊比利遺址的直接物證，能證明人科動物在一百二十萬年前，就已經在西歐落地生根了。這個證據來自一處叫做「司馬德爾埃爾芬特」的遺址，位於西班牙北部具有石灰岩質的阿塔普埃爾卡山，包含了一塊人屬動物的下頜骨，上頭還有幾顆磨損的牙齒。由於保存狀況不完整，無法指認為任何特定物種。有些和這件樣本有關的哺乳動物化石，暗示了這種人科動物生存在相對溫暖的時期，而奧都萬類型的石器說明了人科動物之所以能夠在這麼早的時間點滲透伊比利半島，並不是因為他們擁有先進的技術。至於生活方式，我們並沒有太多可著墨之處。主要還是出於方便，發現司馬德爾埃爾芬特化石的科學家團隊，姑且將這件化石連結到另一些相似的人科動物化石碎片，而這些化石碎片是來自格蘭多利納附近的阿塔普埃爾卡遺址，過去已被歸類成一種稱作「前人」的新物種。

這個距今約略七十八萬年前的較晚近物種引起了特別的關注，因為阿塔普埃爾卡的科學家團隊相信它可能代表了尼安德塔人和智人世系的共同祖先。雖然格蘭多利納確實約略處於正確的時間範圍內，使那裡的人科動物得以扮演這樣的角色，但是他們在完整的演化圖像裡仍無明確立足之處。事實上，前人的化石至少同樣可能是一種早期「失敗」的人科動物，而這種失敗的人科動物只有短暫走出非洲、進入歐洲，但和後來在歐洲半島安身立命的尼安德塔人之間並沒有直接關係。儘管如此，如果真的有某種直接關係能回溯到司馬德爾埃爾芬特的人科動物，那麼人科動物最早占據歐洲的時間點一定是在很久以前。而且如果你想找尋連續性，或許可以找到更進一步的證據，因為來自阿塔普埃爾卡兩處遺址的粗糙石器並沒有太大的差異。

在格蘭多利納發現人科動物的地點似乎是一座遠古洞穴的入口，人科動物在一段相對溫和而潮濕的時期占據了這座洞穴。阿塔普埃爾卡的科學團隊宣稱前人是尼安德塔人和現代人的共同祖先，這項宣言值得注意的程度並不亞於他們的另一個結論，那就是，這些歸屬到前人物種的骨頭碎片呈現同類相食的證據。目前為止，從格蘭多利納重見天日的骨頭化石通常嚴重受損，許多都有使用石器切割、砍劈，以及削刮而留下的痕跡，伴隨著讓人強烈聯想到屠宰的骨折跡象。更重要的是，即使考量不同物種之間的差異，這些骨頭不分人類或非人類，全都受過相同的處理方式。這暗示了這些屍骸全都做為同一個目的：食用。這裡的人類遺骸絕對沒有任何經過特殊或儀式性處置的證據，因此我們有充足的理由相信，在七十八萬年前居住於格蘭多利納的人科動物會以其他的人科動物為食。雖然不是每個人都完全接受這樣的詮釋，但「同類相食」仍然是個相當有力的論點，而且阿塔普埃爾卡的研究團隊最近對他們的結論再次做出了堅實的辯護。

論證他們的同類相食習性只是個開端，許多問題接踵而來，其中最重要的問題是，究竟是誰在吃誰？又是為了什麼？對現代人類來說，同類相食的行為具有各種符號化的弦外之音，舉例來說，吃下同類還是吃下陌生人，意義就不一樣。阿塔普埃爾卡的研究團隊排除了格蘭多利納所有符號化的可能，強調那些慘遭宰殺的樣本（十一個小孩和青少年）並未經過特殊處理，而且牽涉到的屠宰技術是為了盡可能取下最大量的可食用部位，包括腦子。有個想法是，這些在格蘭多利納遭到屠宰的人是單一群體在饑荒時期的受害者，但由於研究人員找不到證據支持此想法（事實上，在這個資源豐富的棲息地裡，屠宰行為可能歷時達數萬年之久），他們提議同類相食行為是前人生存策略裡尋常的一部分。他們甚至進一步推測，由於這些被吃掉的人年紀都很小，或許他們是襲擊鄰近族群的獵人手下的脆弱受害者。

令人遺憾的是，除了那些遭到宰殺的屍首化石以及用來支解他們的石製器具之外（其中大部分屍首都是在洞穴裡被直接砸碎），單在格蘭多利納一處並沒有太多的直接證據。舉例來說，找不到用火的跡象，也沒有任何和人科動物有關的其他活動跡象，不過有些殘餘的植物，或許暗示了他們的飲食內容更全面，而非單憑骨頭認定的那樣。幾乎可以肯定的是，阿塔普埃爾卡的研究人員不認為這堆被屠宰的人科動物具有任何儀式性的暗示，他們是對的。而且如果同樣地，他們另一個結論也沒錯，也就是，這種同類相食習性是當時飲食生活裡習以為常的一部分，那顯然暗示了相關的人科動物並不具有今日現代人類社會裡常見的那種顧及他人的心情。而不管發生在我們智人歷史上的什麼時候，受到社會認可的同類相食行為（無論是在族群內或族群間）始終都是為了儀式，或者是歷經內心掙扎後才發生的「特殊」行為。格蘭多利納這般習以為常的同類相食習性令人心驚，暗示的是完全另一回事；而且對我們而言，更是格格不入的一種習性。

尼安德塔人的起源

雖然我們不可能直接畫出一條直線，連接格蘭多利納的前人和後來的尼安德塔人，但是驚人豐饒的阿塔普埃爾卡區域有另一處遺址，提供了我們目前為止關於尼安德塔世系早期成員的最佳證據。一直要到距今二十萬年內，尼安德塔人物種才出現在歐洲的化石紀錄裡。但是距離格蘭多利納幾乎只有一箭之遙，巨大的馬約爾洞穴產出了一種在古人類學領域中極不平凡的現象，而這種現象帶給我們對尼安德塔世系早期階段的卓越洞察力。洞穴深處是一座豎井，幾乎深達十五公尺，在豎井底部的狹窄小空間內埋藏著我們目前發現過最集中的人科動物化石，無處可堪比擬。人科動物化石相當罕見，古生物學家通常只要發現一兩件，就會覺得自己很幸運了，但是這個西班牙豐饒角的帶頭發掘者曾對我說，他們是世上唯一可以奢侈地決定要在下一個賽季開挖多少人科動物化石（可能是幾十件，甚至是一百件），然後在達成目標後就停手的團隊，也難怪這個驚奇之處會被稱作「骨坑」了。可以肯定的是，對開挖作業來說，那是個極其狹窄、難搞，又讓人不舒服的地方，但是在裡頭每一刻的痛苦都很值得。

骨坑的最初發現者是洞穴的探勘人員，他們在發現已滅絕的穴熊骨頭後通知了古生物學家。自從系統化的開挖作業於二十世紀的九〇年代在那裡開始進行，這處遺址已經產出了數百件人科動物化石，至少屬於二十八個個體的遺骸，男女皆有。雖然個體骨架一如既往還是相當殘缺不全，但是骨頭本身的保存狀況倒非常不錯，所以科學家能夠重新組合這裡的上百片碎片，拼湊出六副約略完整的顱骨，以及顱後骨的許多組成構件。像這樣來自單一地點、屬於單一滅絕人科物種的這麼大一塊同質樣本是前所未見的發現，而骨坑給了我們一個獨一無二的機會，得以一瞥某種滅絕人科物種的生物學特徵，甚至是他們的人口調查。在坑底發現的骨頭所屬的那些個體，範圍從唯一一個小孩到幾個較年長的成年人（年齡介於三十五到四十歲之間），其中半數死於十到十八歲之間。根據推測，雄性的體型比雌性大，體型差異程度大概就像你會在現代人類身上看見的那樣，而且還有一個雄性個體站起來幾乎有一百八十公分高。

這些傢伙體格健壯，有著粗壯的骨頭，每一個或許都比同樣身高的現代人類還要重上不少。幾乎可以肯定的是，他們和我們相較之下非常強壯。與此同時，他們的大腦平均比我們小了一點，三副顱骨的腦容量範圍介於一一二五到一三九〇立方公分之間。他們的骨盆寬闊，產道足以接受現代新生兒的頭顱大小。這些個體出現在世上時，他們所面臨的生活並沒有什麼飲食上的壓力。如果個體處於營養失調的時期，我們可以從生長中的齒冠的琺瑯質裡找到端倪，而比起近期智人族群裡的典型情況，營養失調的證據在骨坑裡更少見。據信他們所處的環境物產豐饒，所以這也不意外。

針對與骨坑約略同期的哺乳動物骨頭進行研究，結果暗示，自格蘭多利納時期以來，西班牙北部稍微變冷了一些，但是骨坑裡的人所居住的地方是一片開闊的林地，裡頭支持了多樣的動物相。阿塔普埃爾卡的研究團隊相信骨坑裡的人科動物或許是當時的主要獵食者，不過他們大概也和起碼兩種類似獅子的大型貓科動物競爭（這些貓科動物最近才抵達這一區域）。骨坑裡的個體在頜骨關節罹患關節炎的患病率和他們嚴重磨耗的牙齒相當一致，這不只指出他們吃的是非常堅韌而粗糙的食物（或許包括摻雜了砂粒的植物成分），而且他們還普遍用牙齒進行像是處理獸皮之類的工作。雖然其中保存最佳的頭骨顯示出某種齒部感染的證據，而且這副頭骨的主人可能就是（相當痛苦地）死於齒部感染，但是這件樣本的許多牙齒都具有因為頻繁使用牙籤才會有的最佳衛生狀態。

骨坑的人科動物在顱骨和顱後骨的形態，和其他地方已知的任何東西都不像，它們的確和尼安德塔人明顯相似，但也不是尼安德塔人。尼安德塔人是一種在形態學方面已有良好描述的物種，他們的頭骨有許多具高度識別性的特徵。並不是所有獨特的尼安德塔特點都可以在骨坑的人科動物身上見到，不過其中有些的確如此。舉例來說，他們在兩眼上方都有呈微妙弧形的粗厚眉脊，後腦勺都有一個異樣的橢圓形凹陷，稱作 suprainiac fossa*。骨坑裡的人科動物專化程度較低，也比較原始，這一點可以從他們兩側高聳的顱頂和相對寬闊的臉部下半部看出。他們絕對是尼安德塔人的前身，但是他們所在的時間區段較早，所以彼此並不相同。

要對坑底成堆的骨頭進行定年並不是件容易的事，但幸運的是，骨坑內的碎石堆積累不久後，就有富含石灰質的水流流過，在上頭覆蓋了一層石灰蓋。透過石頭裡的方解石晶體所含的放射性鈾同位素，現代科技使得我們有可能對這樣的「流石」進行定年。鈾這種不穩定的同位素，會以一定的速率衰變生成本來不存在的穩定釷同位素，所以這兩種元素之間的比例能讓你判斷流逝的時間長短。對骨坑流石裡的兩種同位素進行的高精度測量，結果是一系列集中在距今約略六十萬年前後的時間，其中最接近現代的定年結果是五十三萬年。這些人科動物的骨頭還是有可能像一開始我們所相信的，比測量結果更年輕，但是無論如何，這些時間點絕對都可以是尼安德塔人祖先生存的時間。

所以這一堆支離破碎的遠古個體到底在這個陰暗洞穴內又深又窄的豎井裡頭做什麼？這裡絕對不

*編注：suprainiac fossa 並無對應之中文譯名，為位在枕外隆突下方的凹陷。

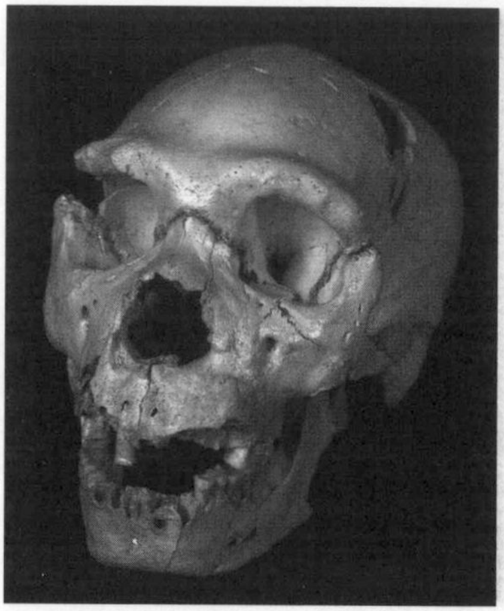

來自西班牙阿塔普埃爾卡的「骨坑」，由碎片重組而成的五號頭骨。發現這副頭骨的遺址產出了至少二十八個個體，距今約略六十萬年前，這是其中保存最佳的一副頭骨，也是我們有過的人科動物遺骸裡最驚人的貴重發現。這些個體所屬的族群是尼安德塔人的祖先。攝影：莫布雷。

是生活的空間，二十八個人科動物個體一起因為意外摔進洞裡又是很不可能發生的事，也沒有跡象顯示這裡或許是肉食動物的巢穴，不過確實有很多肉食動物也掉了進去，包括穴熊在內，牠們可能是在尋找棲息地時被困在此處，其他的肉食動物則也許是受到牠們腐爛屍體的惡臭吸引。但是坑底沒有任何食葉或食草動物的化石，所以這些動物化石絕對不能視為當地動物相的隨機取樣。阿塔普埃爾卡的研究人員認為這些人科動物一定是被他們的同伴故意拋進坑裡，據推測這是他們在洞穴外頭某處喪命後的處理方法。

並不是每個人都接受這個解釋，但是阿塔普埃爾卡的研究團隊提出一項驚人的佐證，在坑底唯一找到的人造物品，恰好是一個以玫瑰色的石英岩製成的閃亮手斧。在阿塔普埃爾卡的任何屬於這個年代的遺址，這一類的人造物品是很不尋常的，甚至就連石英岩也很罕見。早期的石器製造者很重視好原料，尤其是當那些拿來製作石器的石材具有美學吸引力時，阿塔普埃爾卡的研究團隊認為這把「王者之劍」對其持有者而言是相當特殊的物品，這個想法幾乎能肯定是正確的。至於他們認為它是公開儀式用品的想法是否也無誤（顯然它從未用作任何特定的用途），就更值得商榷了。新的推論更進一步假設它是符號化的物件，把它投到坑裡是喪葬儀式的一部分。如果實情確實如此，那麼它或許至少暗示了骨坑的人科動物已經發展出真實的同情心，而這項證據當然支持了西班牙研究人員的觀點，他們認為骨坑裡的人已經具有某種符號化思維的能力。

不過我們這是在對單一獨立觀察賦予許多意義，而這次發現的真正意義完全純屬推測。可惜的是，我們並沒有關於骨坑裡的人科動物的其他考古知識。在其他任何地方都沒有發現像他們的化石，我們無法很有信心地將他們連結到歐洲同一時期（非常罕有）的考古遺址的物質表現（也有個可能，舍寧根的矛尖或特拉阿馬塔的小屋其實並非出自同時期的海德堡人之手，而是尼安德塔世系的晚近成員做的）。

骨坑化石的發現者將它們歸類為海德堡人（但他們顯然不是），而不是將它們視為一種和尼安德塔人有關的新物種（但海德堡人顯然不是），因此情況又更令人感到困惑了。但是既然他們的形態學構造顯示出骨坑裡的人科動物毫無疑問是一種先於尼安德塔人的生物形態，或許有另一個辦法能判斷他們是否已具有符號化的思維。較晚近的尼安德塔人留下了豐富的考古紀錄，提供我們一個能據以做出這種評斷的更堅實基礎。如果尼安德塔人具有符號化的思維，那麼骨坑裡的人科動物或許也有；但是如果他們的後繼者尼安德塔人不具有符號化思維，那麼他們當然也不會有。

第十章　尼安德塔人是何方神聖？

尼安德塔人在人科動物的萬神殿上具有重要的地位，因為他們是最早發現、最早命名的滅絕人科動物，而那是十九世紀中期的事了。主要是因為這次歷史的偶然之故，在思量我們自身的演化時，尼安德塔人總是占了一席之地，雖然早有證據顯示，他們並非以前所認為的是人類的直接祖先，而且現在學界已有普遍的共識，認為他們本身就值得被視為一種獨特的人科物種。古人類學界組織通常內部爭議不斷，但是在決定某件特定化石是不是尼安德塔人時，他們的異見卻少得叫人驚訝，這證明了尼安德塔人的獨特性。

最早的獨特尼安德塔化石是一塊顱骨，來自法國北部一處稱作「比亞什聖瓦斯特」的遺址。它的定年結果至少始自十七萬年前（海洋同位素第六期），而伴隨的動物相暗示了當時的環境普通寒冷。如果你想要將尼安德塔人的最早出現時間點再往回推一點，你或許會把來自德國賴林根遺址的一件稍微較不完整的顱骨也算進去，它的定年結果不太有把握，大概是海洋同位素第八期，也就是二十五萬年前。另一件來自施泰因海姆（同樣也在德國）的較完整樣本約略處於同一時期，雖然這件樣本和骨坑裡的人科動物相較之下，具有較多的尼安德塔特徵，但是和他們一樣並不全然是尼安德塔人。這些逗弄人的發現，暗示在這段時間前後，歐洲的人科動物歷史事件比一般認定的還要更複雜，也暗示了我們永遠不大可能發現超過二十五萬年前的尼安德塔成人化石。不過顯而易見的是，尼安德塔世系出現在歐洲的時間必然介於骨坑和賴林根之間，我們對這一點知道得並不多，有可能是因為這一區域多次經歷冰期和間冰期的效應所致。

我們在歐洲之所以能有這麼良好的人科動物紀錄，原因之一是因為大量出現的石灰岩，提供了人科動物會很想拿來做為遮蔽處的洞穴和突岩。每次冰蓋溶解後流過整片土地的大水，大概常常會把他們在這居住遺留的殘骸沖走，但是證據已足夠充分，讓我們知道在尼安德塔人世系存活的時期內，海德堡人也在歐洲。這項知識強烈支持了在更新世中期（介於距今約略七十八萬年前到十二萬六千年前之間），各種人科物種正在歐洲演奏著一曲複雜的小步舞曲。如果真是如此，有著大腦袋的尼安德塔人就是這場特別競賽的勝利者，因為至少從比亞什聖瓦斯特的時期之後，他們就是這片次大陸唯一的占有者了。

在他們歷時二十萬年的存活時間內，尼安德塔人廣布於歐洲，還深入西亞。他們的化石發現地往南最遠到直布羅陀和以色列，最北則到芬蘭，在那裡發現了一處相當早期的尼安德塔遺址，定年結果是一段溫暖的間歇期。一份最近的報告甚至依據那些推測中由他們製造的工具（而不是依據他們的化石本身），認定這些人科動物出現在俄羅斯北部距離北極圈不遠的一處遺址，距今約三萬一千到三萬四千年前，那時的環境相對較冷。往西方走，在不列顛群島的北威爾斯已知有尼安德塔化石，為數眾多的化石進一步往東分散，最遠到烏茲別克。再更往東，在西伯利亞南邊的阿爾泰山脈一處遺址裡，甚至發現了一件具有尼安德塔遺傳特徵的未歸類化石。

因此，尼安德塔遺址散布在地球表面的廣大區域，而且各處的緯度、地形和經度的差異相當大。單從他們的分布就能清楚得知尼安德塔人是一種吃苦耐勞、具良好適應性的物種，能夠克服各式各樣的環境。儘管如此，尼安德塔人顯然傾向避開那些過於靠近冰河前緣的不舒服區域。在各個特定的時間點，他們在眾多範圍內所能占據的總面積必然隨著更新世那難以預測的氣候而有很大程度的變化。舉例來說，在距今大約七萬到六萬年前之間的寒流時期，尼安德塔人似乎局限在歐洲的地中海邊緣；而在接下來的海洋同位素第三期的最溫暖時期，他們的足跡被發現深入了北歐和中歐等地。

這相當有意思，因為他們起源自冰河時期時的北方，學界長久以來都假設尼安德塔人不知怎麼地適應了寒冷氣候。他們和源自非洲適應了炎熱的智人有著強烈的對比，他們似乎是冰雪中的生物。事實上不是這樣，無論是由尼安德塔人形狀特殊的鼻部（鼻部的機制常被認為可以在冰冷乾燥的空氣接觸到脆弱的肺臟之前，先進行加熱和增濕），或者由他們四肢的比例來看，都少有證據能支持這樣的想法。這些特徵一直以來都被視為是適應了嚴寒生活的結果，但其實看起來和那些在變動環境底下採行密集式現代覓食方式的物種身上所能見到的特徵很像。事實是，在他們存活的漫長時間內，尼安德塔人的占據範圍遍布許多不同的地域和氣候，而他們必然已具有文化性的適應能力。事實上，他們應該不可能有別種適應方式，因為根據計算，在這些人科動物所能忍受的最寒冷狀態下，一個八十公斤出頭的尼安德塔人會額外需要五十公斤的皮下脂肪，才足夠補償衣物的缺乏。你大概很難把相撲選手似的體型視為狩獵型生活方式的理想適應形態，而尼安德塔人更有可能傾向和現今北極居民的體型一樣纖瘦，並且仰賴衣物和其他文化適應來禦寒及保暖。

有趣的是，針對兩件尼安德塔ＤＮＡ樣本的分析結果顯示（我們很快就會再多談談尼安德塔人的ＤＮＡ），他們身上有關膚色和髮色的基因並不活躍。這些個體顯然應該擁有蒼白的膚色和一頭紅髮，才適合他們的溫帶起源，但是值得注意的是，我們現在提到的這種基因變異和現代人（包括紅髮的人）身上所找到的並不一樣。這項觀察本身就是一個象徵，突顯出我們需要避免將尼安德塔人視為我們的較不成功版本的事實，他們並不是現代人類之中一個因為「過度適應」而將雞蛋都放在錯誤籃子裡的品種。

如同我們物種內各成員的情形，尼安德塔人在不同的個體間、不同的地點，以及不同的時間點，外觀上的差異都很小。尼安德塔人的腦殼不只容量大，還又長又低，兩側鼓起且朝後凸出（相反地，我們的顱骨質地輕巧而呈球形，一張小臉被塞在高聳、氣球般的腦殼前端底下）。尼安德塔人的臉略比顱頂朝前，有個大鼻子（裡頭有一些非常不尋常的骨頭結構），而且他們的頰骨在兩側急遽內縮。脖子底下的差異也同等驚人，和我們相較之下，尼安德塔人的體格粗壯，長長的骨頭有著厚重的骨壁，兩端都有又大又粗的關節表面。我們的軀幹形狀有點像是個桶子，在頂端和底端向內縮窄；而他們的軀幹則是漏斗狀，由較窄的頂端向下朝外擴展，以配合底下呈喇叭狀的寬骨盆。這個骨架提供的證據和其他細節一起支持了一個想法，那就是尼安德塔人的步伐和我們的不同，他們走起路來比較僵硬，特徵是在跨大步時臀部的轉動幅度較大。除此之外，通常粗壯的尼安德塔骨架也暗示了更大的力氣，或許也代表了較高的新陳代謝需求。綜上所述，我們現在正看著這樣一種人科動物，雖然和我們血源關係相當接近，但解剖構造在許多重要細節上和智人並不相同。其實看來偏離了一般人科動物模樣的是我們（因為我們長出不尋常的瘦長纖細體型），而不是他們。根據不甚完美的顱後骨化石紀錄（但值得注意的是，這些紀錄將驚人的司馬德爾埃爾芬特樣本也包含在內），我們知道寬闊的骨盆和粗壯的骨頭結構似乎是整個尼安德塔人世系共有的特徵，或許整個早期的人屬物種都是這樣子的。

我們發育出成人體型的方式也和尼安德塔人不一樣（而且據我們所知，在這方面我們跟所有其

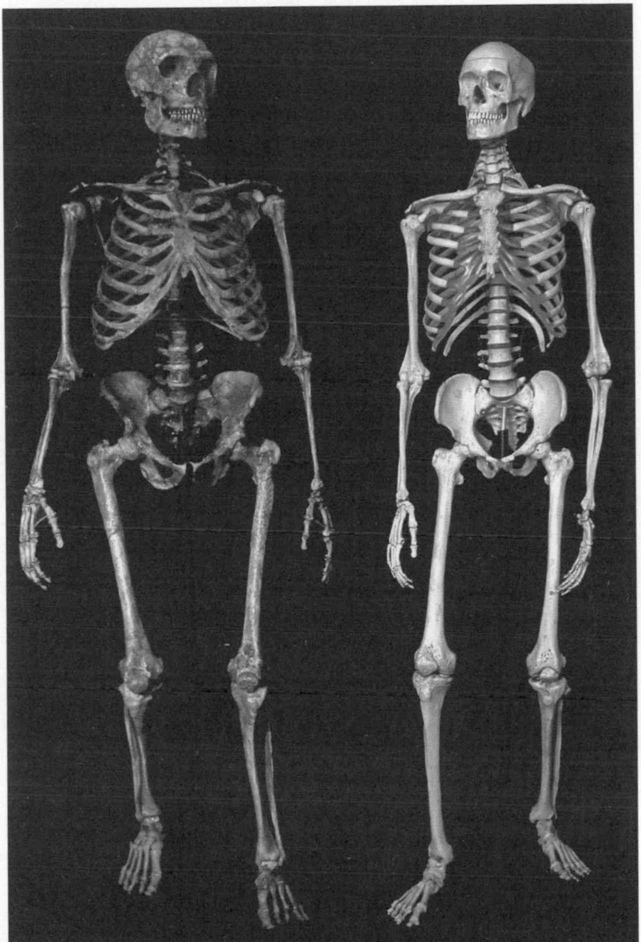

重建的尼安德塔人骨架（左）和一個身形相近的現代人骨架的對比，可看出這是兩種反差明顯的人科動物。除了顱部的差異，請特別注意形狀極為不同的胸椎和骨盆區。攝影：莫布雷。

他人科動物都不同）。我們之前說過圖爾卡納少年和其他屬於匠人／直立人階段的個體，似乎都發育得比智人要快上許多，因此大幅縮短了依賴和學習時期的長度，雖然尼安德塔人有顆大腦袋，但他們也不例外。使用超高解析度技術研究尼安德塔人牙齒發育的結果顯示，和更早的人科動物相較之下，尼安德塔人的發育時期確實拉長了，但仍然比我們短。舉例來說，尼安德塔人的上排智齒（第三顆臼齒）在六歲以前就會開始生長，比現代人類的孩童要早了三到四年*。尼安德塔人第一臼齒的發牙時間同樣比我們要早得多。若換算成整體的發育時程，像這樣的資料強烈暗示尼安德塔人對其父母的依賴時期顯著比我們短，也比較快達到性成熟。這個結論與針對尼安德塔基因體進行的分析結果一致，因為他們身上關於身體及認知的基因與我們自己基因體裡的對應部分並不相同。

要長出尼安德塔人那種特徵性的顱形，所經歷的發育曲線不只在速度上贏過我們，過程更是完全不同。複雜的成像技術及造模技術已經顯示，我們和尼安德塔人在臉部的許多特徵差異並不全然只因為出生後截然不同的發育路線所致，而是在出生時就已成定局。我們不能將這許多的差異點視若無物，不過大腦的實際形狀並不屬於那些從一開始就不同的特徵。和尼安德塔人一樣，人類出生時的頭顱較長，因為這是新生兒之所以能成功通過產道的必要條件，然後我們是在度過了生命中的第一年之後，才有了球形的腦殼，而在這一年內腦部發育的速度飛快，促使大腦出現它那獨特的外型。現代人類在大腦和腦殼外觀上出現的這種戲劇性早期變化是非常不尋常的事，而且只可能在生產過程的限制變得寬鬆時才會發生。發現這一點的科學家推測，或許這樣的變化在某些方面和大腦內部構造的重整有關，也因此人類才得以擁有符號化的認知能力。

尼安德塔基因

一九九七年，尼安德塔人成為第一種進行DNA鑑定的滅絕人科動物。在那一年，有支德國團隊從最初的尼安德塔人樣本裡很聰明地抽取出一段粒線體DNA，這件樣本是在一八五六年發現自尼安德河谷，而粒線體DNA是一種藏身在微小胞器裡的DNA短環，用來提供能量給我們身上的每一個細胞。粒線體自外於細胞核內絕大多數的其他東西，它們擁有自己的DNA，而當科學家想要比較隨著演化時間而累積的突變時，粒線體就幫上了大忙。這是由於粒線體DNA和核DNA不同，它們只會繼承自母親一方，因此每個世代的粒線體DNA不會因為親代的精卵結合而摻雜在一起，所以裡頭所包含的歷史訊息比較容易釐清。在現代人類之間，粒線體DNA已經成為一種驚人好用的標記工具，能夠用來對眾多群體進行鑑定，並且追蹤各個群體的擴散路線。結果顯示，尼安德塔人的粒線體DNA完全落在描述今日所有人類群體差異的範圍之外。精確來說，德國的研究人員發現在兩個現代人類群體之間，粒線體的相關部分平均存在八處差異，人類和黑猩猩之間大約是五十五處，對尼安德塔人則是二十六處。更重要的是，尼安德塔人和所有受測過的現代人類群體之間的差距都相等。

自從一九九七年以來，研究人員已經從眾多尼安德塔樣本上抽取出粒線體DNA，樣本來源遍布該物種覆蓋範圍的每一處，而分析結果永遠都一樣。一如預期，不同的尼安德塔人之間略有差異，不過相對較低的差異性暗示了尼安德塔人的群體通常很小。根據遺址數量相對較少的事實，考古學家也

---

*編注：現代人類的智齒應是十七至二十五歲才會生長。

做出了同樣的猜測。所有尼安德塔人的DNA差異都很小，和智人的情況呈對比，而且在許多的研究之中，研究人員都無法從現代歐洲人的大量DNA樣本裡偵測到任何源自尼安德塔人的貢獻。

這些發現進一步佐證了透過解剖研究而得到的想法，尼安德塔人自成一個物種，他們實際上是不同的個體，擁有自己的歷史和命運。無論如何，自然界是個凌亂的地方，而物種可以洩露許多祕密，特別是在他們和自然界有著密切關聯，同時又身為進展快速的演化大戲裡的演員時，更新世的人科動物毫無疑問正處於這樣的情境。在二〇一〇年，這支德國團隊又宣布了另一個拔得頭籌的發現，他們發表了尼安德塔完整核基因體的粗略版本（來自克羅埃西亞溫迪加洞穴的三件骨頭樣本，定年結果為約略四萬年前）。這些樣本提供了一個廣大的資料庫。在人類的基因體裡有超過三十億個不同的「核苷酸」，基本上各個核苷酸可以視為資料庫裡的一筆筆資料，而所謂「轉譯」尼安德塔人的基因體，意思就是透過某些重量級的電腦演算法來處理所有這些資料。但是在經過一切必要的操作之後（並不是每個人都能接受其結果），研究人員的報告指出：「尼安德塔人和歐亞大陸的現代人共享了較多的遺傳變異，勝過他們和撒哈拉沙漠以南的現代人，這意味著早在歐亞大陸的群體開始分歧之前，尼安德塔人的基因就已經流入非洲居民以外的人科動物祖先之間了。」事實上，經過更進一步的觀察，結果顯示這個明顯的基因流動現象（也就是因為混種而造成的基因轉移）大約在百分之一至百分之四之譜，我們很難說這是個大數字，而且很奇怪的是，流動是單向的，只有從尼安德塔人流向現代人類。

同一支研究團隊很快又發表了更奇怪的研究結果。這些勤勞的研究人員在西伯利亞南部的丹尼索瓦洞發現了一塊在形態學上無法分類的指骨，距今只有三萬年。這塊指骨所產生的DNA指紋圖譜和現代人類或尼安德塔人都不一樣，不過看起來和後者的關聯不知何故比較接近。接著研究人員從這件樣本裡取得了完整的基因體，據說和現代的美拉尼西亞人（也只有和他們）共享了一小部分的基因。如果這是真的，那麼美拉尼西亞人的祖先很可能是在他們離開非洲、橫越亞洲、最後抵達大洋洲的途中獲得了這些遺傳變異。在丹尼索亞發現的一顆臼齒具有基本上一樣的遺傳特徵，但是這顆牙齒很大，而且在形態學上和任何這麼晚近的其他已知人科動物的牙齒都不像，更強調了形態學和遺傳上的證據有時可能顯然並不一致。無論這些發現最終的詮釋為何，都暗示了較晚近的人科動物演化事件可能非常複雜，而在那些被我們認定是人科物種且擁有不同歷史和功用的實體之間，或許偶爾會交換彼此的遺傳物質。

在人類的過往，也許像這樣的交換是重要的遺傳革新來源。不久以前，在芝加哥有一支由分子生物學家組成的團隊發表了研究成果，他們發現對於調節大腦尺寸很重要的微腦磷脂基因有個快速擴散的變異，似乎是在距今僅僅三萬七千年前才進入了智人的基因體。他們的計算指出，將這項變異引入智人基因體的某個親戚物種，或許在略微超過一百萬年前就已和我們的世系分道揚鑣，而尼安德塔人似乎是個恰當的候選，不過事實上也有可能是任何其他人科「捐贈者」物種的功勞。或許我們還不到能解答這些問題的時候，目前我們還沒辦法理解這樣的觀察結果（而且三萬七千年已經太遲了，無法在我們本身的物種登場時造成重大差異）；但是在較早期發生在相近人科物種之間的輕微基因交換也可能扮演了重要的角色，或許像這樣的基因交換就曾經替智人的祖先帶來某種全新的遺傳物質。

這種事其實並沒什麼了不起的，我們早就知道基因偶爾會在差異不小的哺乳動物之間交換。事實上，現在就有一對獅虎（獅子和老虎生下的巨大混種野獸）住在南加州的一所動物園裡呢。獅虎確實是懾人的生物，而且尤其是考慮到牠們的十足活力，如果我告訴你獅子和老虎甚至不是近期才分歧的近親，或許會讓你很驚訝。獅子其實和美洲豹的血緣更近，老虎則是和雪豹相近，而獅子和老虎最後的共同祖先大約生活在距今四百萬年前。但是儘管這些混種動物令人印象深刻，沒有人會否認獅子和老虎是完全不同的實體，這兩種生物各自擁有自己獨立的歷史和演化軌跡。雖然我們見證了獅虎這個遺傳上的小玩笑，但是無論如何，這兩種大貓不大可能融合成某種結合了兩邊親代群體特徵的終極混合生物。在較靠近人科動物家族之處，同樣的事情似乎也發生在血緣關係密切且混居的靈長類動物之間。在衣索比亞的一個特定區域內，阿拉伯狒狒和獅尾狒狒這兩種血緣關係密切、但外貌極為不同的猴子之間，規律發生著異種雜交的情形。但是即使在這個例子裡，我們也看不到這兩種較廣泛的親代物種有失去自己的獨特身體特性之跡象。

將這些全都擺到同一個脈絡底下，尼安德塔人和智人的頭骨構造之間的差異遠大於我們在阿拉伯狒狒和獅尾狒狒之間所見，而且也大於獅子和老虎間的差異。無論這兩種人科物種的成員是否偶爾會發生交配，出現任何演化上顯著遺傳交換的可能性都微乎其微。換句話說，似乎並沒有發生任何會影響其中任一物種未來命運的事件，兩邊群體也從未有過任何顯著程度的合併。在葡萄牙的拉加維爾凹穴發現了一具年代極晚近的骨骸，還有在羅馬尼亞的「人骨洞」發現了奇怪的早期智人頭骨，這兩件樣本據稱即為「混種」，但經過進一步檢查後，結果證實他們只是有些異常的現代人類。更重要、而且更值得注目的是，在文化方面，考古紀錄同時也傳達出約略一致的訊號，換言之，文化上的混雜融合要不是並不重要，就是沒發生過。根據我們擁有的每一件證據，智人和尼安德塔人似乎是不一樣的實體，各自擁有屬於自己的歷史以及謀生方式。即使有合理的可能性在更新世曾發生過一些「禁忌之戀」，但交換零星的ＤＮＡ並沒有改變功能上的現實。

尼安德塔人的飲食

就像我們已經提過的，遺傳證據暗示了尼安德塔人總是人丁稀薄，或許這也影響了他們的遺址規模（通常都很小），如同他們那低密度的人口。無論是在較溫暖或較寒冷的時期裡，尼安德塔人居住的環境都四季分明，可能無法產出數量足以支撐人科動物的植物性食物，他們或許自始至終都高度依賴動物脂肪和蛋白質來過活。依賴程度顯然不可一概而論，時間和環境的改變似乎會造成很大的影響，因為尼安德塔人是靈活的覓食者，知道如何利用環境提供的資源。

有一項針對義大利西部幾處相鄰的居住遺址所進行的研究，提供了很大的說服力。在大約十二萬年前的溫暖時期內（海洋同位素五e期），尼安德塔人的根據地都不長久，而且和這些根據地相關的動物遺骸多是年紀較大個體的殘餘顱部。研究人員的結論是，在這處遺址的人科動物搜掠了自然死亡的動物屍骸，而頭部是在大型肉食動物大快朵頤之後剩下來的最後一點能吃的部位。相反地，五萬年前的環境變得寒冷許多（或許是巧合，或許不是），此時的動物遺骸則多是正值盛年的個體，包含的部位遍及全身，同時石器的密度也較高，這不只意味著根據地可以持續較長的時間，也代表尼安德塔人懂得使用複雜的埋伏式狩獵技巧，能夠將獵到的動物「全屍」帶回居住地，再在那裡支解。這一類的考古證據總讓人對留下證據的人科動物之生活樣貌留下片面印象，而且這些證據從來就無法輕易詮釋。然而，較早期和較晚近根據地之間的對比相當引人注目，而這樣的對比不只可以指出尼安德塔人取得動物性食物的技術有很大的變化，也能看出他們的居住習慣差距不小。這些人科動物在生存策略上絕非墨守成規之輩。

他們或許靈活，但是在考古學家之間，有個具說服力的共識正在形成，也就是在適當的環境底下，尼安德塔人其實是頂級的獵食者。不只因為動物性產品對人科動物來說是寒冷時期可能僅有的主要支柱，也因為有愈來愈多的證據可以證明他們常常追獵大型的哺乳動物，他們之中有一些人甚至是整片土地上最令人生畏的生物。例如令人感到興奮的其中一項證據，是來自尼安德塔人的牙齒和骨頭裡穩定同位素比例之研究。我們已經提過，在研究南猿的飲食內容時，碳同位素提供了很大量的資訊，至於在尼安德塔人的例子裡，氮的穩定同位素扮演了同樣的角色。結果顯示，你在食物鏈裡每往上一階，你的身體組織裡的氮十五和氮十四這兩種同位素之間的比例就會稍微增加；換句話說，在你的飲食內容裡肉類所占的比例就愈高。自從二十世紀的九〇年代早期開始，科學家就發現尼安德塔人的骨頭始終呈現較高的氮十五比氮十四比例，勝過同一地方的草食動物骨頭化石。事實上，尼安德塔人的氮同位素比例和狼、獅子跟土狼是同一個等級，有時甚至還更高。

在尼安德塔遺址通常可以發現大量遭受屠宰的草食動物遺骸，和這樣的觀察結果一致。但是最終極的觀察是在二〇〇五年，有支法國團隊在一些骨頭裡找到了極高的氮十五、氮十四比例，而這些骨頭屬於一個年代相當晚近的尼安德塔人，發現自一個叫做聖塞賽爾的地方。由於這個數值甚至比同一處遺址的土狼還要高出許多，研究團隊裡的科學家認為，尼安德塔人能達到這麼高比例的唯一可能，就是專吃那些本身氮十五含量就很豐富的草食動物。而想像中的唯一受害者，就是在這地片土地上漫步的許多大型野獸裡頭最嚇人的那些，也就是猛獁象和披毛犀。更重要的是，這群法國科學家認為，聖塞賽爾的猛獁象和犀牛是達成尼安德塔人骨頭裡的高氮同位素比例之必要條件，而尼安德塔人應該不可能單憑搜掠這些動物的屍體就能辦到。依他們的見解，這些人科動物一定是積極地在獵捕大型哺乳動物，根據推測，大型哺乳動物可能是他們由來已久的飲食習俗裡的一項重要成分。所以，證據看來十分有力，即使尼安德塔人的人口密度很低，但他們仍是令人敬畏的獵人，有能力對付四周某些最嚇人的獵物。在他們生活的地點，他們常會在火爐裡用火，而這些火堆無疑為他們提供了社會活動的焦點，除了能用來煮食種種獸肉，還能讓討厭的獵食動物不敢靠近。

儘管如此，我們還是不能忘記，在大部分時間裡的大部分地方，植物性食物必然也在尼安德塔人的飲食內容裡扮演了要角。可以想見的是，他們所攝取的這一類食物會遭到我們忽視，因為殘遺的植物很快就會腐爛，而且很少能保存在考古紀錄裡。無論如何，一些科學上別出心裁的想法正要開始為調查開闢驚奇的新途徑。舉例來說，一項最近的報告描述了植物的微體化石（包括澱粉粒和植物矽石，也就是一種依植物種類不同而出現在根、莖、葉部的細小堅硬物體），取自從兩處著名遺址找到的尼安德塔人牙齒上覆蓋著的血小板。牙醫的噩夢成為古人類學家眼中的寶庫。其中一處遺址是位於伊拉克北部的沙尼達爾洞，而樣本的定年結果是距今約略四萬六千年前。附帶一提，沙尼達爾遺址之所以出名，是因為這裡出土了一位年老的尼安德塔人男性，他有一隻萎縮的手臂。對他而言，這隻附肢在他漫長人生的大半輩子裡必然都是無用的，而他存活至年老的事實引起了研究人員的推測，他應該長期受到社會群體的支持。另一處遺址則是比利時的斯派洞，位於尼安德塔人歷史的非常晚期，比沙尼達爾遺址年輕了大約一萬年。

雖然在時間和空間上相距遙遠，而且環境由地中海型氣候到寒冷氣候不等，這兩處洞穴卻訴說著相似的故事。在這兩個地方，尼安德塔人都消耗了種類廣泛的植物性食物，這些食物反映出在當地環境可以取得的資源類型。尼安德塔人並沒有針對特定植物專化的跡象，但是這兩處的許多食物或許都需要經過某些處理才能入口，而且有些富含澱粉的植物部位確實經過烹煮，讓它們變得更好食用。附帶一提，進食大量的澱粉和氮同位素紀錄之間並無衝突，因為同位素只記錄了肉類以及高蛋白質含量的植物性食物的食用量。在沙尼達爾，微體化石所指出的食物包括了椰棗、大麥和豆類，這些食物可以在一年內的不同時期採收，可見收集植物性食物是一種全年度的活動。從各方面來看，這項新的研究讓我們知道現代的「狩獵／採集」謀生方式早在尼安德塔人登場時就已經建立了。就像今日的智人，尼安德塔人是抱持機會主義的雜食動物，這提醒了我們，雖然我們間接採用了食肉的生活方式，但是我們從來沒有完全拋下我們古老的素食傳統。

尼安德塔人的生活方式

一直到最近，我們對尼安德塔人群體的所知僅限於他們規模很小，除此之外，我們並不知道這些圍坐在火堆旁烹煮食物的尼安德塔人群體的實際樣貌。我們唯一擁有可以對這方面進行推測的基礎，是石製藝品和骨頭斷片，以及這些東西在居住遺址裡的散布狀況。它們通常（但非絕對）隨機四散，因此少有證據能支持尼安德塔人的居住空間被區分成數個區域，各自用來進行特定的活動，像是屠宰、碎石、睡覺、進食，以此類推。我們常常在完全符號化的現代人類所遺留的遺址裡發現像這樣的空間區隔，所以現在已經有些人認為這兩種物種所採用的是不同的家庭生活方法，不過一直沒有太多線索能告訴我們尼安德塔人群體是如何組織的。不久前，情況才終於改觀。現在有一支由西班牙研究人員所組成的團隊，正在埃爾西德隆一處距今五萬年前的尼安德塔遺址工作，根據實體和分子證據，他們已經做出了一些令人感興趣的推論。

埃爾西德隆遺址本身是個又長又複雜的隧道群，成因是古老的地下河流系統侵蝕了周遭的石灰岩，而且這處遺址有段複雜的歷史。最值得一提的是，出於某個單一事件，有一大堆尼安德塔人的骨頭堆積在洞穴一處通道的底部，當上面的地表（或者，也有可能是位在較高處的隧道之地面）往底下的空穴崩塌，大量的碎石、骨頭化石以及其他碎片混雜在一起，許多石頭碎片可以重組成完整的卵石，暗示了這個崩塌發生之處，曾是製作石器的地方。在碎石堆中找到的一千八百片化石碎片代表了十二個尼安德塔人個體支離破碎的遺骸，包括六個成人、三個青少年、兩個幼兒，還有一個嬰兒，全都看似在崩塌發生之前就已死亡，但死亡時間並不久。更值得一提的是，這些尼安德塔人不只是在這裡喪命這麼單純，研究人員的結論指出，他們其實是一場大屠殺的受害者，許多骨頭都顯現出因為肉被取下而造成的切割或敲擊痕跡，或許是出於同類相食行為。

肉被取下的證據在尼安德塔人（甚至是海德堡人）的骨頭上並不罕見，許多科學家認為從已死的屍體上取下肉的行為，並不能做為同類相食的必要證據，但是推論埃爾西德隆人科動物的骨頭是為了食用才被敲斷，十分有說服力，而且這種行為愈來愈可能的確是尼安德塔人戲碼裡的一部分。有趣的是，埃爾西德隆的研究人員認為，和格蘭多利納所見的「人肉佳餚」相反（換句話說，格蘭多利納的同類相食行為是出於習慣，而不是迫於必要），埃爾西德隆的尼安德塔人，是因為有其他人要活命才被吃掉的受害者。研究人員指出，這裡的化石遺骸上帶有環境壓力的清楚痕跡，大部分是在牙齒的琺瑯質形成方面出現大量缺陷，而這樣的情形在西班牙的「骨坑」裡相當罕見，因此這個事實能支持他們的論點。如果飲食壓力對這些尼安德塔人而言確實是一項重要課題，那麼鄰近的尼安德塔人群體之間對於可得的資源很可能競爭激烈。將諸多證據一併納入考量後，研究人員的結論是，埃爾西德隆的這十二個尼安德塔人都屬於同一個社會群體，他們遭到另一個群體伏擊、殺害，然後被吃下肚。

有兩點更進一步的觀察也支持埃爾西德隆的尼安德塔群體慘遭滅族的想法。其中之一是，這個群體規模由十二個人所組成，其中包含了一些成人，有男有女，還有幾個年紀各異的孩子，這和你可能會預期的情況相符。尼安德塔人群體規模的具體估算結果數量稀疏，但是最近有項研究在西班牙一處叫做「阿布里克羅姆」的尼安德塔遺址（距今五萬五千年前）進行，研究結論顯示占據了岩洞遮蔽處的群體數量在八到十人之間變動。如果阿布里克羅姆的居民是典型的尼安德塔人，而且如果對於他們群體規模進行的估算是正確的，那麼依尼安德塔標準來看，埃爾西德隆的那十二個個體，就更有可能算是隸屬於一個大型的社會單位。

儘管如此，無論這群人在群體規模的「光譜」上位於何處，由於他們的粒線體DNA在洞穴的冰涼環境底下保存得相當良好，他們組成單一社會單位的概念便能藉由分析其成員的粒線體DNA而得到支持。首先，埃爾西德隆的粒線體DNA基因體之間的差異相當小，和家庭團體的情況一致。但是最能用來說明問題的發現是，其中三個埃爾西德隆的成年男性都屬於同一支粒線體DNA世系，而每一個女性都屬於不同的世系。所以這是史上第一次，我們得到了關於尼安德塔人社會組織的潛在（不過並非決定性）訊息，也就是，埃爾西德隆的男性留在自己的原生群體裡，而女性則在青春期（或一過青春期）就被嫁到別的群體去，加入鄰近的另一群人。如同《紐約時報》引用一位科學界的同僚所言：「我情不自禁地想像尼安德塔女孩就像現在的女孩那樣，因為即將離開親近的家人而在她們的『大喜之日』痛哭。」這種說法可能有點擬人化（而且在靈長類動物裡，雌性個體不痛不癢地轉移到其他群體的現象的確並不罕見），但是我們對這樣的多愁善感很難不心有所感。

埃爾西德隆的研究人員對尼安德塔社會進行研究而造成的影響不只如此，他們注意到有個五六歲的孩子和一個三四歲的孩子可能是同一個成年女性的後代，這表示生育間隔大約是三年，和我們在歷史上的狩獵／採集民族之間所見一致。這就暗示了尼安德塔人的抑制排卵期已經延長，最可能是因為較長的哺乳時期所致。有個富有想像力的進一步猜想，來自埃爾西德隆的石器所選用的材質，最近可以取得那種材質的地點是在好幾公里開外，所以研究人員推測，或許埃爾西德隆的尼安德塔人就是因為侵入了別人的領地拿取製作石器所需的材質，才惹怒了鄰近的群體，最後在對方報復性的突襲行動裡付出了慘痛的代價。

綜上所述，所有這些來自埃爾西德隆吊人胃口的證據都有助於建立一幅描繪尼安德塔人內心世界的圖像，深入內心的程度超過我們之前的所有研究成果。透過高科技的實驗室分析，我們知道這些人數稀少的尼安德塔人有如英雄一般在苔原上獵捕猛獁象，這絕對會激發我們對這些耐寒又足智多謀的人科動物的欽佩之情。但是這一類的資訊深深有別於思索尼安德塔人的生活（以及死亡）在歷史上的斷簡殘編，一如埃爾西德隆所呈現給我們的資訊。我們剛才提過的那幅景象讓人心生不安，想想，有個忙著敲碎石頭製作石器、安然度日的尼安德塔人大家族，遭到另一個同為尼安德塔人的掠奪群體突襲，而且在慘遭殺害後受到支解，最後還被吃下肚。但話又說回來，這或許和每位收看犯罪現場節目的現代觀眾已經習以為常的情境並無太大的差別。

從比較有人性的角度來看，或許我們之所以能找到狀況這麼好、這麼完整的尼安德塔遺骸樣本，有一個理由是因為這些人科動物起碼偶爾會埋葬死者。雖然這一點還在爭論中，有些人認為推測中的葬禮從未發生過，也有些人覺得不只曾有過葬禮，有時還會有陪葬品，但是事實似乎介於這兩種看法之間。沒錯，尼安德塔人確實發明了埋葬死者的做法，不過我們的確也沒有真正具說服力的證據，能證明他們在埋葬死者的同時還進行了某種儀式，就像現代人的葬禮上通常會見到的那種情形。顯然尼安德塔人比我們的祖先更早發明這樣的做法，而儘管我們很想在裡頭看見自己的投射，我們不可能知道尼安德塔人的葬禮是不是和我們一樣裝飾了各式各樣的象徵性物品。他們似乎像我們一樣，擁有某種深層的移情感受，但是在我們對尼安德塔人所知的較廣泛脈絡底下看來，他們不大可能擁有對死後世界的信仰，而這種信仰應該肯定會需要符號化的認知能力。

尼安德塔人和材料

等到鑑定為尼安德塔遺骸在歐洲發現時，他們被稱作「莫斯特」的石器製造傳統（也就是使用預製石核技術的各種變化）早已經根深柢固了。事實上在歐洲，「莫斯特」這個字眼和尼安德塔人根本就是同義詞，不過北美洲和黎凡特的其他人科動物其實也製作過相當類似的工具組。莫斯特文化最具特徵性的器具是大小適中的鋒利石尖和側面凸起的刮刀，或者甚至還有以薄石片製成的淚滴狀小型手斧，但是其中的變化無窮無盡。話又說回來，這可能並不是出自工具製造者的特定意圖。二十世紀中期的考古學家定義了超過五十種獨特的莫斯特工具形式，而較近期的研究人員已經辨識出它們其實比較像是一種連續的形式。這是因為在以優良的材質製作薄石片時，需要經過一系列複雜而不連續的動作反覆進行打磨，以維持薄石片的功能。事實上，乾淨俐落、形狀可預期的石頭碎片就是製作出最好的莫斯特工具之關鍵所在。好的材質顯然受到高度重視，而且常常要到遠處找尋，可見這些石器的材質有多麼珍貴。至少有些在莫斯特遺址發現的工具，其最近石材來源在好幾公里開外，而這種情況並不少見，所以才會有人推測埃爾西德隆那些不幸的尼安德塔人遭受了惹禍上身的命運。

莫斯特的純粹技巧需要良好的石材，因為這些人是有天賦的石器製造工，他們輕蔑不良材質，只有在別無選擇時才會拿這樣的材質來製作粗糙的器具，不過這樣的情形還滿常出現的。尼安德塔人本能地了解石頭，就像現代的家具工本能地了解木材一樣。雖說一片矽化的石灰岩或許已經足夠用來製造出簡單的薄石片，而且可以一直用到邊緣鈍掉為止，不過莫斯特的石器製造者選擇小心翼翼地敲下一片適用的燧石或黑矽石，然後一而再、再而三地弄出新的邊緣，直到石片小到沒辦法進一步利用才停止。在刮刀或石尖上發現有樹脂留下的跡象，證實了尼安德塔人常常把這樣的工具安裝在木製把手上，或是把它們用條狀皮革或肌腱綁在定位，做為矛尖使用。莫斯特的工具組顯然出自聰明且靈巧的生物之手。

但是或許這些生物並不像我們。儘管莫斯特的石器通常都很有美感，再加上製作所需的種種技巧，但是這些工具在尼安德塔人居住的整個廣大區域內卻顯得有點單調。有些莫斯特石器上的變化已經有了專有名詞，現在也還辨認得出來，但是當年的製作概念總是保持一致，而且我們在尼安德塔工具組上所看見的微小變化似乎廣泛反映出各地在行動上的差異，因為各地可以取得的資源不同，或者有時是因為隨著時間經過而出現了一些改良，而不是因為他們嘗試以不同的方法來製作東西。但是在四散各地的現代人類身上，你會預期可以找到像這樣的實驗精神。更重要的是，雖然他們以木頭做為石器的柄，但尼安德塔人似乎很少製作以其他軟材質製成的工具。骨頭和鹿角在尼安德塔人的遺址

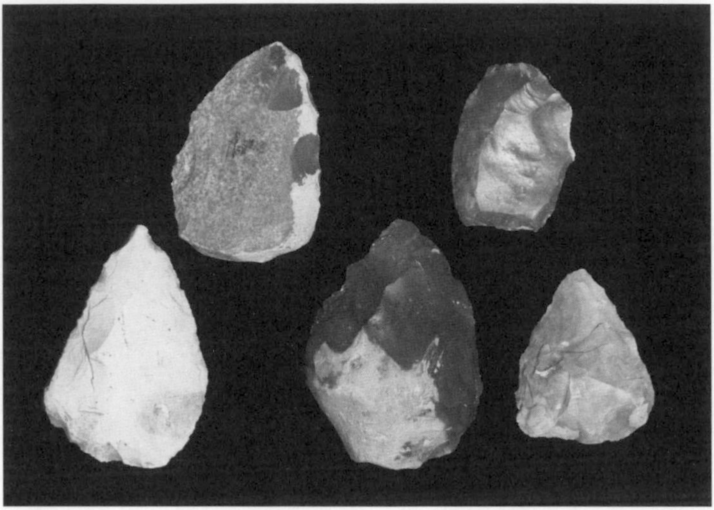

在法國多處遺址發現的莫斯特燧石工具，由尼安德塔人製造。這些精巧成形的工具包括兩個小手斧、兩個刮刀，以及一個石尖，全都是利用以預製石核方法取得的石片製成的。攝影：泰德薩。

處數量豐富，被後來的歐洲人大量製成工具或藝品，但是莫斯特的工具製造者卻很少利用這些材質。不過在莫斯特少有的骨製器具裡，有一件是來自距今五萬年前的遺址「肯納」，這件器具顯然被拿來做為修飾石器的工具，似乎是用一片人科動物的顱骨製成的。在這個案例（和其他一些案例）裡，莫斯特的工具製造者像在對付石頭一樣猛力敲打骨頭，完全缺乏像其後繼者對軟材質特殊物理性質的敏感度。簡而言之，雖然尼安德塔人的手工藝數量壯觀，但卻相當典型。

關於以上所述總總，結論是，我們在尼安德塔人的技術紀錄裡找不到任何證據，能證明他們是懂得符號化思維的思想家。製作精巧？沒錯。複雜嗎？絕對是。只不過和我們的走向不同。隨著時間經過，人科動物趨向更具挑戰性的行為，同時也朝向和環境之間更微妙、更細緻的關係前進，而尼安德塔人做為一種物種，似乎也完全加入了這股趨勢。他們絕對參與了人科動物朝向更大的腦袋前進的趨勢，有可能將這股趨勢發揮到極致，但是在行為上，他們和過去並沒有性質上的大躍進。尼安德塔人只是很單純地在做他們的祖先做過的事，只是顯然做得比較好。換句話說，他們就像是他們自己的祖先，只是程度更上一級。我們不是這樣的，我們懂得符號。

第十一章　古老與現代

石製器具和用來製造石製器具的用具，很難視為工具製造者心中具有符號化思維的鐵證。關於舊石器時代的技術之中，是否有什麼能夠演繹這種發生在心理層面的過程，我們知道的可以說相當少。除了一些少數的例外，我們在這一段時期裡，只能由具有明顯符號象徵意義的物品、或是明確符號化行為所造成的結果，才能有信心地推論出其中隱含的符號化意義。當然了，想要辨識出像這樣的表現方式，絕對是知易行難。就像我們之前提過的，埋葬死者的舉動可能出自於各種不同的動機，而且雖然後來的人類在符號化的脈絡底下廣泛使用赭石這種能夠當作顏料的石頭，但是我們並沒有任何明顯的理由，非得認為出現在許多尼安德塔遺址、證據充分的研磨顏料隱含了這一類的意圖。就連辨識「符號化」的物件本身也可以是個艱難的任務，像是畫了活生生動物圖像的洞穴牆面當然無須懷疑，但是如果你真的很想的話，你可能也會把各式各樣的刮痕和其他的奇怪痕跡詮釋為符號化的證據。這實在是個非常模糊的灰色地帶。

對於尼安德塔人，我們發現自己最多就只能接受將他們擺在這個灰色地帶裡，比較接近曖昧不明那一端的某處。顯而易見的是，在尼安德塔人存在的廣袤時空裡，沒有任何物件可以讓我們很有信心的與他們連結，並且**同時**清楚明確地詮釋為現代認知過程的展現。我們絕對已經看見了端倪，而且有些已知的不確定物品，確實引起了科學家的爭論，但是尼安德塔人是一種能夠清楚表現出複雜行為模式、而且有著一顆大腦袋的人類近親物種，他們遺留下來的紀錄會有這種情況，其實並不令人感到意外。我們沒有堅實的證據，可以證明現代人類的思考風格和表現方式，同樣也是尼安德塔人的意識、或尼安德塔社會裡習以為常的面向。比起符號化精神的捕風捉影，這一點幾乎可以確定透露出更多的訊息。

話雖如此，尼安德塔人流傳給我們的物質紀錄，令人印象深刻但又平凡無奇，而在歐洲繼承了他們的現代人類則過著浸濡於符號之中的生活，這兩者之間的驚人反差才是最引人注意的一點。這些新來到歐洲的人俗稱為克魯馬儂人，他們在大約距今四萬年前進入了這塊次大陸，同時帶來所謂「舊石器時代晚期的物質文化」。雖然他們和我們相距甚遙，但是他們的文化提供了大量證據，證實這些人看待世界、體驗世界的方式和我們在本質上是一樣的。諸如此類的證據包括了我們在前言提過的拉斯科洞、阿塔米拉洞，以及蕭維洞裡那些驚人有力的藝術作品。當克魯馬儂人來到尼安德塔人的領地上時，就預示了同等顯著的技術加速改變現象將會發生，因為透過新的思考形式，壁畫的藝術家或他們的同伴發現饒富想像力的可能性就在他們眼前展開。顯然，對照尼安德塔人擁有的強大謀略和技巧，克魯馬儂人是一種依循著全新秩序的生物。

這一點不只可以從他們的物質產物裡看見，也可見諸較不直接的跡象，例如較高的族群密度（反映在克魯馬儂人遺址的數量及規模上）。事實上，很可能克魯馬儂人開發環境的能力比尼安德塔人強得多，而且如果他們之間發生過直接衝突，克魯馬儂人在擬定計畫方面同樣也具有明顯的優勢，使得尼安德塔人在這種新的人科動物抵達的一萬年內完全絕跡。也有人認為，在大約兩萬年前氣溫正邁向最後一次寒冷高峰時，尼安德塔人已經處於衰敗的末期。這種情形可能只發現在部分地區，比如說在

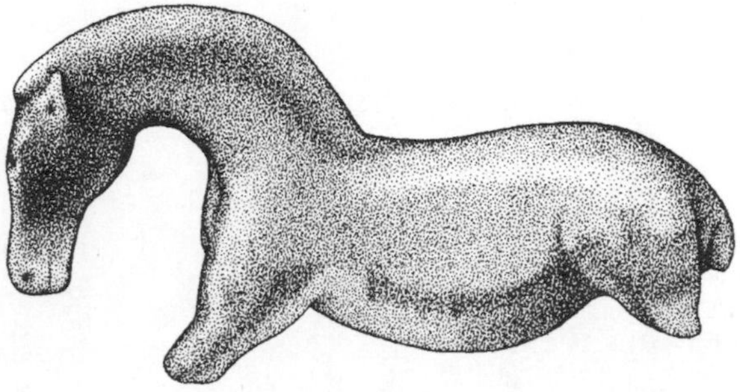

這是非常早期的工藝品，一匹以猛獁象象牙雕成的馬，距今約略三萬四千年。這是一件極度符號化的物品，流暢的線條不僅代表了漫步在冰河時期矮莖草原上的矮胖馬隻，更抽象表達了馬匹的優雅本質。出處：德國福格爾赫德；繪圖：麥格納韓。

伊比利半島的南端，晚期的尼安德塔人似乎在克魯馬儂人抵達前就已拋棄此地。但是在尼安德塔人居住過的廣大領地內，這兩種人科動物不大可能從未有過接觸。除了DNA，還有一些推測意味濃厚的間接跡象，指出這兩種物種確實曾遭遇彼此。

洞穴入口和突出的懸岩是歐洲石灰岩地區常見的特徵，因為提供了天然的遮蔽，所以成為早期人類喜愛的居住處。儘管如此，「穴居人」這個稱號絕對沒有道理，尼安德塔人和克魯馬儂人之類的物種其實是在整片大地上漫步、四處紮營，而他們之所以會讓我們聯想到洞穴，只是因為這種地方比較不容易受到侵蝕，因此較容易保存遠古時代留下來的居住痕跡。許多洞穴和岩石遮蔽處都保存了連續好幾代尼安德塔人和克魯馬儂人留下的數層殘遺物（通常是他們遺留的工藝品，人骨則非常罕見）。在那些同時具有兩種人科動物證據的單一遺址裡，舊石器時代晚期的地層幾乎無一例外地覆蓋在最新的莫斯特地層上，這兩種地層常常由貧瘠的沉積物明顯分隔開來，代表這處遺址曾被棄置一段時間。只有兩個地方，顯現出莫斯特文化被完全取代之前，覆蓋在舊石器時代晚期的可能證據。

不過在法國西部和西班牙北部一些非常晚近的零散遺址裡，發現了另一種文化傳統的證據，稱之為「夏特佩赫農文化」，融合了莫斯特和歐里納克文化（舊石器時代晚期的第一期文化階段）。夏特佩赫農的工業不只呈現了莫斯特的「薄石片」工具，還有和歐里納克文化工具組的主要特徵很像的「刀片」工具，另外還有骨製和象牙製的物品。你應該還記得，刀片指的是纖長的薄石片，長超過寬的兩倍，偶爾也會在非洲更早期的情境裡出現，而在歐洲，刀片是克魯馬儂人的標誌。近年來，夏特佩赫農文化一般被視為尼安德塔人的手工製品，可能是他們和現代人類接觸後的文化適應產物，那些現代人類在夏特佩赫農時期已經在歐洲落地生根。所有歸屬於夏特佩赫農文化的遺址都落入非常短暫的時間範圍內，介於距今三萬六千年到兩萬九千年之間，而放射性碳元素定年法指出克魯馬儂人在四萬年前就已出現在西班牙，很可能是從東邊遷移過來的。不過值得注意的是，放射性碳元素定年法很難用來處理這麼遙遠的時期，部分原因是那個年代的樣本裡留殘的放射性碳相當微量。最近的研究指出，使用較老舊的方法得到的定年結果容易判定得比較年輕，而近期的高準確度定年法讓某些研究人員認為，這兩種人科物種相重疊的時期比傳統上以為的還要更早，也更短暫。這又是另一個理由，支持尼安德塔人在很短的時間內就被取代了的結論。

更重要的是，關於夏特佩赫農文化所代表的任何可能的文化適應之表現形式，大部分還是純屬推測，研究人員提出各種推論，試圖解釋文化特徵的奇怪組合，可能是透過交易、模仿、剽竊等方式發生。儘管如此，有些最近的研究進展可能已經讓這些推論變得頗具爭議，因為風向似乎變了，不認同夏特佩赫農的骨製和象牙製物品出自尼安德塔人之手，不過那些刀片工藝品倒很確定是在較古老的尼安德塔人傳統裡發展出來的。如果要說哪些夏特佩赫農物件最有名，而且隱含了符號化的思維，那無疑是法國阿赫希一個叫做「格羅特杜雷內」的洞穴裡出土的物件。物件包括一個打磨得相當光亮的象牙綴飾，大部分人都可以毫無困難地看出那是一個符號化的物品，而且一直到最近，學界一般都還認為這些物件和同一處遺址裡相當破碎的尼安德塔人化石有關。但是最近有幾項獨立研究得到了同樣的結論，認為這些物件比較可能是因為洞穴常發生的自然地層混合現象，而從上層的地層被帶進較早的尼安德塔地層裡。同樣地，來自聖塞賽爾、顯然是尼安德塔人的那些骨骸，與夏特佩赫農文化之間的關係，也受到最近的研究質疑。這裡我們的底線是，雖然尼安德塔人和克魯馬儂人似乎不大可能不曾偶爾遭遇彼此，但我們仍然沒有任何良好的紀錄能說明他們之間有過互動，更遑論互動的形式了。

究竟有顆大腦袋的尼安德塔人**是否**曾從前來的克魯馬儂人身上學到符號化的資訊處理方法呢？憑我們手上所擁有的物質紀錄，仍無從回答這個顯而易見的問題。但是如果我們把所有間接證據都納入考量，答案似乎是「不大可能」。當尼安德塔人和克魯馬儂人在這片土地上相會時，雖然他們有種種相似之處，他們很可能還是把對方當成異種，看待世界、處理世界的方法各有不同。語言可能是個大問題（當然還有很多其他的問題），而克魯馬儂人幾乎可以肯定已經擁有我們今日所謂的語言，不過他們的特定語言或許和現在（或甚至是歷史紀錄裡）的任何語言都非常不同。至於尼安德塔人似乎就沒有語言。語言是一種密集的符號化活動，一如我們稍後會再詳細談到的，語言或許在我們獲得現代符號化意識的過程裡，扮演了獨特且舉足輕重的角色。但就算有個天賦異稟的尼安德塔人在極不可能發生的情況下偶然習得了語言的雛形，我們也找不到可靠的跡象，能指出有任何潛在的交換行為，對這兩個群體的任一方造成文化或生物學發展軌跡上的重大影響。

克魯馬儂人的生活就像我們，無疑也受到神話和迷信所惑，而當我們思索他們和尼安德塔人的不同之處時，最能讓我們一瞥其心靈差異的，或許就是埃爾西德隆不幸居民所經歷驚悚又現實的命運，以及漫不經心地把肯納的顱骨當成最不合宜的工具類型使用的做法。在這些案例和尼安德塔人的所有其他實體殘遺物裡，我無法不看見他們聚焦在實用性上的強烈模式，以及對符號化想像力的缺乏。這個有著大腦袋的親戚物種當然很聰明，但是他們獨特的聰明類型和我們不一樣，而且我們很難完全理解這樣的差異為何。就像我之前強調過的，對於以符號化方式思考的現代人類而言，我們就是不可能將自己的想法投射在任何不用這個方式思考的生物身上，不管這個生物的腦子有多大，或是和我們的血緣關係有多密切，我們都同樣辦不到。認知的隔閡實在太巨大了。依我們目前的理解等級，我們就是無法得知尼安德塔人對這個世界的主觀體驗是怎樣的，也不曉得他們之間是如何溝通這樣的體驗。

唯一能確定的，就是若將尼安德塔人看成我們自身的失敗版本，絕對是嚴重的不公允。

第十二章 謎樣登場

和尼安德塔人首次出現在歐洲約略同一時間，我們自己所屬的物種智人正在非洲登場。西班牙北部的骨坑化石使我們對歐洲的尼安德塔人祖先能有相當完整的概念，不過情況不同的是，非洲的智人並沒有同樣重量級的發現。有些人科動物的顱骨在東非和南非出土，介於距今四十萬年到二十萬年之間，但是沒有任何一個看起來像是和解剖構造獨特的智人血緣關係相近的祖先。不過我們可以很有信心地說非洲是我們誕生的大陸，不只因為最早的可信智人化石是在那裡發現的，也因為在現代人類族群之間進行的許多次DNA比對，結果清楚顯示，所有人類族群都可以回溯到一個非洲的祖先。我們之所以找不到以前的化石，可能就只是因為非洲是個非常大的地方，還沒有經過詳細探索。但是這也可能暗示了，我們這種不尋常的物種是起源自系統性的基因調節事件，就像我之前在解釋匠人時提過的那種情形（匠人的身體構造同樣也有很大的突破），因為智人在許多特徵上都和較為古老的身體形態（以尼安德塔人和其他相關化石代表的人屬滅絕成員為例）有所差異。不過故事的全貌不只如此，因為每當我們要探討智人時就會發現，身體形式是一回事，讓我們和所有其他生物有著天壤之別的符號化認知系統則是完全另一回事。這兩種特質並不是同時獲得的，而且最早在身體構造方面符合智人標準的生物似乎馬上就和尼安德塔人及其他同時期的人科動物在認知上出現了區隔。

符合現代智人標準的解剖構造

關於那些骨骼構造看起來完全（或幾乎完全）和我們一模一樣的人，我們最初的線索來自東北非的兩處遺址。在二十世紀的六〇年代晚期，衣索比亞南部歐莫盆地的岩石堆裡，出土了一塊殘破不全的頭骨，該處的岩石依估計距今已有十九萬五千年了，而這塊頭骨在重建後，雖然模樣和現今存活的任何人類群體中的成員都不是非常相像，但看起來還是很有可能是個智人。還有另一項更近期的發現，在衣索比亞北部一處叫做「赫托」的地方，那裡的沉積物產出了三塊顱骨，包括相當完整的孩童和成人顱骨，它們同樣也最可能是屬於智人，只不過同樣也和現在的人類在一些細節上有差異。其中那塊成人的顱骨具有一個高聳而龐大的顱頂，還有一張小臉縮在顱頂的前端底下，這顯然是我們的物種獨有的特徵。赫托化石的年份可以很肯定是介於距今十五萬五千年到十六萬年間，所以歐莫盆地和赫托的人科動物清楚演示了，獨特智人顱部解剖構造的基礎是在這兩處遺址的年代之間（也就是距今約略二十萬到十六萬年以前）建立的。重要的是，分子人類學家計算了世界各地大量人類族群的合併時間，並以此為根據提出智人的起源時間，結果恰巧和這段時間範圍一致。

儘管如此，從文化層面觀之，智人在地球的統治並沒有一個驚天動地的開端，而比較像是悄無聲息地揭開序幕。自衣索比亞這兩處遺址發現的石器並不令人感到印象深刻，其中在歐莫盆地找到的少數人造器具被認為「平淡無奇」，不過赫托出現了手斧以及利用預製石核製成的薄片。由阿舍利文化到與較晚近人類有關的「中石器時代」技術之間，顯然經過一段複雜而漫長的過渡時期，而赫托是非洲出現手斧的最後一次紀錄，使得赫托的石器堆正好位於這段過渡時期的尾聲。中石器時代通常被視為歐洲尼安德塔人莫斯特文化的非洲版本（不過這種對比最後被證實有點不大恰當），主要是因為這兩種傳統都仰賴預製石核技術。但是，就像我們很快會讀到的，中石器時代裡發生的事要比莫斯特文化曾有過的一切都來得更加風起雲湧，只是據我們目前所知，這些轟轟烈烈的事蹟要等到歐莫盆地和赫托的年代之後，才終於顯露出來。

人類的整段技術歷史都具有一種典型的情況，那就是在新技術出現時，舊的技術還是堅持不退，而且一直到現在仍然如此，所以我們很難指出中石器時代的確切起始時間，但是一般推算大約是介於距今三十萬年到二十萬年前之間，很有可能是在可辨認的智人出現之前。如果實情如此，也相當吻合我們在人類演化史上已經見過的那種在生物及文化創新之間出現的斷層。

智人起源的問題被搞成一團混亂，因為古人類學家有種其來已久的傾向，想要找到某種長得和我們不像，而且不是尼安德塔人的大腦袋人科動物，再將他們指認為「古代智人」。這個稱號幾乎被套用在從非洲每一個區域以及其他地方找到的所有樣本，但是對那些不具有最基本的獨特解剖特徵（尤其是我們那張向內縮的小臉）的人科動物而言，這種做法其實無益於將他們納入我們的物種。這些化石裡最讓人費解的是幾塊來自北非的顱骨，其中有些和所謂「阿特利文化」的石器製作技術有關（「阿特利」得名自阿爾及利亞的比爾阿特爾遺址）。阿特利文化的工具組在相當程度上是以做為中石器時代的一種變化型為其特徵，但是另外也包含了一些獨特的工具類型，例如重要的「帶鋌石鏃」，這種石鏃的底部較刃部窄，所謂的「鋌」指的就是這段較窄的底部。只要在鋌部裝上柄，石鏃可能就成了一根矛的矛尖。我們甚至可以想像在非常晚近的時候，像這樣的帶鋌石鏃會被拿來當成箭頭使用。

長久以來，阿特利文化的年代都被認為與現代相當接近，不過現在我們知道，在一些相當古老的遺址裡也發現過，因此有人推測，阿特利技術的最早製造者，或許在智人開始走出非洲的事件裡扮演了重要的角色。從地理學的角度來看，這個想法滿合理的，因為撒哈拉沙漠並非一直像今天這樣是人類活動的障礙，如今遍地黃沙的荒地區域，其實已經產出了大量曾有人居住過的證據，特別是阿特利文化。覆蓋在滾滾黃沙之下，過往的排水系統證實了撒哈拉沙漠曾周期性地「綠化」，雨量在那些時期裡增加，湖泊和植被四處萌發。其中最潮濕的一段時期是在距今約略十三萬年到十二萬年前（同時也是歐洲的最後一次間冰期），而在那個時候，撒哈拉沙漠或能成為現代人類族群往北擴展的「渠道」，不過我們也有理由認為，阿特利文化的持有者也許繼續留在非洲，至少還維持了較長的一段時間。

不確定的理由之一，是因為我們並不知道這些持有阿特利文化的人是誰。雖然一般而言，將任何特定種類的人科動物與某一種特定工具組單獨連結在一起的做法並不明智，不過將那些目前為止和早期阿特利社會有關的北非人科動物遺骸，歸屬到定義非常模糊的「古代智人」分類，或許是恰當的。在那些化石裡最出名的是一塊發現自摩洛哥遺址達瑞斯索丹二號的不完整顱骨，再加上更多殘缺不全的考古素材，可能距今達十一萬年或更久。最近有件聲名大噪的化石，是在「走私者洞穴」（同樣在摩洛哥）發現的一塊支離破碎、但又相對完整的孩童顱骨，定年結果大約是在同一年代，雖然它的腦殼容量相當大，但重建後的狀態顯然不同於標準的現代人類。摩洛哥的另一處遺址傑貝爾依羅也出土了幾塊顱骨，距今或許超過一萬六千年，這些顱骨甚至更不像現代人類。和這些較早樣本有關的工具組，據說近似於尼安德塔人的莫斯特文化，只不過這些人科動物本身看起來根本不像尼安德塔人。

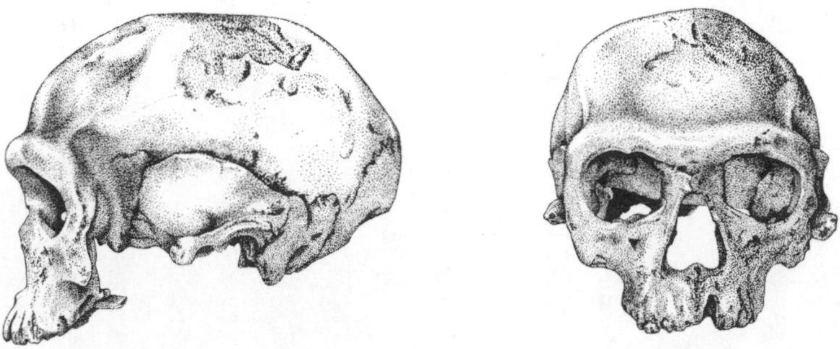

來自摩洛哥傑貝爾依羅的顱骨之前視及側視圖，據信距今約略已有一萬六千年。雖然這塊顱骨常被認為和智人接近，但它其實有著非常不同的面部構造；不過和它相關的技術倒和歐洲的尼安德塔人非常類似。繪圖：麥格納韓。

雖說傑貝爾依羅個體的腦容量介於一三〇五到一四〇〇立方公分之間，但這些北非的樣本裡頭沒有任何一件能夠代表智人的某個明顯種類。較完整的傑貝爾依羅一號顱骨下方有張相當小的臉，但是整個臉部骨架是往前設置的，而且在凸出的眉骨後面，額頭以一種不像現代智人的方式往後縮。

透過骨頭區分血緣相近的物種，常常是個艱難的問題。在某些例子裡，同屬一個物種的族群內可能會存在身體差異相當大的成員，而在另外的例子裡，也有源自同一祖先的兩種物種具有根本無法區別的骨頭構造。在缺乏良好形態學衡量標準的情況下，我們無法完全肯定阿特利文化或是傑貝爾依羅的人，是否有能力和那些解剖構造已達主流智人標準的生物交換基因。事實上，我們可以想見，他們也許真的這麼做過，我們很快就會再談到這點。儘管如此，就像我們稍後也會讀到的，雖然阿特利文化有可能在極早期曾經冒險稍微離開過非洲，無疑地，他們沒參與到那些讓人類足跡得以遍布全球的智人大出走事件。

現在，讓我們把場景轉向鄰近的黎凡特，這塊沿著地中海東岸的區域，可能是離開非洲的人科動物在往北和往西散布之前駐足的第一站。因為黎凡特的動物相通常和非洲共享同樣的組成要素，同時和北邊的區域有所區隔，所以生物地理學家其實常會將這地區視為非洲廣袤大陸的延伸地。在歐莫盆地和赫托的年代之後，我們手上的非洲人科動物化石存貨愈來愈多，而且它們明確顯現出現代智人在形態學上的獨特樣貌。有一具大致完整的骨骸，被發現掩埋在以色列卡夫澤山的洞穴遺址裡，根據最近的估算距今有十萬年或更久，但是前面提到的非洲化石之中，沒有任何一個的年代能無爭議地被說是和這件一樣古老。以色列的這件樣本顯然是我們自身物種的成員，另一具在附近發現的青少年遺骸也是。不過在同一處遺址，我們也找到了另一種大腦袋人科動物的大量遺骸，這種人科動物並不符合你眼中的智人標準，不過他們也絕對不是尼安德塔人。讓謎團更加難解的是，所有這些人科動物都被發現和莫斯特石器工具組有關。這些工具和尼安德塔人所製作的那些大致相同，而且有充足的證據證明尼安德塔人也在約略同時出現在以色列。事實上，這一區域的尼安德塔遺址的年代，從至少十六萬年前，一直延續到大約四萬五千年前為止。

卡夫澤的人科動物常常被拿來和斯庫爾岩石遮蔽處的發現相提並論。斯庫爾是幾十公里開外、位於迦密山西邊斜坡上的一個埋葬地點，從那裡可以俯瞰地中海。在斯庫爾進行的挖掘工作，產出了十具成人和青少年的遺骸，距今可能約有十萬年。相較於卡夫澤，該處的化石在身體結構方面的表現更為一致，而它們奇怪的程度也毫不遜色。他們和現代人類一樣有著又高又圓的顱頂，裡頭可以容納大得驚人的腦袋，腦容量大約達一四五〇到一五九〇立方公分。但是和我們的不同之處在於，斯庫爾的

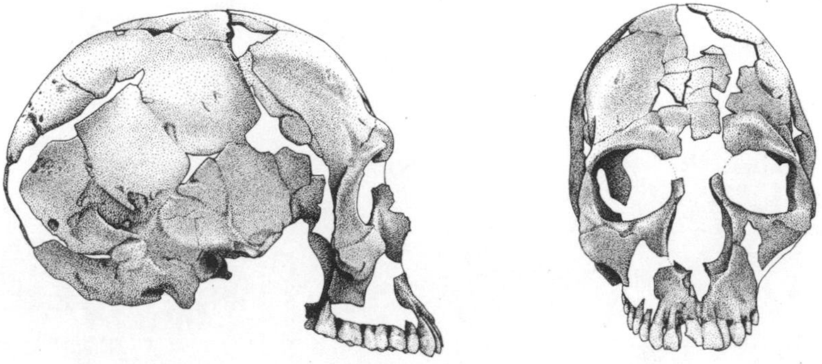

已知最早在非洲之外的現代人類化石，這件顱骨發現自以色列的卡夫澤山遺址。編號是卡夫澤九號，在解剖構造上符合現代人類的標準。無論如何，其他在同一處遺址發現的人科動物化石，並不擁有典型的現代頭顱解剖構造，而且所有的卡夫澤人科動物都和一種莫斯特技術有關，很類似於同一地區的尼安德塔人所創立的技術。繪圖：麥格納韓。

人科動物有張粗獷的臉，不像我們的臉那樣向後縮，傲然凸出在顱頂前方，而且頂端有根橫向的骨桿，取代垂直的額頭。在二次大戰之前，描述這些化石的科學家為了這種奇異的形態學結構而感到困惑，他們的困惑之深，使得他們雖然就這個問題寫了長篇大論，但是他們對於斯庫爾人科動物的身分真正做出的結論（如果真有結論的話），卻極端晦澀難解。

其中一種可能，當然就是他們代表了某種介於現代人類和尼安德塔人之間的混血族群。從地理學的角度觀之，這可能說得通，因為斯庫爾的地點和尼安德塔人長期占據的塔邦洞穴之間，只要輕鬆漫步幾分鐘就能走到。事實上，尼安德塔人居住在該地的時間，似乎很接近斯庫爾「葬禮」的發生時間，不過我們並沒有獨立的理由相信他們確實曾在同一時間共處過。

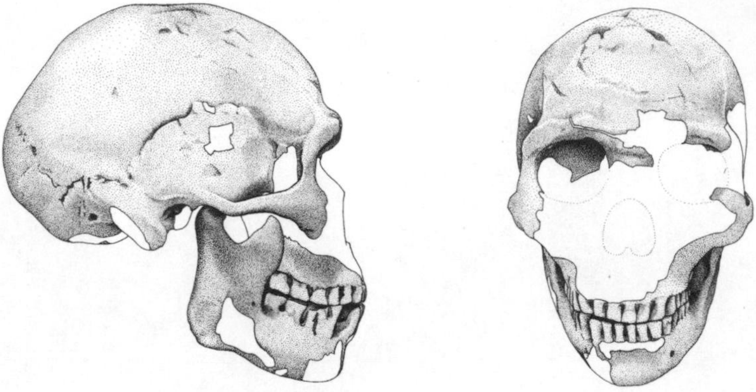

來自以色列斯庫爾遺址的五號顱骨，現在被認為距今已超過十萬年。斯庫爾的化石長久以來都被歸類到智人，但是他們在形態學上其實相當不同。繪圖：麥格納韓。

話又說回來，以生物學角度來看，這個故事的樣貌卻大不相同。打造尼安德塔人和現代人類的藍圖有著根本上的不同，而且雖然我們的確對於現代人類和尼安德塔人的混血種**應該**長什麼模樣毫無頭緒，但我們確切知道任何混血種都會傾向同時呈現出兩種親代族群的特性，而這絕對不是我們在斯庫爾所看見的情形。

因為這種曖昧不明的解剖構造，近年來的古人類學家常會屈服，選擇避開這個令人頭疼的問題，管它這些人科動物到底是什麼來頭，先把他們掃進那塊「古代智人」的小地毯底下再說，來個眼不見為淨。但這真的是在逃避問題，而且其實還有別的可能。當然了，其中一種可能是，卡夫澤和斯庫爾的人科動物是某支已經完全滅絕的世系，而且我們除了這兩處之外，就再也沒有其他紀錄可尋了。還有另外一種更耐人尋味的可能性，其實他們的奇異解剖構造並不是出於現代智人和尼安德塔人的混種，而是源自現代人類以及北非阿特利人（以傑貝爾依羅和達瑞斯索丹的化石為例）的後裔。我們並不知道該如何預期這些族群的混血種，但是不知怎麼地，這樣的配對看起來是個比較可信的組合，而且基於他們有相對近期的共同非洲起源，這兩者的血緣關係想必非常密切，當時的環境條件和時機也都是對的。在大約十二萬年前的潮濕時期，阿特利人很可能橫越北非朝東擴散，然後轉而往北越過氣候相對宜人的西奈半島，再進入黎凡特。同一時期，撒哈拉以南的非洲人正沿著尼羅河走廊直接往北遷移，從那裡急轉向上進入以色列。在某個時間點，這兩種人科動物可能會遭遇彼此，而且儘管身體構造不同，他們或許還成功混了種。當然了，他們之間的差異還沒有現代人類和尼安德塔人之間的差異來得大。莫斯特石器的製造方法如何在新土地上受到採用仍不清楚，不過這些方法和在概念上，和那些從過去流傳下來的石器製造手法，以及許多被辨識為「莫斯特文化」的同期或不同期的北非石器堆，並沒有很大的不同。隨著ＤＮＡ技術的進步，或許以後會有一種方法，可以驗證各種有關這次混種是否確曾發生過的複雜推論。

與此同時，卡夫澤山出現的那些解剖構造和現代智人完全相同的化石，光從表面判斷，也許更能支持混種（或是重新混種）族群的概念。另一方面，這些化石也說明了那些解剖構造無異於現代人科動物的生物與莫斯特文化的地緣關係。無論卡夫澤山的現代人類是誰，他們的行為模式和尼安德塔人並無顯著差異。斯庫爾的情況也一樣，那裡的石製品絕對也屬於莫斯特文化。但是斯庫爾的全貌或許稍微複雜一點，因為根據最近的報告，那裡還出現了顏料，以及一些打了洞、顯然是為了要穿繩的貝殼。我們之後會再回過頭來討論這個主題，現在顯而易見的是，這些在解剖構造上已達現代人類標準的生物，在走出非洲後的早期初探（姑且不論確切形式為何）最終落得了失敗的下場。到了六萬年前，尼安德塔人似乎重掌了黎凡特，而我們一直要到極晚近的時間點，才又看見該區域出現智人的證據。到了那個時候，我們的物種已經建立了顯然先前缺乏的認知和技術優勢。

綜上所述，憑藉我們少得令人受挫的已知資訊，這些在解剖構造上已達智人標準的生物，最初走出非洲進入鄰近的黎凡特，似乎可以合理看作是環境作用下的偶然產物，變得更宜人的氣候是一股助力，甚至可以說是一次刺激。稍後，這些新的人類或許受到氣候惡化所驅使，打退堂鼓回到他們的原生大陸（更可能之後就地消亡了），因為我們知道在大約六萬年前的寒流期間，環境變得極度乾燥。乾旱事件也狠狠襲擊了那些最初在撒哈拉的阿特利族群。到了大約四萬年前，阿特利人只剩下地中海沿岸幾個堅持不退的偏遠居住地了。不管阿特利人最後的身分和命運為何，儘管卡夫澤有那些令人很感興趣的化石，斯庫爾也提供了吊人胃口的暗示，我們仍然完全無法證明智人在此後不久曾經設法大舉入侵歐亞大陸，並取得成功。我們只確定像這樣的事還要等到很久以後才會發生。

分子證據

或許最初走出非洲的遠古初探，是由那些擁有古老行為模式的智人所完成的，而且他們後來再次發現被局限在自己的誕生大陸裡。這樣的概念和分子人類學家所做出的結論若合符節。大規模比對取自世界各地現存人類族群的DNA資料集，結果顯示，我們的物種起源自非洲大陸某處，最有可能是在東邊或西南邊的地區。這個創始的群體後來往南、往北、往西擴張，在原生大陸的其他地方開枝散葉，最後更前進到歐亞大陸，以及整個世界。隨著這樣的散布，人口增加了，各地出現不同的樣貌，而在非洲大陸內，至少已經辨識出十四支源自這個祖先族群的不同現代世系，每一支也都各自發展出變異性。和世界其他地方的資料相較之下，這種情形代表高度的遺傳多樣性，可見人類在非洲演化的時間，比他們在別處的演化時間更長。不過為了避免一切爭端，所有在世上其他地方發現的主要遺傳世系，最好都解釋為非洲的多樣性再分歧而成的子集合，再次指出我們的物種是起源自非洲。有趣的是，分子學家已經發現他們的結論同時也得到語言及文化區分的廣泛支持，不過比起那些控制生物學上革新散布速度的因素，文化革新的證據力較弱（因為文化可以在同一個世代裡橫向地傳遞）。

另一系列分子研究得到的結論，不只指出人類的起源族群在非洲，而且它的規模非常小。事實證明，如果和其他物種相比，甚至是和血源相近的親戚物種相比，人類族群裡找到的所有結構DNA多樣性，其實並不特別令人印象深刻。舉例來說，光是在西非的單獨一個黑猩猩族群，據說其中成員的粒線體DNA所包含的多樣性程度，就超過今日人類物種全體。這意味了以下兩種可能（或兩種可能同時成立），也許我們物種的起源時間相當晚近，所以才沒有很長的時間來發展多樣性；或者我們的起源族群規模極小。在這個問題上，這兩個因素似乎都扮演了重要的角色。智人與最親近親戚物種（已滅絕）的分歧時間點，約只有現存兩種黑猩猩分歧時間距今的十分之一。而且雖然我們不知道黑猩猩可能會有哪些已滅絕的親戚物種，不過顯然依一般哺乳動物標準看來，智人是個非常年輕的物種。但還不只如此，對現在人類DNA變異的分布方式進行的詳細分析同樣也揭露出一套模式，強力指出遠古人類族群在更新世晚期一次或多次面臨瓶頸，換句話說，他們的人數在當時嚴重萎縮。最顯著的一次瓶頸大致發生的時間，很有可能是這些無論在解剖構造或智能方面都與現代人無異的人類，第一次離開非洲的時候（後來他們才終於廣布了全世界），而他們離開非洲的時間點，可以根據考古學或古生物學的證據加以推算。

依據我們手上擁有的各種不同資料，這次瓶頸推算出來的發生時間點和歷時長短多少有點出入，但大致來說，這起事件似乎是約略發生在介於距今七萬五千年到六萬年前之間。我在這裡將較早的時間點包含在時間區段內，主要是因為有個推論，認為人類面臨瓶頸最大的罪魁禍首是劇烈而戲劇性的環境變化，也就是印尼托霸火山的爆炸式噴發。在距今大約七萬三千五百年前，一次絕對是近代地質史上極巨大、極猛烈的火山爆發將托霸火山炸了開來。這次噴發事件震撼了當地，重達數百萬噸的細灰被噴上半空，集結成的火山灰雲可能維持達數年之久，阻擋了陽光，導致所謂的「火山冬天」，對整個舊世界的各個區域都造成了影響。這個推論同時還認為，加上海洋同位素第四期（大約從距今七萬一千年持續到六萬年前）隨後帶來世界氣溫下降效果的推波助瀾，這次的「冬天化」效應使得人科動物的人口戲劇性地減少，包括非洲那些才剛要嶄露頭角的智人。雖然托霸火山的噴發毫無疑問具有十足的破壞力，但還是有許多質疑聲浪，認為托霸火山並無法如推論所暗示的，影響到那麼遙遠的地方，但我們幾乎可以肯定，寒冷的海洋同位素第四期讓舊世界每個角落的人科動物人口都付出了代價。

非洲在遭遇到這段艱苦時期的衝擊之後，可以預見的是接下來將出現漫長的乾旱期，阿特利文化的持有者也因此被驅離了撒哈拉。毋庸置疑的是，這次的乾旱期同樣也狠狠折磨了其他的人科動物族群。如同我們已經提過的，這一類因為氣候惡化而引起的環境崩壞，只會對規模較小且支離破碎的族群造成影響，而且相當有可能有一支擁有全套符號化思維的非洲當地智人族群，從這樣的環境試鍊裡脫穎而出，進而遷徙到全世界。早在海洋同位素第四期的壓力開始之前，已經可以見到符號化心靈的首次波瀾。

若要述說人類物種現身、占據全世界的故事全貌，分子人類學家透過研究各族群裡不同DNA標記的分布方式，已有能力描繪出各個人類分支拓殖全球的路線。藉由不同的資料集（舉例來說，粒線體DNA、Y染色體，以及許多核DNA標記），分子人類學家能夠以驚人的精確度辨到像這樣的事，而且可以在歷史的細節方面達到相當精細的程度。不過研究結果顯示，人類男性的遷徙歷史和女性不同，這就讓問題變複雜了，不過事實上我們很可以理解，考量到人類性別在社會和經濟角色上的典型差異，這個事實並不會混淆整體族群的歷史。只要和智人有關的問題，似乎沒有簡單的。話又說回來，儘管有著種種的複雜情形，許多分子理論倒都滿吻合我們目前對粗略不全的化石紀錄的理解。

除了以色列那些時代較早而且單純的流亡者，我們在非洲以外的每個地方，都找不到任何明確的智人化石，比分子證據所支持的時間點來得更早。在中國南部的「智人洞」裡發現了一塊距今大約十萬年前的支離破碎下頜骨，最近這件化石被吹捧成是智人，但是它的特徵其實和當地的直立人「北京人」更像是同一類，而比較不像任何有可能的早期現代入侵者。廣義來說，分子證據指出，隨著海洋同位素第四期的嚴酷天候在距今大約六萬年前讓步，並換上第三期較仁慈的環境條件，一些非洲DNA世系的後裔便離開了他們的母親大陸。第一次的主要遷徙路線經由小亞細亞進入印度，這些遷徙者接著從那裡再沿著海岸進入東南亞。這些過程都進行得很快，如同我們由考古證據所得知，起碼在五萬年前，就有人類居住在澳洲了。這更加是了不起的一件事，因為最早的澳洲人至少必須越過八十公里的開闊海域，才能抵達他們的新家。這樣的英勇事蹟需要的可不只有船隻（或者起碼要有某種複雜的木筏），還必須具備絕佳的航行技術才行。

與此同時，遷徙者裡的一個分支繼續往南進入東南亞，另一個分支則往北拓殖了中國和蒙古，再逐漸折返回中亞。據信在大約距今四萬年前，來自起源地非洲的遷徙者經由小亞細亞抵達歐洲，雖然氣候條件正朝著前一次冰河期的谷底（距今約略二萬一千年前的）下降，但現代人類歷經千辛萬苦，足跡遠至西伯利亞北部，越過了北極圈。現代人類在這世上最艱困的環境裡存活了下來，而那些理論上應該更能適應寒冷氣候的尼安德塔人卻傾向避開這樣的環境，躲到幾百公里之外，因而更彰顯了我們在文化上的成就確實非凡。

使得現代人類接掌了舊世界（以及後來的新世界和太平洋區）的這段遷徙過程當然並不是刻意為之的一次遠征。幾乎可以肯定的是，人類只是靠著簡單的人口擴散（也就是增長人口、然後萌發出新的群體進入新領地的動作），就大幅擴展了他們的居住範圍。當然了，隨著各地的情況起起伏伏，這個過程大概不會規律發生，也並非勢不可擋。人數稀少的族群絕對會因為氣候和人口的持續變遷而發生多次地區性的擴張或滅絕，使得他們的足跡有時往前邁進，有時又向後退縮。但是這並不代表整體的人類擴散就不能快速進行，如果一支人類族群的居住範圍在一個世代的時間內只擴展區區十五公里左右，那麼只要兩千五百年，就可以累加到超過兩千四百公里。依據相關的時間尺度來看，這是相當可行的。話雖如此，姑且不論詳情為何，光是族群能以這種規模增長，就暗示了這些新的遷徙者有些**不一樣**，換句話說，他們擁有前所未見能力，可以加緊開發周遭的環境。這種能力使得人口數量增加，因此也促成了更進一步的地域擴張。

新出現的智人遷入的領地並非人科動物從未涉足之地，我們幾乎可以肯定在智人隨著散布過程而進入的許多（甚至是大多數）地區裡，早就有相關的物種在那裡安身立命了。這個事實隱含了剛才提到在人口統計學上的差異，而且我們很清楚他們在相遇後的大致發展模式。當這些在行為上可視為現代人類的生物遷徙進入歐洲，具有古老行為風格的尼安德塔人便屈服了；當他們遷入南亞，就輪到直立人敗下陣來。直立人在同樣晚近的時間點，生生不息地居住在東南亞的島嶼堡壘之中，但馬上就消失無蹤了。不久之後，同樣的情形也降臨在弗洛勒斯那些不幸的哈比人身上。在缺乏紀錄的非洲，任何撐過海洋同位素第四期嚴苛環境的其他人科動物，很可能也遭受了同樣的命運。顯然這些新來的入侵者有點**特別**。從人科動物歷史的極早期開始，同一時期的世界上通常存在數種不同種類的人科動物，有時候有些人科動物甚至還居住在同一片土地上。現在的情況則完全相反，實在叫人感到驚訝，一旦那些在行為上可視為現代人類的生物從非洲現身之後，整個世界很快就只剩下單單一種人科動物了。這個現象當然訴說了某個關於我們自身的重要事實，或許這麼說過於武斷，但我們非但完全無法容忍競爭，還透過獨一無二的能力來表達、施加這樣的不耐。在我們繼續起勁地將那些與我們血源關係最接近的現存親戚物種逼上絕路的同時，這或許就是我們牢牢記在心裡的念頭。

第十三章　符號化行為的起源

我們的祖先辦到了一次幾乎無法想像的過渡過程，他們對於周遭世界資訊的處理及溝通，從缺乏符號化思維、沒有語言的方法，轉變成我們今日所擁有的符號化、語言化的情況。這是在認知狀態上一次史無前例的實質大躍進。事實上，就如同我先前所述，我們唯一能夠相信像這樣的大躍進**或許**曾發生過的理由，就是它**確實**發生了，而且看來發生的時間點，是在我們的物種發展出獨特的現代生物形式的很久**之後**。

符號化的感知能力在甫演化出來的智人群體之間掀起了波瀾，我們所得到的關於這一點的最早可靠暗示，來自於非洲或毗鄰的環境。其中年代最久遠的一項證據同時也有點值得商榷，主要包含的猜想是在超過十萬年前，斯庫爾就有人把小型海蝸牛殼拿來打孔穿線，做為串珠之用，顏料團塊也被加熱過，很可能是為了改變顏料原本的顏色，從黃色變成比較有吸引力的橘色或紅色。這些被當成串珠的貝殼特別有意思，因為在歷史上有紀錄的人類種族之間，使用項鍊或手鐲裝飾自己（在這個例子裡，還有用顏料替身體上色）通常具有高度的符號化意涵。你為自己穿著打扮的方式就表達了你的身分，或許說明你是某個群體裡的一員，或許代表你屬於某個階級、從事某種職業，或者意思是你在群體內正處於某個年齡層。目前這一類東西的早期假想證據仍然非常稀少，只包括了兩片在斯庫爾發現的貝殼，殼上最脆弱的部位有穿孔（也可能是出於自然因素），還有一片發現自阿爾及利亞一處阿特利遺址的貝殼（年代不明）。無論如何，這兩處的貝殼所屬的物種需要到遙遠的地中海沿岸收集才找得到，暗示了它們對其持有者而言是很特別的物品，所以才不遠千里地把它們帶回來。這些貝殼可能還代表了更重大的意義，因為這兩處遺址的串珠都是由織紋螺屬貝類的殼製成的，而在時間點較晚近的別處，織紋螺屬的貝殼被廣泛做為飾物使用，這一點已得到相當程度的證實。

在其他的阿特利遺址，約莫從距今八萬年前開始出現較可靠的串珠證據，例如在摩洛哥的「鴿子洞」，就發現了十來個穿孔的織紋螺屬貝殼。如同以色列和阿爾及利亞的遺址，這座洞穴和這一類貝殼最近的可能來源之間距離遙遠，因此這些貝殼應該是被刻意帶過來的，或許是透過某種交易行為。但是我們又一次缺乏能證明這些貝殼上的孔洞是人力所為的決定性證據，不過有些貝殼上面有顏料的痕跡，意味它們或許被刻意塗上顏色，而且它們有種奇怪的光滑色澤，可能是因為曾經在某人的皮膚上摩擦過。

在北非沿岸的其他遺址也找到了類似的發現，可見鴿子洞的發現並非獨有。但是很奇怪的是，最有力能證明這些北非的表現手法其實屬於某個更龐大的行為模式的，卻是來自非洲大陸另一端的證據，距離此地約略六千四百公里之處。布隆伯斯洞是距離非洲大陸南端不遠的一處海岸遺址，考古學家在洞窟裡找到了許多穿孔的織紋螺屬貝殼，這些貝殼磨損的方式強烈暗示了它們曾被當成串珠使用。這樣的串珠符合中石器時代的工業脈絡，而且定年結果距今大約七萬六千年，因此相當具有說服力，它們和那些北非的近似物品大致上處於同樣的時間範圍，也在同一個廣泛的文化脈絡底下。由於這些串珠被普遍接受為個人飾品，在距今大約十萬年前以後的時期，至少有一部分中石器時代的非洲族群有可能已經開始裝飾自己的身體。

但是這些人同時也留下了關於符號化行為更明確的證據，因為布隆伯斯洞裡也提供了其他的物品，是我們所有可以很有信心地解釋為具有符號化意涵的物品裡最早的一批。這些物品和織紋螺屬貝殼製成的串珠出自同樣的中石器時代地層，包含一對十幾公分長的赭石飾板，每片飾板的表面都被刻意弄平，上頭刻著明顯的交叉線樣式。或許我們永遠不會知道這些線條想表達什麼，但是這兩片飾板在沉積物裡的發現位置垂直相隔十幾公分，可見這樣的幾何樣式所代表的意思並未隨著時間流逝而改變，而且不是同一個人在無聊時隨手畫的塗鴉那麼簡單。還有另外一片赭石，發現自約略四百公里開外的一個石洞內，製造時間可能只略晚一些，上頭的圖樣或許是相同樣式的簡化版本，再次證明這個樣式是具有某種含義的。更重要的是，在布隆伯斯洞的同一處沉積物裡找到了骨頭製成的器具，這些器具本來可能有柄，而且是一種顯然在同期的歐洲尼安德塔人工具組裡找不到的類型。

距離布隆伯斯洞不遠處有另一個複雜的海岸洞穴群，位於南非共和國的品尼高點。該處也曾有中石器時代的人類居住其中，大約是從距今十六萬四千年前開始，延續到七萬年前，然後又過了好一段時間為止。這段時間內的居住情形斷斷續續，可能是因為海洋同位素第五期的高海平面把中間時期的沉積物給沖走了。在十六萬四千年前的這個時間點，這些洞穴的占據者已經將他們的飲食內容擴展，將難以取得的海洋資源包括在內，也許是為了應對海洋同位素第六期的寒冷氣候條件。於此同時，他們常常處理顏料，並製作「小石刀」，也就是嵌在把手上的小石頭薄片。要等到非常晚近的時候，在非洲以外的地方才會出現類似的工具。顯然在這個時候，重大的文化改變正在發生，不過這些技術上的表現是否**確實**為符號化認知能力的預兆，這一點倒還有待商榷。

儘管如此，雖然我在前面說過，關於舊石器時代的各項技術，很少有可以視之為源自符號化心靈

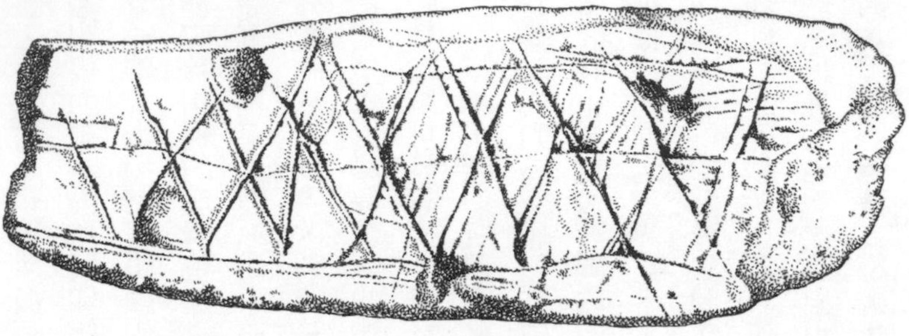

來自非洲南部沿岸布隆伯斯洞裡的其中一片赭石飾板，上頭刻有幾何線條，距今約有七萬七千年之久。這個物件是符號化物品的最早證據。繪圖：懷恩。

的初步證據，但若這條規則有例外，那大概能在品尼高點找到。這個地區相當缺乏製造石器所需的良好素材，而有不錯的證據顯示，在距今約莫七萬兩千年前時留在此地的人群，懂得使用複雜的技術，來改善至少一種在他們手邊能找到、特性普普通通的原料，例如矽結礫岩（一種在富含矽土的土壤裡偶爾會形成的石頭）。矽結礫岩適於製成薄片狀，但是在這種岩石的自然狀態下，薄片的邊緣很難維持。無論如何，品尼高點的居民發現，如果以一系列縝密的步驟對矽結礫岩進行適當的加熱和冷卻，矽結礫岩就會變硬，做出來的工具也比較好。其中牽涉到的技術是如此複雜，包括許多預先計畫的階段，所以幾乎能肯定絕對不是缺乏抽象化能力、無法將一長串因果關係視覺化的心靈所能想像出來的。因此，在距今七萬兩千年前，也就是和布隆伯斯洞裡的居民製作出那些符號化飾板的約略同一時期，他們在品尼高點的鄰居也同樣展示了具有符號化意涵的繪畫表徵，不過方式完全不同。矽結礫岩製成的工具也出現在較早期的品尼高點洞穴群，但是在比較遙遠的時間點，這些工具的製作素材曾刻意經過加熱處理的證據也比較不充分。

來自布隆伯斯洞的最新研究報告，彷彿是對品尼高點的發現所做出的快速回應。在距今大約七萬五千年前，布隆伯斯洞的居民也展示出具備先進技術的高超能力。我們現在已經確認布隆伯斯洞有受過火燒而硬化的矽結礫岩工具，但不只如此，考古學家發現這些工具的邊緣還經過一種稱作「壓力剝離」的工法改進。這種工法是其他地方沒有的精細技術，一直要到距今大約兩萬年前以後，才能在歐洲克魯馬儂人的晚期作品裡見到。這項預期之外的發現相當驚人，但也因為如此，我們比較容易接受在剛果東部「卡坦達」遺址內發現的骨製魚叉，定年結果竟然有約略九萬年之久。我們之前所知最早的帶刺魚叉出自歐洲的克魯馬儂人之手，而且是在壓力剝離工法出現在歐洲的很久以後才出現的，剛果的魚叉比這要早了好幾萬年。因此，各種證據以令人印象深刻的方式開始累積，足可證明在中石器時代的中期和晚期，某件真正重要的大事正在非洲沸沸揚揚地進行著。

這些中石器時代的非洲南部人的確切身分仍是個謎，他們似乎並未在居住地或附近區域舉行過葬禮，得以保存下來的骨頭非常稀少。品尼高點有幾顆零散的牙齒，但沒能提供太多資訊。不過，中石器時代人類化石的缺乏情況，還是有個值得一提的例外，那是在克拉西斯河口的洞穴群裡，位於布隆伯斯洞以東沿岸數百公里處。從克拉西斯河口的中石器時代地層，考古學家發現有證據顯示在超過十萬年前，就已經有符號化思維，懂得將生活空間區分成數個功能不同的區域了。而在距今八萬到九萬年前，發現有些極為支離破碎的人類遺骸，可能是在食人族大餐裡被烹煮過後的殘留部位。這些遺骸的主人通常被詮釋為智人，而且就算他們沒能準確落入我們的物種在今日顯現出的多樣性範疇裡，絕對也非常接近了。

在令人興奮的布隆伯斯洞時代之後，符號化的蹤跡稍微減少了一些。在非洲南部和東部幾處中石器時代的遺址裡產出了鴕鳥蛋殼的碎片，上面有著似乎是故意刻上去的圖樣。像這樣的物件在非洲南部的迪克魯夫岩洞裡最多。迪克魯夫岩洞遺址的年代比布隆伯斯洞略晚一些，距今大約六萬年前，但絕對還是屬於中石器時代。這些碎片似乎本來是某種盛水容器的一部分，裝飾著符號化的花紋，很有說服力地確認了在中石器時代的晚期，非洲南部的符號化傳統仍在持續。在非洲東部的遺址，鴕鳥蛋殼也被用來當成符號化器具的素材，不過時間比較晚。其中最出名的地點是肯亞裂谷的「晨曦洞」，定年結果為距今約略四萬年前，而這個時間點使得晨曦洞成為由中石器時代進到晚石器時代的區域過渡點。晚石器時代是非洲史前史的一段時期，發源時間和歐洲舊石器時代晚期的時間點約略同時，而且晚石器時代和舊石器時代晚期被認為是大致相當的。據我們所知，世界各地的真正現代人類都經歷過晚石器時代，那是所有人類皆有的努力成果。晨曦洞裡以鴕鳥蛋殼製成的物品並沒有經過雕刻，不過是形狀很漂亮的圓盤，像串珠一樣串在一起，所以它們的分類和迪克魯夫岩洞那些帶有裝飾的容器不一樣。然而，在非洲南部的晚石器時代遺址，發現了類似的串珠，暗示了非洲南部晚石器時代在文化上的一些連續性。

非洲是相當廣袤的大陸，對舊石器時代的考古學家而言是一大片未知領域。那些居住在遙遠北方和南方的人科動物，都藉由他們和世界相處的方式，顯現出某些代表了現代化曙光的有趣跡象，但是同一時間，在這塊大陸的中部區域又有哪些符號化領域的發展？關於這個問題，除了諸如來自卡坦達的那些吊人胃口的發現之外，我們實在沒有太多線索，令人特別感到沮喪。在中石器時代的較晚期，分處非洲北部和南部的人類族群或曾有過某種程度的間接接觸，但基本上我們對此仍只能憑空推測，而這些族群在生物構造上可能的差異程度也同樣未解。這兩個區域在初期都選擇了織紋螺屬的貝殼做為製作串珠的素材，這是個暗示性的證據，但恐怕也僅止於此。現在的撒哈拉沙漠是一個戲劇性的生態屏障，將非洲大陸的北部邊緣和撒哈拉以南分隔開來，但在十二萬年前的潮濕氣候階段，這道屏障事實上並不存在。而在這種符號化知覺正要甦醒的時期，如果我們假設當時其實有規律性的貿易路線，穿越現今極度不毛的撒哈拉沙漠，應該也不會是什麼不合理的想像。不過在接下來的海洋同位素第四期，這片沙漠又再次（至少間歇性地）成為令人生畏的屏障。那時的各個族群會不會有可能進行過文化上和生物上的交流呢？這個問題的答案始終相當不明朗，直到我們找到那些距今大約八萬年前的物證，並發現它們暗示了嶄新的認知形態為止。在這之前我們只能說，若族群間確實有過交流，那大概會是通過尼羅河谷而進行的。

儘管如此，如果分子人類學家想的沒錯（目前為止，他們的想法一直都能得到考古紀錄的支持），在認知能力上符合條件的現代人類在終於接管了整個世界以前，也許是發源自非洲東部的一個族群。這個最初族群的規模相當小，存活時間很可能晚於布隆伯斯洞的時代。符號化的創新在距今八萬年到六萬年前的時間區段內有如百花齊放，然後過了沒多久，非洲南部就陷入了漫長的乾旱期，內陸人口數量也跟著大幅度下降，這部分可能也具有重大意義。在這樣的環境條件底下，布隆伯斯洞以及品尼高點的居民在文化上的實踐不大可能直接造就後來出現在更北邊的類似表現手法，可能性頂多只能算是普普通通。真正的情況似乎更有可能是這樣的：人科動物的創造性精神在中石器時代晚期的許多地方都快速發展，並透過某種朝向符號化思維的普遍傾向來利用各處的資源，而符號化思維出現在很早期，因為智人在中石器時代開始後的某個時間點起源時，就是一種極為獨特的物理實體了。

姑且不論全體現存人類的各路祖先族群在非洲的何處融合，也不論他們的後裔在出走非洲時所採取的路線，我們很確定在認知方面符合條件的現代人類首次出現在歐亞大陸的時間，最遲不會晚於距今六萬年前。我們在前面提過，人類在約略五萬年前抵達澳洲，不久之後，他們就開始在當地留下藝術活動的痕跡。有些可能在同樣時間範圍內的印度南部遺址所產出的石器，和那些發現自非洲南部和東部的遺址（例如布隆伯斯洞、迪克魯夫岩洞，以及晨曦洞等地）的石器相似得驚人。在其中一處遺址找到的鴕鳥蛋殼碎片帶有某種交叉陰影花樣，和發現自布隆伯斯洞以及迪克魯夫岩洞的鴕鳥殼類似。最驚人的是，根據得自實體遺骸和克魯馬儂人藝術作品的證據，在我們開始從黎巴嫩和土耳其的舊石器時代晚期遺址找到貝殼串珠之後沒多久，具有完全成熟的全副現代感知能力的人種，就抵達了歐洲這個相對遙遠、難以進入的半島。這項證據的定年結果距今超過四萬年前，確認了克魯馬儂人的老前輩在此時已經往北邊和西邊散布開來了。

克魯馬儂人留下了我們可能會需要的一切證據，證明他們的認知能力就和我們一樣。我們之所以擁有這些證明了克魯馬儂人認知成就的證據，主要是因為一次同時發生在文化表現以及地形學方面的意外。平心而論，以驚人的動物圖樣和全套幾何圖形來裝飾又潮濕又危險的洞穴深處，是一種相當不尋常的消遣，而雖然所有在歷史上有紀錄可尋的人類社會，顯然都是符號化的，但其中有些社會更是透過非常持久的方式表達了這樣的能耐。更重要的是，大部分的克魯馬儂藝術，是恰好保存在那些克魯馬儂人居住的石灰岩地形上的洞穴或裂縫，若是在其他的地理環境底下，我們或許就不能期待會有可相提並論的符號化表達方式被保存下來。儘管如此，像這樣的意外事實上讓人感到開心，而且絕對能替我們指出完整現代知覺的最晚發跡時間。

有些學者認為令人眼花撩亂的克魯馬儂藝術代表了與過去的斷層，克魯馬儂人的世系必然已經獲得某次最近才發生的基因改變，否則這種種的創作能力並沒有實現的可能。更明確來說，這次基因改變的功效局限在他們的神經訊息處理方式，而這無法從我們所擁有和他們有關的一切物證（也就是骨頭化石）裡看出來。但是從生物學的角度觀之，這個猜想的可信程度還比不上其他的可能性。關於符號化的感知能力，克魯馬儂藝術是最好、也最詳盡無疑的早期表現手法，而根據得自布隆伯斯洞和品尼高點的暗示，我們有絕佳的理由相信，這樣的能力早在人類歷史的很久很久以前就已經蓄勢待發了。除此之外，對於那些最早具有此等認知能耐，並據以發展出符號化感知能力的人來說，我們實在沒有理由認為他們會一口氣發現符號化感知能力的所有面向。事實上，看著人類物種後來的技術歷史及經濟歷史，簡直就像是在看著人類探索這個較晚發現的能力。而時至今日，我們仍在摸索這種能力的無形極限。

第十四章 太初有道，道即語言

從生物學的角度來說，真正在解剖構造上能稱作智人的人種誕生之時，或許是在最初的織紋螺屬貝類串珠被打上洞的整整十萬年前。我們和那些血源關係最接近的已知親戚物種在頭骨和顱後骨的許多特徵有所不同，而且幾乎可以肯定我們大腦內部組織的某些重大特徵也不一樣。這些差異大得很不尋常，至少就人眼所見，大部分的靈長類動物和其最接近的親戚物種之間並不會有太大的差異，大部分的差異點在於外顯特徵，例如毛色、耳朵大小，或者甚至只是叫聲不一樣，至於骨骼構造的變化程度則通常不大。相反地，就算把那些和我們血源關係相近的同類僅有的殘缺紀錄都納入考慮，智人仍然顯得相當獨特，而且前所未見。儘管如此，我們顯然是在很晚近的時間點，才獲得了我們那不尋常的解剖構造及能耐，因為無論從身體或智能的角度觀之，顯然都沒有證據能支持我們是經過漫長時光才逐漸成為當今樣貌的想法。就像我已經觀察到的那樣，這暗示了我們物種的身體起源是來自一次重大發育重組的短期事件，而這次事件很有可能是受到ＤＮＡ層級上一次相當微小的結構創新所導致。這種情況確實發生過的可能性很大，因為能造就我們的那一類遺傳革新最有可能被「固定」在與世隔絕的小型族群裡（換言之，成為該族群裡的常態），就像我們那些本來就四散各地、還常常被變化莫測的氣候拆散的非洲祖先。換句話說，更新世晚期的環境條件或許就像你所能想像的那麼合宜，適於這一類必要事件發生，如同我們這般不尋常的生物也才會出現。

就我們目前所知，智人最獨特之處，在於明顯表現出以符號化思維操作資訊的能力，而理解我們獲得這種能力之謎，就是完全理解我們自身的任何企圖之基礎。有些可能性我們立刻就可以排除。首先，我們處理資訊的新奇方式不大可能是由之前的任何可辨識趨勢所能預期得到的結果，也不是大腦容量隨著漫長時間愈變愈大（因為在我們的祖先世系裡，較聰明個體的生殖優勢勝過較笨的那些）而引發的限界效應。我們之所以知道這一點，不只是因為不具有符號化能力的尼安德塔人腦容量平均比我們還大，也因為我們自己的腦容量自從克魯馬儂人的時代以降，似乎也縮水了整整百分之十，而我們還沒掉到符號化的「限界」底下。無論你對後面這個「冷知識」想多了解些什麼，它都是最起碼的證據，說明我們不該只憑腦容量的增加來解釋我們不尋常的認知方式。

唯一有證據支持的另一種說法認為，我們之所以能擁有奇特的智力機能，是因為新奇的神經形態所致，也就是我們大腦的內部構造和連接關係發生了改變。這樣新奇的改變應該不會毫無跡象地憑空發生，畢竟從五億年前（甚至更久以前）的最早脊椎動物大腦開始，人腦已經經歷了一段漫長、大幅度增長的歷史，裡頭並沒什麼本質上的新東西。但是這個改變造成的**結果**相當具革命性，以今天的行話來說，這樣的結果很「要緊」。換句話說，偶然出現的改變，或者在已存在的結構上添加新東西，卻使得功能達到了全新等級的複雜度。

我們沒辦法直接從化石紀錄得知我們最初得到這種驚人能力的確切時間，究竟現代人類和尼安德塔人在大腦外型上的些微不同會不會造成功能上的顯著差異，古神經學家（專門透過顱頂化石內部留下的痕跡來判斷腦部形態的專家）對這個問題甚至無法取得原則上的共識。我們所確知的是，從考古紀錄觀之，這兩種物種在**行為模式**上並不一樣。尼安德塔人所採取的做法看似是人科動物處理刺激的「老法子」的複雜版本，純粹只是利用直覺式的過程；相反地，雖然在我們的大腦深處仍然有許多「老」的部分，但身為懂得符號化思維的智人，我們是以一種完全革命性、而且前所未見的方法在處理資訊的。

基因、語言，以及喉頭

我之前曾簡短提到過，有人認為我們謀生的新方法是起因自一個相當晚近才獲得的「符號化」基因，而在科學家發現 FOXP2 基因的人類版本和我們的語言能力有高度關聯之後，對這個可能性或許為真的興奮之情便水漲船高。FOXP2 基因對人類的影響程度之深，至少我們知道擁有其突變形式的人沒有辦法正常說話（不過他們似乎也沒有更廣泛的認知障礙），根據造影研究顯示，這種人的大腦布洛卡區活動力較低。當我們在許多尼安德塔人身上發現他們擁有 FOXP2 基因的正常人類版本時，這股興奮之情又更加高漲，鼓舞了尼安德塔人也有語言的猜想。如果這個猜想恰恰屬實，那就等於是強烈暗示了複雜的意識之存在，因為語言是一種無可比擬的符號化系統，若不具有創造及操作心智符號的能力，語言就不可能存在。我們幾乎可以肯定地說，任何生命體，只要能產生語言，就有能力顯現出其他和符號化思維相關的所有特質。但事情如果真的這麼簡單就好了，事實證明，有許多基因決定了人類的正常語言及話語產生的過程，而且這些基因全都「為所當為」地幹著活。事實上，和發育過程密切交織的基因是如此之多，我們每一個人竟都可以正常發育，有時候看來真是個奇蹟。從這個角度來看，儘管單一基因（即使是像 FOXP2 這樣的調控基因）「對應」到語言能力的概念很有吸引力，但顯然只是個錯覺。尼安德塔人所擁有的是語言的必要條件，但並不是充分條件。

到目前為止，至少我們知道並沒有一個所謂的「銀彈」基因，可以被指認為我們獨一無二認知能力的根本原因。事實證明，其實有個更好的一般性解釋，能說明我們為何得以擁有這種能促進複雜思考的大腦解剖構造；而且這個解釋也更符合以下事實：對於這項獨特能力開始表現自我之時的行為紀錄，我們所知甚少。細節仍然躲著我們，而且我們依舊毫無頭緒，無從得知究竟是怎樣的基因重整造就了智人的獨特解剖構造，我們唯一確定的就是這樣的事件確實發生過。但看來最有可能的情況是這樣的，就像我們所有其他的獨特構造特徵，我們的新認知能力其實是一個副產品，是伴隨著極為縱橫交錯的基因意外而得到的，而這次基因意外，使得智人能夠以獨特個體之姿現身。對我們來說很幸運的是，最後產出的生物運作得相當不錯。

這麼看來，使得我們物種在後來得以擁有符號化思維的神經要素之所以能夠進入我們的身體裡，其實只是大約二十萬年前一次發育重整的被動必然結果，而該次發育重整促使了在解剖構造上已達標準的智人之崛起。我們可以拿拱橋做為類比，看看在拱橋建造過程中發生了什麼事。在拱心石放置到定位之前，拱橋是不能作用的。更重要的是，姑且不論在我們的案例裡的「拱心石」是什麼，某種嶄新的可能性被它創造出來以後，潛伏了頗長的一段時間，直到某天它的符號化潛能終於被它的主人「發現」了。

從智人獲得這種後來證實相當顯著的新奇能力，到其持有者學會利用這種能力為止，中間有一段時間差。雖然看起來有點違反直覺，但這段時間差其實是演化歷史上一種相當常見現象之範例。既然任何基因上的革新都是相對於其攜帶者所存在的環境而隨機發生（不過它們當然有可能會受到其攜帶

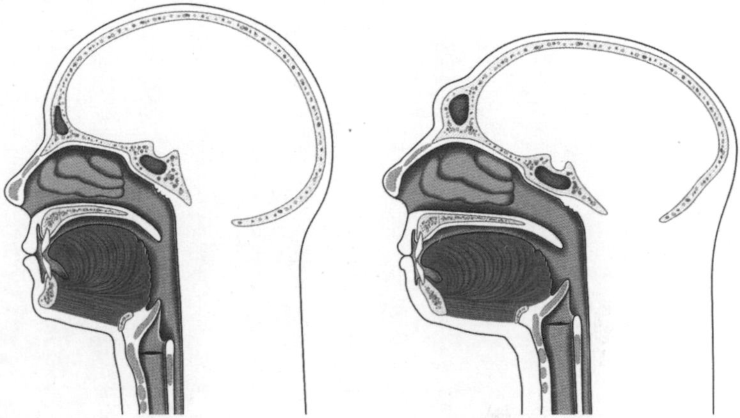

現代人類（左）以及重建後的尼安德塔人（右）的頭部剖面圖，顯示出他們在上聲道的差異。注意尼安德塔人那長長的上顎及舌頭，以及比智人高的喉頭。繪圖：塞勒絲，重繪自拉提曼的素描。

者的演化歷史導引而往特定的方向發展），它們最初之所以出現，必然不是為了**適應**某種特定的生活形態，而是一種**預適應**，也就是某些之後必然會有新用途的特徵。我在前面簡短提過這種特徵的經典範例，鳥類的祖先擁有某種皮膚毛囊，在幾百萬年後才被拿來當成飛行機制不可或缺的組成成分。同樣地，陸生脊椎動物的祖先在還完全生活在水中的時候就已經有腿部的雛形了，對那時的牠們而言，陸地上的生活方式仍在遙遠的未來。這些構造剛出現時，你就是沒辦法預測它們未來的功用。更重要的是，演化上的革新之處只要不太過礙事，就常常可以保存下來。而在智人的案例裡，符號化思維的潛能絕對早就默默潛伏在某處，無人知曉，直到它因為受到刺激而「釋放」出來。這個刺激必然是文化上的，畢竟生物學上早就已經到位。

這裡說的生物學，不只包括了能用來生成語言、傳送指令給可產生語言的周邊發聲結構之腦部潛能，也包括了這些周邊的發聲構造本身。我們的上聲道究竟有何特殊之處，讓我們能夠發聲說話？是不是如果少了什麼，我們的聲音語言就會無法表達？關於這些問題，目前已有許多的立論。這些討論大部分都牽涉到我們的喉頭（音箱）在人類喉嚨裡的位置很低，也牽涉到你要怎麼從化石裡確切辨識出喉頭的所在等等。喉頭愈低，其上可受操作的咽頭（空氣通道）空間就愈大，而咽頭是由喉部肌肉控制，藉由振動空氣柱產生不同的頻率，再整合成人聲。許多學者已經找到理由相信，喉頭的位置在某一類的人屬顱骨化石裡各有程度不等的下降情況，激起了一種猜測，認為語言能力（更進一步來說，還有現代人式的意識形態）在人屬演化的早期就已開始成形。不過就連舌骨（就是喉頭裡的骨頭）化石的發現都幾乎無法平息相關爭論，而學界最近的注意力已經轉向上聲道的口腔及喉部比例，並且提出了新的見解，認為較短的臉部是製造必要範圍內的頻率不可或缺的要件。我們可以預期關於這些特徵的辯論仍將繼續延燒。

話又說回來，於此同時，有個非常具吸引力的特徵，能佐證在那些解剖構造已達標準的智人起源之初，有關語言、說話，以及符號化思維的潛能其實是同時出現的想法。也就是說，所有的必要特徵可能在它們被（分別）移作新用途的時候，就早已各就各位了。姑且不論智人那較短又往後縮的臉部是在怎樣的功能脈絡底下演化出來的，這個功能脈絡都和語言（或許甚至和說話）毫無關係。我們就是很難判斷確切的脈絡可能為何，尤其是考量到既小又後縮的臉部其實帶來了一些很明顯的缺點。舉例來說，齒排的長度變短了，牙齒受到擠壓，常常會導致阻生齒和咬合不良的症狀。還有，降低喉頭會使得空氣通道和食物的通過路徑交錯，導致嚴重的窒息風險，而這種事在喉頭還比較高的時候不大可能發生。這樣的後果可不只是不方便而已，光是在以分量適合一口吞下的食物而聞名的日本，每一年就有超過四千人窒息而死。誰也說不準這種新的頭顱結構是不是具有什麼可以抵消缺點的早期優勢，也許這些缺點就只是不足以造成明顯的差異罷了，或者纖細的新體格消耗的能量較少，因此提供了具競爭力的優勢，勝過體型較粗壯、能力較差的競爭人科動物。但很顯然，目前為止我們只能證明這種又新又不尋常的人類生命體應該以整體觀之，而不該只在意某些革新解剖構造的特定面向。

儘管如此，早期的智人並沒有馬上從競爭裡勝出。就如我們已經提過的，智人最初以顯然非符號化的方式突襲進入黎凡特時，取得的成功並不持久。相反地，在我們的祖先能夠快速接管整個世界之前，還得先等符號化行為模式出現才行。究竟這樣的發展如何發生在非洲大陸，這裡提出了兩種可能性，而我們所擁有關於人類符號化思維覺醒的零星證據，並無法排除任何一種。第一個可能性是，假如生物學上的潛能早已就位，那麼許多與世隔絕在非洲各處的人科動物族群或許已經開始實驗他們的新能力；另一個可能性，則是這一切全都源自單一起源。想要確定何者為真，需要的資訊遠超過我們目前所有，不過根據早期廣泛分布的喧鬧之聲，至少我們可以確定到了距今八萬年前，符號化的資訊處理能力已經問世。

符號化思維之覺醒

關於操作資訊的符號化心智能力那幾乎難以想像的過渡過程，確切的發生經過仍純屬推論，不過這樣的過渡過程倒是個很有吸引力的推論。我們已經建立了一個論點，我們需要尋找的是文化上的刺激，把那個在生物學方面已經準備就緒的人類腦袋，一腳踢進符號化的模式。如果你能夠問問那些對這個問題有興趣的科學家，這個刺激有可能是什麼，你大概會得到兩個明確的前導理論。

這些潛在刺激源之一是「心智理論」。我們人類是靈長類，我們較高等的靈長類親戚一般而言都具有強烈的社交性。不過我們所顯示的是一種特殊類型的社會性，其特徵不只在於我們擁有猿類似乎缺乏的「親社會性」（懂得關懷他人），也在於我們的社會性更超然、更能觀察。我們知道自己在想什麼（也就是心理學家所謂的「一階意向」），我們能猜測別人在想什麼（二階意向），我們也能懷疑某個別人對第三方抱有信念（三階意向），以此類推。猿類似乎已達到一階意向，他們也是在非人靈長類裡唯一或已攀上了二階等級的生物；另一方面，人類似乎有能力最多處理到六階意向，而不會感到暈頭轉向（他相信她認為他們打算……，以此類推）。為了處理在穩定複雜化的社會內的互動關係，心智理論漸趨縝密，有些科學家認為我們非凡的認知形態之演化，就是受到這樣的發展推動的。換句話說，日益強烈的社會性會產生自我強化的壓力，而現代人類的認知能力便是在這個壓力底下發展出來的，或許這一切就發生在聚集了人群的火堆旁。

這是個很吸引人的想法，尤其是我們精巧的社會儀式與回應，和我們處理與社會同伴有關之資訊的方法（這永遠是我們視為當務之急的課題），兩者之間是如此密不可分。但是這一類的機制並無法解釋以下兩個問題，第一，為什麼高度社會化的猿類在和我們平行演化的漫長時光裡，沒能發展出較複雜的心智理論？第二，為什麼考古紀錄似乎指出在這麼多有著大腦袋的人科動物裡，就只有那麼一支世系擁有符號化的知覺能力，而且還是非常晚近才突如其來地出現？

每個人都認為我們懂得使用語言這回事和我們的認知形態有關，確實如此，不管再怎麼強調語言是終極的符號化活動都不為過，因為語言從有限的符號化元素集合裡，產生出無窮無盡的陳述方式。

就和思想一樣，語言牽涉到將我們四周的世界細細拆分成龐大的符號化語彙，然後再根據規則，將這些語彙組合成句子，而這些句子並不只關於我們直接感受到的世界，也包括了假設的情境。我們幾乎不可能想像缺乏了語言的思考過程，因為少了語言居中調解，思考的過程將變得全然直覺，而且無法敘述，完全就只是在接收到曾經接觸過的刺激後，根據情況做出回應而已。這並不是說做出這種回應所需的能力就一定很簡單，儘管抽象化的過程潛藏在符號化思維的根本裡，但極度複雜的連結關係也可能在無須抽象化過程的情況下達成。我們之所以知道這一點，是因為有來自早期人科動物的例子。這些徵兆在這種等級的功能上絕不會只是船過水無痕，一定會替人科動物的歷史留下一些最值得注意的技術進展，包括學會用火、發明複合式工具，還有建造能夠遮風避雨的住所。像這樣的成就確實令人印象深刻，但是語言促使符號化的資訊處理方式強加在較舊的認知過程上，使得人科動物看待世界的方式有了全新的角度，他們最終也才能夠重新勾勒這個世界。

我們在非洲這片大陸上，發現了那些長得和我們一樣的生物最初的化石證據，以及（稍晚一些的）符號化活動最早的考古跡象，有人認為這起重大事件就是發生在非洲，而透過最近針對世界各地口說語言中的發聲進行的研究，這個想法得到了證實。這項比較語言學上的研究結果清楚顯示，語言的演化就和生命體一樣，會從祖先形態發展出許多後繼的版本，但各個後繼的版本之間有時仍維持了共同起源的印痕。據此，許多科學家將語言間的差異當成人類散布全球的一項指標，而在採用這個方法時，他們傳統上會專注在組成那些語言的詞彙上，但這種做法已被證實是事倍功半，因為單一詞彙會隨著時間以相當快的速度變化。變化的速度之快，在大約經過五千年，或者頂多一萬年之後，想尋找詞彙關係的概略蹤跡，就已經頗為無望了。因此，雖然語言確實已證明在追蹤最近數千年內全球各地的人類移動時相當有用，但如果應用在很早期的演化研究，語言學家就有點陷入困境了。紐西蘭的認知心理學家阿特金森最近提出了另一種做法。根據阿特金森的說法，在尋找語言起源時，我們最好不要把詞彙視為整體，而應該拿其中的各個發聲組成（稱作「音素」）來比較。這很有道理，因為比起組合音素後所代表的意涵，音素本身和生物學的連結更為強大。當阿特金森開始研究世界各地各個語言的音素分布，他發現了一套值得注意的模式。你去到離非洲愈遠的地方，一般用來生成詞彙的音素就愈少。有些非常古老的非洲「搭嘴音」語言有超過一百個音素，而講這種語言的民族具有很深層的遺傳淵源。英語大約有四十五個音素，夏威夷是地球上很晚才有人居住的地方，那裡的語言就只有十三個音素。阿特金森將這套模式歸因於所謂的「一系列的奠基者效應」，那是一種素為族群遺傳學家所知的現象，原因是每次一旦有後繼群體離開祖先群體，在別處開枝散葉，有效族群大小便會下降。因為我們先前討論過的瓶頸效應，遺傳（顯然還有音素）的多樣性會隨著之後的每一次分枝而逐漸降低。

在阿特金森分析的約略五百種語言裡，序列奠基者效應的影響不比在基因裡的表現來得明顯，但是這樣的差異很有可能是因為語言演化的速度太快了。雖然如此，重點是遺傳和音素的傳播模式在本質上是一樣的，而且同樣都指向一個位於非洲某處的起源地。由阿特金森的分析可知，收斂點可能在非洲的西南方，這一點也和最近一項遺傳方面的研究一致。他的研究結果暗示了不但現代智人是單一地點起源的，對語言而言，同樣的說法也是成立的（或者至少我們可以說，對那些存活至今的語言形式來說是成立的）。在這樣的情況下，我們就有了一個強力的論點，看來在能言善道的現代人類快速接掌整個世界的過程裡，生物學和語言方面有著根本上的協同效益。

過渡過程

有很多理由能說明為什麼語言的發明會是一個顯而易見的候選者，它可能就是將我們的祖先輕輕推過符號化邊緣的某種刺激。雖然所有現代社會都已有由來已久的語言，但我們的確可以藉由直接觀察得知，混用兩種語言以上的結構化洋涇濱語言能夠快速創造出代表某種發聲的符號，而且無須外部驅動。最著名的例子是一種在二十世紀八〇年代間，由尼加拉瓜的失聰兒童自主發展出來的手語。當尼加拉瓜第一所啟聰學校於二十世紀七〇年代建立時，他們把那些本來隔絕在家中的孩子聚集起來，而原本和他們一起生活的親戚以一般語言溝通，並不懂得使用手語。這些孩子第一次組成聾人社群，很快就獨立創造出一種屬於他們自己的手語。這種手語快速發展出許多可見於口說語言的複雜性，不過和這些孩子身邊的人使用的西班牙文並無關聯。

不只如此，在一段令人難以置信的故事裡，有個成年人被觀察到經歷了取得語言的過程，而這樣的過程顯然牽涉到一種初萌芽的認知能力，理解各個物體可以有自己的名字，而名字就是最基本的符號。手語專家夏勒在她的著作《沒有話語的男人》裡，感性敘述她如何發現她的班上一位失聰生不只是不懂手語，而且沒有意識到其他人會使用各種名字來代表不同的物品。這個被她叫做「伊爾德豐索」的人是在一個聽力正常的家庭裡長大的，所以他沒能接受到任何有助於理解物品各有名字之概念的刺激。更重要的是，他沒有受過任何類型的特殊教育，沒有機會學習如何在心中創造及辨識符號。不過，雖然他害羞內向，但他的心智功能足以讓他找到進入夏勒教室的路，而且他一到那裡，馬上就給了夏勒他既聰明又充滿好奇心的印象。據夏勒所述，她最初嘗試教伊爾德豐索美國手語的基礎，但很快察覺到他甚至無法掌握符號的概念。夏勒修正她的方法，最後取得了突破性的進展。伊爾德豐索瞬間開竅，明白了萬事萬物各有其名。「他突然直挺挺地坐了起來，……他的眼白擴大，就像是處於驚嚇之中，……他突破了，……他已經進入人性的宇宙，發現了心智的交流。」這改變了他對世界所認知的一切，而且等到他從因為曙光乍現的理解能力而釋放的情感洪流裡恢復過來，他變得求「符號」若渴，不停要求學習新的字眼。

可以理解的是，在度過二十七年沒有語言、沒有符號的生活後，這樣的領悟同時也造成了巨大的創傷。夏勒以動人的語調，敘述伊爾德豐索因為意識到「他曾單獨棲身的，是一座將人類拒於門外的牢籠」而產生的悲痛感。儘管如此，雖然後來他經歷了每個成人都在學習語言時體會過的一切困難和沮喪，而且他還需要比別人更多的引導，但他最後還是學會了以美國手語交談。

夏勒所述與伊爾德豐索有關的經驗，很可能是我們這時代任何人所能見證的最好案例，這和最初懂得符號化思維的人類誕生時的必經之路最為接近，同樣都是在偶然間，已經做好準備的大腦忽然發現了自己的能耐。夏勒甚至相信伊爾德豐索的情況比想像的還要常見，有許多人的狀態是「智力健全，但無法說話」，或許他們常被聽力正常或懂得手語的人誤解為單純是個學不會手語的聾人。如果實情如此，也許我們可以從伊爾德豐索身上，至少間接一瞥人類在有語言之前的情況。雖說因為較早期的溝通系統以及伴隨的認知後遺症早已缺失，當時的情況跟我們的猜想或許會有很大的出入。

不幸的是，在決定一個什麼都正常、就是不會說話的智人的可能樣貌之時，伊爾德豐索並幫不上太大的忙。最終有人發現，他其實是屬於一個很小的社群，在這個社群裡，失聰且失語的個體藉由手勢溝通，而不是透過手語。若要精確描述他們的經驗，與其說他們是依據語言規則將詞彙串在一起，倒不如說他們表現這些經驗的方式，比較像是在晚宴上玩猜字謎遊戲的賓客。這是相當累贅的溝通方式，累贅到伊爾德豐索一旦掌握了語言的概念，而且開始使用大量的手語字彙，他就不再有耐心這麼做，而且也不再花時間和他以前的同伴相處了。更重要的是，他證明自己極度不願意描述在習得語言之前的內心世界。或許他沒有辦法解釋其中的差異，而他無論如何就是不想再公開重溫一次以前的生活。因此，以這個特殊個體的經驗為基礎，我們仍無法估量語言和我們體驗的想像之間有何區隔、如何不同，其中的差異又有多大。

這是很可惜的事，因為若能明白擁有話語和缺乏話語的心智過程之間的確切差異，對於理解非符號化和符號化的智人在認知上的不同之處，會是很重大的幫助。早期居住在黎凡特的非符號化智人過得還不錯，生活方式很像那些狡黠又善於社交的尼安德塔人，雖然他們的無語狀態和我們相較之下造成更多的限制，但是根據推測，他們及其後裔並非活在如同伊爾德豐索慶幸能逃離的那種專橫的認知黑暗裡。他們很好，而且他們生活方式的複雜程度是所有之前的生命體都未曾想過要企及的。

或許我們可以透過泰勒的經驗，間接一瞥智人在學會語言之前的可能樣貌。泰勒是一名神經解剖學家，她曾遭逢嚴重的中風，使得她的語言能力受剝奪達數年之久。她在三十七歲時失去了對語言的運用能力，所有的記憶也因此全部消失，而且她發現自己只能活在當下，沒有過去，也沒有未來。另一方面，她同時也感受到一種平靜感，和四周的世界有種不習慣的連接感受。她以前對語言的運用能力似乎允許她、甚至是強迫她和周遭環境維持疏遠，而這當然是人類符號化技能的本質所在，使得我們可以客觀看待自身，並和自己的宇宙保持距離。

泰勒在她完全復原後述說了這段經驗，過程相當迷人。不過顯而易見的是，能說話的成人發生的腦部意外並不能準確重建從前那些尚未有語言的正常人類之大腦功能。但是或許有另一條途徑，可以讓我們設想無語言的人類狀態。有些心理學家提出很有力的論點，認為還未能精通父母語言的年幼孩子並不會思考，或者至少他們思考的方式和成人不同。他們對於資訊的心智操作方式有可能會在某些方面類似於尚未有語言的智人。儘管如此，雖然還不會說話的孩子顯然不像會說話的成人那樣思考，但是他們的大腦當然是不成熟的（特別是最重要的前額葉皮層，要等到很晚才會成熟），使得他們無法以成人的方式將各式各樣的資訊連結起來。更重要的是，他們無法清楚告訴我們關於他們的心智狀態，他們只能透過情緒性的行為來表達。這種情況恰好就像我們在本書第一段所提過的，在試圖理解黑猩猩時會遭遇到的兩難困境。

根據考古紀錄，複雜的生活方式、直覺式的理解，以及清晰的思緒對那些已有現代身體形態、但尚缺乏語言的人科動物而言，是完全有可能的。在適當的脈絡底下，不懂得說話並不是功能失調，不過語言當然是複雜認知能力的關鍵利基。操作字詞的能力顯然能夠擴展心智、解放心智。你擁有的詞彙量愈多，你所能視覺化的世界就愈複雜，而且反過來說，若你覺得詞到用時方恨少，那你便無法掌握確切的概念。但話又說回來，那些最初在解剖構造上達到標準的智人已擁有某種認知上的基底，考量到我們的語言能力似乎是不知怎麼地「嫁接」到這個基底之上，我們今日的心智生活就像是在符號化和直覺之間，持續走著鋼索。符號化的能力說明了我們能夠說理，而直覺本身或許就是混合了理智和情感的奇妙產物，為我們的創造力負責。這兩者的偶然組合使得我們成為自然界裡一股雖不完美、但勢不可擋的力量。

智人從缺乏符號化思維、沒有語言的物種轉變成符號化、有語言的物種，這是所有生命體曾發生過的認知轉型事件裡，最令人難以置信的一次。我們或許永遠無法得知這次轉變的細節，而且幾乎任何我們所能想像得到的情景都有過度簡化的風險。但是從尼加拉瓜學童和伊爾德豐索的例子，也許我們（至少在原則上）並不會太難想像語言可能是如何出現在非洲某處、一個由生理構造已準備就緒的智人組成的小型社群裡。事實上，我相當喜愛是小孩發明了最初語言的概念，因為小孩通常比成人更能接受新想法，他們永遠都有自己的一套做事辦法，而且他們偶爾會刻意用不讓父母聽懂的方式溝通。出於和語言無關的理由，這裡提到的小孩已經具備一應俱全的周邊解剖構造，可以發出現代語言要求的全部聲音，他們一定也擁有進行相關的抽象化思考所必備的生物學本質，以及與生俱來透過複雜手段溝通的衝動。幾乎可以肯定的是，他們所屬的社會已經具有某種個體間溝通的精細系統，運用了叫聲、手勢和身體語言。畢竟在每一個行為創新的案例裡，必要的實體「跳板」一定早就等在那裡了。透過尼加拉瓜的例子，我們至少在原則上可以很輕易地想像，一旦有一個字彙被創造出來，在許多大腦中樞之間的回饋，將使得小孩能夠同時架構他們的語言和思考過程。對他們來說，心理學家所謂的「自我中心語言」就像是一個管道，將直覺轉換成可闡述的概念，而這樣的概念之後可以再以符號化的方法來操作。

語言作為抽象化思維的刺激源，還具有另一個吸引人的特質。和「心智理論」的看法不同，語言是一種共用的資產。就好比撲克牌玩家總是面無表情、不露端倪，因為讓別人發現自己有讀心術，或者某種準確猜中他人心思的能力，從表面看來似乎是相當不利的。如果這種能力僅只是廣義智能的又一種表達方式，那麼這一點並不會阻止這樣的能力在族群內散布。從這個角度觀之，我們很難將心智理論本身視為變化發生的驅動源。當然了，我們在這個主題上完全陷入了未知領域，而且甚至連語言的發源是為了當成一種溝通手段的想法，都可能純屬臆測（畢竟在一個典型的人類悖論裡，或許語言就是當今世上溝通的最大障礙）。可以設想的是，語言從一開始就扮演了一個至高無上的重要角色，它是通往思考的內在管道，但是語言之所以能夠在具有必要生物構造的族群內部輕而易舉地快速散布，還是因為語言是一種溝通的手段。最後語言傳到了小小的起始族群之外，遍及整個在生物學角度上已做好準備的物種，而這個物種新發現的思維能力很快就讓他們占據了全世界。

語言、符號，和大腦

如果我們對於人腦如何運作能有較清楚的了解，知道大腦是如何將一大堆結構化的電化學訊號轉化成我們所經歷的意識，那麼要推測從非符號化躍進到符號化的過程裡所發生的事，就會容易許多。最近發展出來的即時造影技術能顯示出大腦在執行不同的認知任務時，裡頭發生的事（也就是大腦裡的何處在使用能量），這讓我們學到了很多。但是關於這個發號施令的器官到底如何將所有事情整合成主觀思想和感覺，我們所知甚少，所以若想辨識究竟是哪些特定的腦區在我們的物種起源時發生了改變，並因此為我們這種嶄新的認知效能奠定了基礎，實在是困難重重。然而，在人類和近親物種的大腦之間，所有我們或能偵測到的差異，一定都能為我們提供些許頭緒。關於人科動物化石和人類的腦部在外形上的差異所代表的意義，古神經學家仍懵懂未知，既然如此，現存的猿類腦部自然就成為進行相關研究的著手點。畢竟哪些事是我們做得到、但猿類做不到的，我們對此有廣泛的了解。只不過事實證明，想讓一隻猩猩在運轉的核磁共振機器裡頭做你想要牠做的事，會遭遇到相當嚴重的實務困難。結果也只是（對，又一次）更加證實了我們和牠們之間的認知鴻溝有多麼寬闊。

因此，在研究是怎樣的生物學基礎使得我們如此獨特時，目前我們只能局限在大腦的靜態。而且雖然我們早就知道人腦的概略面向幾乎全都可以在猿類的腦子裡找到對應的部位，但隨著神經生物學家以愈來愈高的解析度觀察猿腦和人腦的研究素材，在組織構造上的顯著差異便開始浮現。最近有一項發現，雖然猿類和人類同樣是屬於在大腦某些部位有「紡錘體」神經元的獨特族群，但這些神經元在人類身上與信任、同情、罪惡感等複雜的情緒有關，而且我們有的數量多了很多。科學家還不確定為何如此，但是紡錘體神經元有個可能的功能，它們或許有助於將神經衝動從各個區域高速傳送到一塊位於大腦前端的腦區，而這塊腦區和預先計畫有關。或許就是數量充足的紡錘體神經元讓人類能夠對複雜而瞬息萬變的社會情境做出即時反應。隨著愈來愈多像這樣的研究公布，我們終將能夠拼湊出一幅更複雜的圖像，解答在人類的腦裡發生了什麼在其他動物腦裡不會發生的事。雖然我們可以很有信心地說，人類所享有的行為優勢並不是簡單來自較大的腦組織重量，但目前為止我們最多也只能依據經驗和知識做出更多的猜測。

我個人最偏好的猜測，仍然是偉大的哥倫比亞神經生物學家賈許溫德在二十世紀六〇年代所提出的想法。賈許溫德的概念是，對物品的離散辨識能力（也就是替它們命名）是語言的基礎，加上我在這裡所做的連結，這種能力也是符號化認知的基礎。以賈許溫德的看法，語言之所以有可能出現，是因為我們的身體能在大腦皮質的不同腦區之間建立直接關聯，無須通過底下較老舊的情緒中心。皮質是一層薄薄的神經細胞，覆蓋在大腦外側，而且在哺乳動物的演化途中，皮質經歷了相當巨幅的擴張（尤其是在我們身上），以至於它變成像我們見到的那樣皺巴巴的模樣，這樣才能容納在空間受限的顱頂內部。最大的幾個皺褶被用來區分皮質上的幾個重大功能區域，特別是額葉、頂葉、顳葉，以及枕葉；在每一個「腦葉」內，又有更多的皺摺區分了主要的功能區域。在許多驅動性功能（包括控制說話器官）方面扮演了重要角色的布洛卡區，就位於左額葉內。現代造影技術已經顯示，許多驅動力和其他功能其實是廣泛分布整個腦部，不過這塊由偉大的十九世紀神經學家所指出的重要控制腦區，時至今日仍清晰可辨。大部分的現代神經科學家都同意，位於大腦最前端的前額葉尤其關鍵，它負責整合這個龐大而複雜的器官各處傳來的資訊。前額葉顯然是較高層次的「執行」功能所在的寶座，能夠協調、控制大腦裡那些在譜系學上較古老的部位之活動。

但是賈許溫德認為「角迴」很可能是我們之所以有能力為各種物品命名的關鍵構造，那是頂葉裡一個同時鄰近顳葉和枕葉的部位，角迴所在的位置正適於居中調停所有的腦葉。人類的角迴很大，但是其他靈長類動物的角迴要不是很小，就是根本沒有。更重要的是，最近的造影研究已經演示了角迴在理解隱喻時顯得活躍，而「隱喻」是語言根本的抽象連結類型的一種象徵。無論賈許溫德的看法是否正確，令人挫折的是，我們幾乎不可能在人科動物腦部化石的顱內模裡頭把角迴勾勒出來，所以我們就是沒有辦法得知角迴究竟是在人類歷史的哪個時間點開始擴展的。

在試圖解答到底是什麼讓我們的大腦顯得如此特別時，必須永遠僅記於心的是，我們那負責控制的器官具有相當凌亂的構造，它最初非常簡單，然後在漫長久遠的時間裡以相當誤打誤撞的方式逐漸生長，所以或許我們不應該把眼光鎖定在某個單一關鍵「拱心石」的取得過程。相反地，人腦的非凡特質似乎是新近才出現的，而且是先有一個早就幾乎準備好、能進行符號化思維的「預演化」複雜構造，然後發生在其上的一次相對細微（而且完全意外）的增添或變動才導致了這些特質。對一個已經存在、而且獨立可行的構造來一點小調整，就造成大腦各個部位間交互作用提升至新的形態，也因此使得大腦在功能的複雜度方面達到完全前所未見的等級。

如果我們沒辦法確切指出哪一個特定的大腦**部位**是現代人類知覺的根本所在，那我們或許會想問，和現代人類知覺有關的可能是和哪一套認知**系統**。其中有一套最受青睞的系統在最近引起了很多注意，那就是我們的「工作記憶」，心理學家用這個詞來表示我們能夠在進行實體任務時，將資訊保留在知覺心靈裡的能力。若沒有大量的工作記憶，我們就不可能進行任何需要連結數個不同記憶片段的作業。有個想法是，工作記憶是我們各種複雜活動背後最重要的因素，而這種想法的支持者，並不否認遠古的人科動物同樣需要具備一定能耐的工作記憶，他們認為我們和以前的人科動物之間的差異雖然很大，但其實只是程度之分，和前額葉那些執行性的功能的持續精進有關（前額葉所掌管的，是進行決策、目標設定、行事計畫等工作）。如同我們所見到的，自從石器的發明者拿起一塊石頭用力敲擊另一塊石頭、製作出第一件石器以來，人科動物發展出的許多技術，就以一種非常偶發的方式變得愈來愈複雜。這被視為工作記憶逐步增加的證據，最後的一大步是在距今九萬年到五萬年前之間的某個時刻跨出的。

這樣的腳本和考古紀錄似乎想告訴我們的故事當然相符，但是仍留下了一個未解的問題，究竟工作記憶只是我們現代知覺的一個必要條件，或者它根本就是個充分條件呢？當我們沉思自己如何得到這種奇怪的心靈運作方式，我們或許最好先記得，將工作記憶視為我們之所以獨特的關鍵要素，事實上就像是把散熱機制、能看見遠方的視力、攜帶物品的能力等等、視為最早的雙足人科動物之所以站起來的關鍵因素一樣。事實上，你一旦擁有了相關的能耐，就像是買下了一整包的「優勢」，順便附加了一些「缺點」。在雙足行走姿勢的例子裡，對那些相關的生物來說，站起身來幾乎肯定是自然而然就會發生的事；至於在符號化知覺的例子裡，似乎只要在已經「預演化」的大腦裡來一些隨機變化，加上一些玩耍的小孩，這種名副其實改變了世界的現象就會出現。

尾聲

我在第十四章末段所說的一切，並不是在暗示我們的物種一定是刻意想改變這顆星球。我們絕對可以合理地假設，這樣的意圖在一開始是不存在的，當時我們的祖先還是獵人和採集者，而以這種方式生活的人即使沒有完全融入他們的生態系統，至少也很大程度是如此。儘管如此，人類經驗的唯一鐵則（除了死亡以外）非常有可能打從最開始就是所謂的「非意圖結果法則」。我們的大腦是非凡的機制，讓我們能夠辦到真正了不起的事，但我們仍然不擅於預測（或者至少是不擅於注意）非常直接的後果。我們評估風險的能力特別糟糕，尤其是對長期風險更是沒轍。我們會相信瘋狂的事，像是活人獻祭可以安撫眾神、外星人會綁架人、永無止盡的經濟成長在有限的世界裡是可能的，或者，如果我們別過頭不去注意氣候變遷問題，那我們就不必面對後果。最至少，我們對於氣候變遷的態度，的確就像是在假裝沒有這回事。

當然了，這一切種種完全呼應了人類大腦那混亂的增大歷史。在我們的腦殼底下裝的是魚類、爬蟲類，以及鼩鼱的腦，還有那允許我們以獨有的方式整合資訊的最高中樞。而且我們腦裡有些較新的部位，彼此間其實是透過相當古老的構造在溝通的。我們的大腦是拼湊而成的構造，由大自然花了數億年的時間，在好幾個不同的生態脈絡底下誤打誤撞地組裝出來。當我們意識到我們的符號化思維是非常晚近才得到的能力（而且得到這樣的能力不僅只像是在蛋糕上撒糖霜那般錦上添花，簡直就是在糖霜上再擺櫻桃，然後再在櫻桃上頭撒糖果珠），就能明白我們的大腦目前的表現，顯然沒有受到演化機制出於任何理由而進行的微調。我們之所以能達到現今的心智地位，全都歸因於我們的列祖列宗，他們綿延不絕，一路回溯到最遙遠的時間彼端，而他們恰好比競爭者更能克服周遭的環境，然後我們就這樣得到了終極（但仍然神祕難解）的能力，造成了巨大的差異。如果在這漫漫長途中，有哪一件事以不同的方式、往不同的方向發展，就不會有現在正在讀這本書的你了。

有一派想法認為，我們人類有時會做出很多奇怪的舉動，是因為人類自從在上個冰河期末期採取了定居的生活方式之後，社會便開始快速變遷，而我們大腦的演化還沒能跟上這個變遷的速度。根據這個看法，我們的心思仍在回應過往的「演化適應之環境」的緊急狀態，而且有時回應的方式並不恰當。這個看法對化約主義者來說具有絕佳的吸引力，但事實上我們的大腦是終極的多用途器官，根本不是「為了」適應什麼才演化出來的。沒錯，你確實可以在人類行為裡找到許多一致性，每一種無疑都受限於我們這個主控器官構造上的基本共性，但是所有像這樣的一致性其實都是統計上的抽象結果，而且人絕對不會老是遵守這些一致性的法則。因此，如果有任何統計上的現象能代表人類的情況，那大概就是「常態分布」（或稱「鐘形曲線」）了吧。常態分布可以描述某一特定特徵的不同表現方式在一個族群裡的出現頻率，像這樣的鐘形曲線在中央部位最高（就是最多個體的群集之處），兩側下降的幅度約略對稱，反映出的事實是，大部分對任何特徵進行的觀察都會接近平均值，同時還會有偏差值，距離中位數愈遠就愈罕見。

對於任何你或許會想要指出的人類特徵，不管是生理上或行為上的，你都會發現一個鐘形曲線。只有少數人特別聰明或特別笨，其他大部分的人都差不多介於中間。同樣的情形也發生在高或矮、有愛心或漠不關心、強壯或虛弱、貞潔或浪蕩、虔誠或褻瀆，或是任何你或能想到的其他連續變數。當然了，這就是為什麼人類的內在條件幾乎不可能論定，就任何你設想得到的行為「光譜」來說，你都可以輕易找到一個智人的個體，來示範這個行為光譜的最極端情況。每出現一位聖人，就會有一個罪人；有慈善家，也有盜賊；有天才，當然也有白痴。依照這樣的觀點，惡人之所以橫行，不過就只是因為這世上同樣也有許多善人。換一種方式來看，我們並不需要特別找尋利他主義的解釋，因為這種特徵和曲線另一側的利己主義恰為對應。每個個體本身就常常充滿矛盾，我們每一個人都混合了一些令人欽佩的特質和另一些較無價值的特質，而且同一個特質甚至會在不同的時候出現不同的表現方式。我們受到自身理智的規範，但是在荷爾蒙接手的時候除外。

同樣地，沒有人會將那些飄忽浮現的瘋狂想法照單全收，不過我們大多數人都會被其中幾個念頭吸引。這些瘋狂想法的其中之一，就是認為人類的狀態可以透過某種方法，以一份冗長的「人類共性」細目清單加以描述，而所謂的「人類共性」，指的是每個人都有，且為人類所獨有的心理特點及行為特點。但是結果幾乎總是證實這些「共性」要不是並非人類獨有，就是並非所有人類都有。事實上，撇除我們全都共有的那種可以在心中重新創造世界的基本能力不談，或許唯一在每個人身上都顯現的真實「人類共性」，就只有認知失調了。

由於我們所擁有的特殊認知特質，我們的物種及其中的個別成員都是類型全然不同的實體。這是因為，雖然每個人類個體在很大程度上（不過並不是百分之百）就是各自的特定基因體之產物，從我們來到這世上時的模樣，約略就能看出我們未來會成為怎樣的大人。但是對人類物種整體而言，情況就並非如此。事實上，人類狀態的共性永遠都將難以捉摸（而且爭論會一直持續下去），因為人類共性在本質上根本就是無法區分的。

那麼，我們究竟是怎樣的一種生物？在漫長的演化歷史之後，我們已然抵達一個制高點，意外得到的認知能力使我們在不知不覺間改變了我們所居住的地球表面的每一吋。事實上，最近還有人（帶著典型的人類傲慢）提議我們應該把目前的地質年代「全新世」更名為「人類世」，大致上的意思是全新的人類世紀。許多地質學家對這個建議覺得很尷尬（提議者是一名生態學家兼大氣化學家），因為我們從來沒有把單一物種的掠奪破壞當成一個地質年代階段的定義準則。然而，這無異於在警告人類的干預是如何影響了大量的地質過程，如果未來還有任何地質學家的話，他們可以取得的地質紀錄顯然將反映出這些受到影響的地質過程。這樣的例子很多，我們就舉其中一個來說好了，在亙古漫長的時光裡，元素的一切自然力量通常會使得大陸的表面下降，每一百萬年就會下降數十公尺，但是最近的分析得到了驚人的相反結果，光是從第一個千禧年之初前後開始的人類活動趨勢，就已經使得目前全球的侵蝕速率高出了十倍。

如果這只是另一個統計上的抽象概念，或許對我們這種極度自顧的物種沒有什麼太大的關係，但是我們人類已經開始遭受報應，大陸地殼被移除後引發了大量實際後果，內陸侵蝕和沿海沉積作用的速度同樣大大加快。我們確實正在重新形塑我們所居住的行星。在智人的數量還算稀薄時，有些行為可以很簡單地被具有回復力的環境給吸收掉，但是等到人口達到七十億的時候，同樣的行為就會造成巨大的傷害。更重要的是，人口增加的影響有利有弊，隨著人類版圖成長得更龐大、更複雜，它同時也變得更脆弱。對那些由獵人和採集者所組成的分散群體而言，洪水大概就只是讓人不方便而已，但是洪水若發生在孟加拉或密西西比河谷之類居住了密集人口的土地上，就會變成大規模的人間慘劇。

透過許多有意或無意的方式，其實我們已經表現出自己就是這顆行星的霸主，但是沒有人可以保證，當這顆行星承受了過度壓力，難保她以後不會反咬我們一口。

所以了，那些讓我們顯得如此獨特的關鍵特徵顯然已經有些相關的面向對我們造成了威脅。當然，這就讓我們很自然地想要問，我們是否受限於大腦的演化「設計」，注定走上自我毀滅一途？幸運的是，答案是「不」，至少原則上如此。舉例來說，有些不尋常的腦部活動會引發某些暴力的傾向，雖然研究顯示這樣的腦部活動可能是與生俱來的，但是我們也知道這些傾向通常可以透過環境和經驗而得到調整。更重要的是，社會整體並不必然受制於個體的不完美。話又說回來，令人感到哀傷的是，社會的領導者也都只是不完美的個體。事實上，複雜的社會利用種種規矩和法則、稀奇古怪的程序，有時還透過壓迫人民的嚴苛手段，最有效地彌補了各式各樣的個體缺陷，尤其是那些行為正朝向某些鐘形曲線之負面極端發展的個體。這還滿重要的，因為我們的生活方式受到社會及法律的箝制所支配，而這樣的箝制常令人不快，也使得我們大部分人在大多數時間內都能做出合理、負責的行為舉止。如果我說，只要多數人能看清我們其實身處危急存亡之秋，那麼各個社會可能就有能力做出必要的艱難決定，讓我們能和這顆支撐了我們的行星維持平衡，或許我這樣的看法並非絕望而不切實際。

儘管如此，雖然我們並非生而完美的生物，但我們仍然已經在過去的七百萬年內走過了漫漫長路。這是否意味了我們可以被動地等待演化完成它的工作？帶著一點耐心，天擇的運作最後是不是就能讓我們更聰明？讓我們對自己的行動所造成的種種後果能有更清楚的覺知？不幸的是，這次問題的答案仍然是「不」，或者這麼說吧，至少如果現在的人口統計趨勢再這麼繼續下去的話，答案就是

「不」。我們的祖先是在人科動物還稀薄四散在大地上的時期內演化的，由於族群的人口稀少，所以在遺傳方面很不穩定，也容易遭受到頻繁的環境壓力和擾動。這些是理想的條件，新族群和物種能夠藉此出現，並且體現出遺傳和身體構造上的顯著革新。事實上，更有可能的是，就只有當時那種高度不穩定的環境，再加上我們文化上的癖性，才能促成人科動物在更新世那快得異常的演化發展速度。

但此一時，彼一時也。自從我們在上一次冰河時期的末期採用了穩定的生活方式，人類的人口數量就開始有爆炸性的增長，直到現在我們擠滿了全球，只剩下一些可以自由活動的珍貴小空間。這些新條件已經完全改變了遊戲規則。現代的人類族群就是變得太大、太密集，以至於無法見證任何遺傳上的顯著新事項被固定下來，而這樣的新事項或許在理論上能讓我們更聰明，或者更能保護我們的長遠利益。我們在人口方面缺乏戲劇性的環境改變，所以就被我們那陰鬱的自身卡死了。

有許多人會發現這樣的前景遠遠說不上是最佳狀態，但幸虧這絕對不是故事的全貌。這是因為，雖然在缺乏一些或能重建正常演化規則（且可以輕易想像）的劇變之情況下，我們能在生物構造方面得到改進的前景似乎相當暗淡，但從更廣泛的意義來看，人類的革新其實並沒有碰壁。毫無疑問的是，我們的認知能力就和我們的解剖系統一樣，在各方面都遠非完美，但是我們的理性能力和對新事物過度強烈的興趣仍然不僅只是非凡而已。我們對於世界的相關資訊有了新的處理方法，釋放出一股亟欲探索創新可能性的力量。從人類符號化精神的最初波瀾開始，整個人類物種的技術歷史與創造力歷史就一直圍繞著這股力量前進。若要說有什麼是再清楚不過的，那就是對我們已有的能力進行的這種探索還遠遠看不見終點。事實上，有人甚至覺得我們根本就才剛剛起步而已。因此，雖然我們物種的前景似乎不會在生物學方面出現顯著改變，但就文化角度觀之，未來仍有無限的可能。

致謝

本書是從我稍長的職業生涯裡所學到的知識之精華，同時也受到許多同事的影響。由於人數眾多，我無法在這裡逐一列出他們的名字，但他們自己都知道。我向他們每一位致上最深的謝意。不過，雖然本書對我個人來說，就像是某種大功告成之作，但其實在更大的意義上，這本小冊不過只是一份進度報告而已。科學是個會移動的標靶，對我而言，若能看見我在字裡行間所表達的想法被某個快速發展領域內的新進展趕上，沒什麼比這能帶給我更大的樂趣。我在將近五十年前進入古人類學界，那時我被教導的內容在如今看來古樸得動人，而我毫不懷疑，從今而後的半世紀後，這門學科的今日狀態看起來也將同等奇怪。

我要感謝阿塞將我介紹給麥克米蘭出版社的編輯歐斯塔薛夫斯基，他鼓勵我著手寫這本書，並且堅定不移地看著它完成。同樣在麥克米蘭出版社，我還想感謝蘭開斯特和曲瑞兩人，他們在本書製作的過程裡始終陪伴、支持著我，還有執行了編輯工作的麥斯特勒。和卡塔利諾以及帕格內里共事相當有趣。

伊塞和普雷斯讓我明白寫書給一般讀者能得到多大的報酬，我對此永遠心懷感激。還要謝謝在圖片說明中提到的每一位攝影師和畫家，他們拍攝、繪製了那些圖式，尤其是馬德內斯和斯特緋。我最要感謝的是我的內人珍妮，謝謝她在本書寫作過程中的支持和容忍。

注釋和參考文獻

隨附在後的是一份最近書籍的簡短清單，想要進一步閱讀人類演化相關主題的讀者或許會有興趣。每部作品所涵蓋的範圍能明顯由其書名得知，其中說明得特別清楚的書目包括有 Johanson 和 Edgar（二〇〇六）、Sawyer 等人（二〇〇七），以及泰德薩和 Schwartz（二〇〇〇）。若想要涵蓋本書所有主題的完整參考文獻，請見泰德薩（二〇〇九），該書同樣也包含了本書大部分無法顧及的發現史以及古人類學領域的概念。如果想盡可能涵蓋關於人科動物古生物學和舊石器時代考古學的半技術程度主題，我非常推薦 Delson 等人（二〇〇〇）。沿著這份一般清單，我會逐章列出參考文獻，指出本書最主要的參考資料來源，以及所有引述句的出處。

Delson, E., I. Tattersall, J. A. Van Couvering, A. S. Brooks. 2000. *Encyclopedia of Human Evolution and Prehistory*, 2nd. ed. New York: Garland Press.

DeSalle, R., I. Tattersall. 2008. *Human Origins: What Bones and Genomes Tell Us About Ourselves*. College Station, TX: Texas A&M University Press.

Eldredge, N. 1995. *Dominion*. New York: Henry Holt.

Gibbons, A. 2006. *The First Human: The Race to Discover Our Earliest Ancestors*. New York: Doubleday.

Hart, D., R. W. Sussman. 2009. *Man the Hunted: Primates, Predators, and Human Evolution.* Expanded ed. New York: Westview/Perseus.

Johanson, D. C., B. Edgar. 2006. *From Lucy to Language*, 2nd ed. New York: Simon and Schuster.

Klein, R. 2009. *The Human Career: Human Biological and Cultural Origins*, 3rd ed. Chicago: University of Chicago Press.

Klein, R., B. Edgar. 2002. *The Dawn of Human Culture.* New York: Wiley.

Sawyer, J. G., V. Deak, and E. Sarmiento. 2007. *The Last Human: A Guide to Twenty-Two Species of Extinct Humans.* New Haven, CT: Yale University Press.

Stringer, C. B., P. Andrews. 2005. *The Complete World of Human Evolution.* London and New York: Thames and Hudson.

Tattersall, I. 2009. *The Fossil Trail: How We Know What We Think We Know about Human Evolution*, 2nd ed. New York: Oxford University Press.

Tattersall, I. 2010. *Paleontology: A Brief History of Life. Consohocken*, PA: Templeton Foundation Press.

Tattersall, I., J. H. Schwartz. 2000. *Extinct Humans.* New York: Westview/Perseus.

Wade, N. 2006. *Before the Dawn: Recovering the Lost History of Our Ancestors.* New York: Penguin Press.

Wells, S. 2007. *Deep Ancestry: Inside the Genographic Project.* Washington, DC: National Geographic.

Zimmer, C. 2005. *Smithsonian Intimate Guide to Human Origins.* New York: HarperCollins.

第一章：源遠流長

有關東非大裂谷之形成以及早期東非人科動物近期的淺顯易懂說明，請見 Walker 和 Shipman（二〇〇五）。Shipman（一九九〇）討論了東非地勢升起和人科動物演化的關聯；另外，Harrison（二〇一〇）為人科動物化石以及假想的人科動物祖先之種類及關係提供了絕佳的概觀。想對山岳古猿有更多的了解，請見 Köhler 和 Moyà-Solà（一九九七）、Moyà-Solà 等人（一九九九），以及 Rook 等人（一九九九）。皮爾勞爾猿在 Moyà-Solà 等人（二〇〇四）的著作裡有所描述。關於辨認人科動物的歷史以及關鍵的辨識準則，請見泰德薩（二〇〇九）。沙赫人屬的敘述可見於 Brunet 等人（二〇〇二、二〇〇五），且由 Zol-likofer 等人（二〇〇五）幾近重建完成。在 Senut 等人（二〇〇一）以及 Pickford 等人（二〇〇一、二〇〇二）的著作裡，可以找到原人屬生物及其所在環境的敘述。始祖地猿由 White 等人（一九九四）命名（最初是命名為始祖南猿），且其骸骨在「科學」雜誌的一期特別號（White 等人，二〇〇九）裡受到完整的分析。卡達巴地猿的描述見於 Haile-Selassie（二〇〇一）以及 Haile-Selassie 等人（二〇〇四）。關於雙足行走姿勢，請見 Harcourt-Smith（二〇〇七）。湖畔南猿的描述最早見於 Leakey 等人（一九九五、一九九八），而來自肯亞的考古素材由 Ward 等人（二〇〇一）完整呈現。宣稱屬於這種物種的衣索比亞考古素材由 White 等人（二〇〇六）提出，由湖畔南猿逐漸轉變為阿法南猿的過程是由 Kimbel 等人（二〇〇六）所倡議。

Brunet, M., F. Guy, D. Pilbeam, H. T. Mackaye, A. Likius, D. Ahounta, A. Beauvilain, C. Blondel, H. Bocherens, J.-R. Boisserie, L. De Bonis, Y. Coppens, J. Dejax, C. Denys, P. Duringer, V. Eisenmann,

G. Fanone, P. Fronty, D. Geraads, T. Lehmann, F. Lihoreau, A. Louchart, A. Mahamat, G. Merceron, G. Mouchelin, O. Otero, P. P. Campomanes, M. Ponce de León, J.-C. Rage, M. Sapanet, M. Schuster, J. Sudre, P. Tassy, X. Valentin, P. Vignaud, L. Viriot, A. Zazzo, C. Zollikofer. 2002. A new hominid from the Upper Miocene of Chad, Central Africa. *Nature*: 145–151.

Brunet, M., F. Guy, D. Pilbeam, D. E. Lieberman, A. Likius, H. T. Mackaye, M. S. Ponce de León, C. P. E. Zollikofer, P. Vignaud. 2005. New material of the earliest hominid from the Upper Miocene of Chad. *Nature* 434: 752–754.

Haile-Selassie, Y. 2001. Late Miocene hominids from the Middle Awash, Ethiopia. *Nature* 412: 178–181.

Haile-Selassie, Y., G. Suwa, and T. D. White. 2004. Late Miocene teeth from Middle Awash, Ethiopia, and early hominid dental evolution. *Science* 303: 1503–1505.

Harcourt-Smith, W. E. H. 2007. The origins of bipedal locomotion. In *Handbook of Paleoanthropology, Volume 3*. W. Henke and I. Tattersall, eds. Heidelberg and New York: Springer, 1483–1518.

Harrison, T. 2010. Apes among the tangled branches of human origins. *Science* 327: 532–534.

Keith, A. 1915. *The Antiquity of Man.* London: Williams and Norgate.

Kimbel, W. H., C. A. Lockwood, C. V . Ward, M. G. Leakey, Y. Rak, D. Johanson. 2006. *Was Australopithecus anamensis ancestral to A. afarensis?* A case of anagenesis in the hominin fossil record. *Jour Hum. Evol.* 51: 134–152.

Köhler, M., S. Moyà-Solà. 1997. Ape-like or hominid-like? The positional behavior of *Oreopithecus* reconsidered. *Proc. Nat. Acad. Sci. USA* 94: 11747–11750.

Leakey, M. G., C. S. Feibel, I. McDougall, C. Ward, A. Walker. 1995. New four-million-year-old hominid species from Kanapoi and Allia Bay, Kenya. *Nature* 376: 565–571.

Leakey, M. G., C. S. Feibel, I. McDougall, C. Ward, A. Walker. 1998. New specimens and confirmation of an early age for *Australopithecus anamensis*. *Nature* 393: 62–66.

Moyà-Solà, S., M. Köhler, L. Rook. 1999. Evidence of hominid-like precision grip capability in the hand of the Miocene ape *Oreopithecus*. *Proc. Nat. Acad. Sci. USA* 96: 313–317.

Moyà-Solà, S., M. Köhler, D. M. Alba, I. Casanova-V ilar, J. Galindo. 2004. *Pierolapithecus catalaunicus*, a new Middle Miocene great ape from Spain. *Science* 306: 1339–1344.

Pickford, M. 1990. Uplift of the roof of Africa and its bearing on the origin of mankind. *Hum. Evol.* 5: 1–20.

Pickford, M. and Senut B. 2001. The geological and faunal context of Late Miocene hominid remains from Lukeino, Kenya. *C. R. Acad. Sci. Paris*, ser. IIa, 332: 145–152.

Pickford, M., B. Senut, D. Gommery, J. Treil. 2002. Bipedalism in *Orrorin tugensis* revealed by its femora. *C. R.* Palévol. 1: 191–203.

Rook, L., L. Bondioli, M Köhler, S. Moyà-Solà, R. Macchiarelli. 1999. *Oreopithecus* was a bipedal ape after all: Evidence from the iliac cancellous architecture. *Proc. Nat. Acad. Sci. USA* 96: 8795–8799.

Senut, B., M. Pickford, D. Gommery , P. Mein, K. Cheboi, Y. Coppens. 2001. First hominid from the Miocene (Lukeino Formation, Kenya). *C. R. Acad. Sci. Paris*, ser. IIa, 332: 137–144.

Tattersall, I. 2009. *The Fossil Trail: How We Know What We Think We Know about Human Evolution.* 2nd ed. New York: Oxford University Press.

Walker, A., P. Shipman. 2005 *The Ape in the Tree: An Intellectual and Natural History of* Proconsul. Harvard: Belknap Press.

Ward, C. V., M. G. Leakey, A. Walker. 2001. Morphology of *Australopithecus anamensis* from Kanapoi and Allia Bay, Kenya. *Jour. Hum. Evol.* 41: 255–368.

White, T. D., G. WoldeGabriel, B. Asfaw, S. Ambrose, Y. Bayene, R. L. Bernor, J.-R. Boisserie, and numerous others. 2006. Assa Issie, Aramis and the origin of *Australopithecus. Nature* 440: 883–889.

White, T. D. and numerous others. 2009. Special Issue on *Ardipithecus ramidus. Science* 326: 5–106.

Zollikofer, C. P. E., M. S. Ponce de León, D. E. Lieberman, F. Guy, D. Pilbeam, A. Likius, H. T. Mackaye, P. Vignaud, M. Brunet. 2005. Virtual cranial reconstruction of *Sahelanthropus tchadensis. Nature* 434: 755–759.

第二章：雙足猿類崛起

關於早期哈達人科動物收集的經典描述可見於 Johanson 等人（一九八二），哈達的阿法南猿頭骨以及其他較近期收集的樣本則由 Kimbel 等人（二〇〇四）記錄。Johanson 和 Edey（一九八二）對阿法南猿化石的發現及初步分析進行了令人著迷的概括性敘述，且此書仍在繼續再版。參見 Aronson 等人（二〇〇八）的作品，能得知哈達環境的概述。Lovejoy（一九八八）將阿法南猿的移動方式總結詮釋為「超級雙足動物」；Stern 和 Susman（一九八三）提出經典重新詮釋，強調了樹棲特徵，Jungers（一九八二）則分析了四肢的比例。Rak（一九九一）重新思考了露西的骨盆解剖構造，Ward（二〇〇二）就阿法南猿的移動方式提供了最近的概觀。關於現代人超科動物的齒部描述，請見 Aiello 和 Dean（一九九〇）；至於阿法南猿的齒部相關敘述，可見 Johanson 和 White（一九七九）。Ungar（二〇〇四）對阿法南猿牙齒的細微磨耗提出了最近的分析。與 AL 333 所在地區有關的敘述，請見 Behrensmeyer（二〇〇八）。雷托利遺址的概觀敘述可以在李基和 Harris（一九八七）找到，而 Raichlen 等人（二〇一〇）對那些腳印進行了最近的分析。阿法南猿由 Johanson 等人（一九七八）命名。迪吉卡嬰猿的最初描述由阿連塞吉德等人（二〇〇六）提出，Sloan（二〇〇六）進一步做出很好的說明。迪吉卡那些有切痕的骨頭由 McPherron 等人（二〇一〇）發表，而沃拉索米勒的骨骸則由 Haile-Selassie 等人（二〇一〇）發表。Asfaw 等人（一九九九）命名了波瑞的人科動物，而發現自同一處沉積地層的那些帶有切痕的骨頭則由 deHeinzelin 等人（一九九九）發表。哥納的石器由 Semaw（二〇〇〇）宣布，而發現自這一區域的帶切痕骨頭由 Dominguez-Rodrigo（二〇〇五）公諸於世。Schick 等人（一九九九）報導了關於倭黑猩猩坎茲的研究。

Aiello, L., C. Dean. 1990. *An Introduction to Human Evolutionary Anatomy.* London and San Diego: Academic Press.

Alemseged, Z., F. Spoor, W. H. Kimbel, R. Bone, D. Geraads, D. Reed, J. G. Wynn. A juvenile early hominid skeleton from Dikika, Ethiopia. *Nature* 443: 296–301.

Aronson, J. L., M. Hailemichael, S. M. Savin. 2008. Hominid environments at Hadar from paleosol studies in a framework of Ethiopian climate change. *Jour. Hum. Evol.* 55: 532–550.

Asfaw, B., T. White, O. Lovejoy, B. Latimer, S. Simpson and G. Suwa. 1999. *Australopithecus garhi:* A new species of early hominin from Ethiopia. *Science* 284: 629–635.

Behrensmeyer, A. K. 2008. Paleoenvironmental context of the Pliocene A.L. 333 "First Family" hominin locality, Hadar Formation, Ethiopia. *Geol. Soc. Amer. Spec. Pap.* 446: 203–235.

deHeinzelin, J., J. D. Clark, T. White, W. Hart, P. Renne, G. WoldeGabriel, Y. Beyene, E. Vrba. 1999. Environment and Behavior of 2.5-million-year -old Bouri hominids. *Science* 284: 625–629.

Dominguez-Rodrigo, M., T. R. Pickering, S. Semaw, M. J. Rogers. 2005. Cutmarked bones from Pliocene archaeological sites at Gona, Ethiopia: Implications for the function of the world's earliest stone tools. *Jour. Hum. Evol.* 48: 109–121.

Haile-Selassie, Y, B. M. Latimer, M. Alene, A. L. Deino, L. Gibert, S. M. Melillo, B. Z. Saylor, G. R. Scott, and C. O. Lovejoy. 2010. An early *Australopithecus afarensis* postcranium from Woranso-Mille, Ethiopia. *Proc. Nat. Acad. Sci. USA* 107: 12121–12126.

Johanson, D. C., M. Edey . 1982: *Lucy: The Beginnings of Humankind.* New York: Warner Books.

Johanson, D. C., T. White. 1979. A systematic assessment of early African hominids. *Science* 203: 321-–330.

Johanson, D. C., T. D. White, Y. Coppens. 1978. A new species of the genus *Australopithecus* (Primates: Hominidae) from the Pliocene of eastern Africa. *Kirtlandia* 28: 1–14.

Johanson, D. C., et al. 1982. Special Issue: Pliocene hominid fossils from Hadar, Ethiopia. *Amer. Jour. Phys. Anthropol.* 57: 373–724.

Jungers, W. L. Lucy's limbs: Skeletal allometry and locomotion in *Australopithecus afarensis. Nature* 297: 676–678.

Kimbel, W. H., Y. Rak, D. C. Johanson. 2004. *The Skull of* Australopithecus afarensis. Oxford and New York: Oxford University Press.

Leakey, M. D., J. M. Harris (eds.). 1987. *Laetoli: A Pliocene Site in Northern Tanzania.* Oxford: Clarendon Press.

Lovejoy, C. O. 1988. Evolution of human walking. *Scientific American* 259: 118–125.

McPherron, S., Z. Alemseged, C. W. Marean, J. G. Wynne, D. Reed, D. Geraads, R. Bobe, H. A. Béarat. 2010. Evidence for stone-tool-assisted consumption of animal tissues before 3.39 million years ago at Dikika, Ethiopia. *Nature* 466: 857–860.

Raichlen, D. A., A. D. Gordon, W . E. H. Harcourt-Smith, A. D. Foster , W. R. Haas. 2010. Laetoli footprints preserve earliest direct evidence of humanlike bipedal biomechanics. *PLoS One* 5 (3): e9769.

Rak, Y. 1991. Lucy's pelvic anatomy: its role in bipedal gait. *Jour. Hum. Evol.* 20: 283–290.

Schick, K., N. Toth, G. Garufi, E. S. Savage-Rumbaugh, D. Rumbaugh, R. Sevcik. 1999. Continuing investigations into the stone tool-making and tool-using capabilities of a bonobo (*Pan paniscus*). *Jour. Archaeol. Sci.* 26: 821–832.

Semaw, S. 2000. The world's earliest stone artifacts from Gona, Ethiopia: Their implications for understanding stone technology and patterns of human evolution between 2.6–1.5 million years ago. *Jour. Archaeol. Sci.* 27: 1197– 1214.

Stern, J. T., R. L. Susman. 1983. The locomotor anatomy of *Australopithecus afarensis. Amer. Jour. Phys. Anthropol.* 60: 279–317.

Ungar, P. 2004. Dental topography and diets of *Australopithecus afarensis* and early *Homo. Jour. Hum. Evol.* 46: 605–622.

Ward, C. V. 2002. Interpreting the posture and locomotion of *Australopithecus afarensis:* Where do we stand? *Yrbk Phys. Anthropol.* 45: 185–215.

第三章：早期人科動物的生活方式，以及他們的內心世界

關於煮食的最完整假設是由 Wrangham（二〇〇九）所提出，Hoberg 等人（二〇〇一）提出絛蟲的研究；在一具人科動物化石裡可能有過量攝取的維他命 A 之報告由 Walker 等人（一九八二）提出；哈特和薩斯曼（二〇〇九）探討了搜掠行為和早期人科動物的社會組織。Cavallo 和 Blumenschine（一九八九）提出偷取獵豹獵物的理論。對南非南猿屬動物所進行的穩定同位素研究由 Sponheimer 和 Lee-Thorp（二〇〇七）總結，而東非傍人屬動物的同位素分析則是由 Cerling 等人（二〇一一）報告。黑猩猩進行搜掠的頻率由 Watts（二〇〇八）報告，Pruetz 和 Bertolani（二〇〇七）則提出在方果力使用矛進行的狩獵行為。Stanford（一九九九）和 Mitani 以及 Watts（二〇〇一）提

供了黑猩猩狩獵行為的概觀；Gomes 和 Boesch（二〇〇九）探討了黑猩猩之間對獸肉的分享以及性行為。Mercader 等人（二〇〇七）探討了黑猩猩對砧板狀石頭由來已久的使用方式，而強力搜掠則是 Stanford 和 Bunn（二〇〇一）所做出的貢獻。Calvin（一九九六）對投擲和相關神經機制提出了淺顯易懂的敘述。達特的引敘句是來自達特（一九五三）。關於認知相關主題的概觀和參考書目，請見泰德薩（二〇一一）；鏡中自我認知請見蓋洛普（一九七〇）。賽法斯和錢尼（二〇〇〇：引用自第九〇二頁）提出猴子的認知結果；普維內利的觀察和引用是來自普維內利（二〇〇四：三三，三四）。

Calvin, W. H. 1996. *How Brains Think: Evolving Intelligence, Then and Now.* New York: Basic Books.

Cavallo, J. A., R. J. Blumenschine. 1989. Tree-stored leopard kills: expanding the hominid scavenging niche. *Jour. Hum. Evol.* 18: 393–400.

Cerling, T. E., E. Mbua, F. M. Kirera, F. K. Manthi, F. E. Grine, M. G. Leakey, M. Sponheimer, K. T. Uno. 2011. Diet of *Paranthropus boisei* in the early Pleistocene of East Africa. Proc. *Nat Acad. Sci. USA* 108: 9337–9341.

Dart, R. A. 1953. The predatory transition from ape to man. *Intl Anthopol. Ling. Rev.* 1: 201–217.

Gallup, G. G. 1970. Chimpanzees: Self-recognition. *Science* 167: 86–87.

Gomes, C. M., C. Boesch. 2009. Wild chimpanzees exchange meat for sex on a long-term basis. *PLoS One* 4: e5116.

Hart, D., R. W. Sussman. 2009. *Man the Hunted: Primates, Predators, and Human Evolution.* Expanded edition. Boulder, CO: Westview Press.

Hoberg, E. P., N. L. Alkire, A. de Queiroz, A. Jones. 2001. Out of Africa: Ori gins of the *Taenia* tapeworms. *Proc. Roy. Soc. Lond. B.* 268: 781–787.

Mercader, J., H. Barton, J. Gillespie, J. Harris, S. Kuhn, R. Tyler, and C. Boesch. 2007. 4,300-year-old chimpanzee sites and the origins of percussive stone technology. *Proc. Nat. Acad. Sci. USA* 104: 3043–3048.

Mitani, J. C., D. P. Watts. Why do chimpanzees hunt and share meat? *Anim. Behav.* 61: 915–924.

Povinelli, D. J. 2004. Behind the ape's appearance: Escaping anthropocentrism in the study of other minds. *Daedalus* 133 (1): 29–41.

Pruetz, J. D., P. Bertolani. Savanna chimpanzees, *Pan troglodytes verus*, hunt with tools. *Curr. Biol.* 17: 412–417.

Seyfarth, R. M., Cheney, D. L. 2000. Social awareness in monkeys. *Amer. Zool.* 40: 902–909.

Sponheimer, M., J. Lee-Thorp. 2007. Hominin paleodiets: The contribution of stable isotopes. In W. Henke and I. Tattersall (eds,), *Handbook of Paleoanthropology.* Heidelberg: Springer, 555–585.

Stanford, C. B. 1999. *The Hunting Apes: Meat-eating and the Origins of Human Behavior.* Princeton: Princeton University Press.

Stanford, C. B. H. Bunn. 2001. *Meat-eating and Human Evolution.* New York: Oxford University Press.

Tattersall, I. 2011. Origin of the human sense of self. In W. van Huyssteen and E. B. Wiebe (eds.), *In Search of Self.* Chicago: Wm. B. Eerdmans, 33–49.

Walker, A. C., M. R. Zimmerman, R. E. F. Leakey. 1982. A possible case of hypervitaminosis A in *Homo erectus. Nature* 296: 248–250.

Watts, D. 2008. Scavenging by chimpanzees at Ngogo and the relevance of chimpanzee scavenging to early hominid behavioral ecology. *Jour. Hum. Evol.* 54: 125–133.

Wrangham, R. 2009. *Catching Fire: How Cooking Made Us Human.* New York: Basic Books.

第四章：南猿家族

關於南非南猿遺址的最近定年，見 Herries 等人（二〇〇九）；南非南猿的形態學可見於 Grine（一九八八）的諸多貢獻。小腳丫骨骸的最近敘述由克拉克（二〇〇八）提出。南猿源泉種由 Berger 等人（二〇一〇）描述。關於齒部的細微磨耗之研究，見 Scott 等人（二〇〇五）和 Ungar 等人（二〇〇八），有關穩定碳同位素的研究和分析，見 Sponheimer 和 Lee-Thorp（二〇〇七）。關於南非的早期石器時代工具之概觀，見 Kuman（二〇〇三），而史華特克倫斯人科動物的操控能力，見 Susman（一九九四）。來自奧都韋峽谷的粗壯型「東非猿人」之經典描述由 Tobias（一九六七）提出；巧人由路易士．李基、Tobias，和 Napier（一九六四）命名；衣索比亞歐莫盆地的人科動物由 Howell（一九七八）總結。伍德（一九九一）替東圖爾卡納的人科動物做了描述。黑骷髏由 Walker 等人（一九八六）描述，孔索頭骨由 Suwa 等人（一九九七）描述。伍德和科拉爾（一九九九）重新思考了早期人科動物的屬名定位；瑪麗．李基等人（二〇〇一）描述了肯亞人。

Berger, L. R., D. J. de Ruiter, S. E. Churchill, P. Schmid, K. J. Carlson, P. H. G. M. Dirks, J. M. Kibii. 2010. *Nature* 328: 195–204.

Clarke, R. J. 2008. Latest information on Sterkfontein's *Australopithecus* skeleton and a new look at *Australopithecus*. *S. Afr. Jour. Sci.* 104: 443–449.

Grine, F. E. (ed). 1988. *Evolutionary History of the "Robust" Australopith ecines*. Hawthorne, NY: Aldine de Gruyter.

Herries, A. I. R., D. Curnoe, J. W. Adams. 2009. A multi-disciplinary seriation of early *Homo* and *Paranthropus* bearing palaeocaves in southern Africa. *Quat. Int.* 202: 14–28.

Howell, F. C. 1978. Hominidae. In V. J. Maglio and H. B. S. Cooke (eds.). *Evolution of African Mammals*. Cambridge, MA: Harvard University Press, 154–248.

Kuman, K. 2003. Site formation in the early South African Stone Age sites and its influence on the archaeological record. *S. Afr. Jour. Sci.* 99: 251–254.

Leakey, L. S. B., P. V. Tobias, J. R. Napier. 1964. A new species of genus *Homo* from Olduvai Gorge. *Nature* 202: 7–9.

Leakey, M. G., F. Spoor, F. H. Brown, P. N. Gathogo, L. N. Leakey, I. McDougall. 2001. New hominin genus from eastern Africa shows diverse middle Pliocene lineages. *Nature* 410: 433–440.

Scott, R. S., P. S. Ungar, T. S. Bergstrom, C. A. Brown, F. E. Grine, M. F. Teaford, A. Walker. 2005. Dental microwear texture analysis shows within-species diet variability in fossil hominins. *Nature* 436: 693–695.

Sloan, C. P. 2006. The origin of childhood. *National Geographic* 210 (5): 148– 159.

Susman, R. L. 1994. Fossil evidence for early hominid tool use. *Science* 265: 1570–1573.

Suwa, G., B. Asfaw, Y. Beyene, T. D. White, S. Katoh, S. Nagaoka, H. Nakaya, K. Uzawa, P. Renne, G. WoldeGabriel. 1997. The first skull of *Australopithecus boisei*. *Nature* 389: 489–446.

Tobias, P. V. 1967. *Olduvai Gorge*, Vol. 2. Cambridge: Cambridge University Press.

Ungar, P., F. E. Grine, M. F. Teaford. 2008. Dental microwear and diet of the Plio-Pleistocene hominin *Paranthropus boisei*. *PLoS One* 3: e2044.

Walker, A. C., R. E. F. Leakey, J. M. Harris, F. H. Brown. 1986. 2.5-Myr *Australopithecus boisei* from west of Lake Turkana, Kenya. *Nature* 322: 517– 522.

Wood, B. 1991. *Koobi Fora Research Project*, Vol. 4. Oxford: Clarendon Press.

Wood, B., M. Collard. The human genus. *Science* 284: 65–71.

第五章：跨步向前

最主要推廣「人類：工具製造者」概念的是 Kenneth Oakley（一九四九以及後續的許多再版）。路易士・李基等人（一九六四）命名了巧人，Robinson（一九六五）以及 Pilbeam 和 Simons（一九六五）（還有其他人）指出巧人的標準材料和南猿屬生物之間的相似之處。KNM-ER 1470 的最初描述由理察・李基（路易士・李基之子）於一九七三年提出，他簡單視之為人科動物的成員之一，到了一九七六年，他改稱之為巧人。Alexeev（一九八六）將其歸類成盧多爾夫人，然後由瑪麗・

李基等人（二〇〇一）再次轉分類為肯亞人。見泰德薩（二〇〇九）可得知其他人科動物被歸類為巧人、盧多爾夫人，以及「早期人科動物」的歷史，並請見 Schwartz 和泰德薩（二〇〇五），以了解這些化石在形態學方面的討論。多布然斯基對各種早期人科動物之多樣性的見解最早發表於一九四四年，而邁爾那篇具影響力的冷泉港論文發表於一九五〇年。有關演化綜論和其在演化生物學上的後續影響，見 Eldredge（一九八五）；關於古人類學的專論，見泰德薩（二〇〇九）。

伍德和科拉爾（一九九九）重新評估了人屬動物的成員。杜布瓦在一八九四年就直立猿人提出了最完整的描述；見 Schwartz 和泰德薩（二〇〇五）以及泰德薩（二〇〇七），裡頭有關於直立人／匠人議題的完整討論。KNM-WT 15000 透過 Walker 和李基（一九九三）的諸多貢獻得到最全面的描述和分析。MacLarnon 和 Hewitt（一九九九）審視了脊椎管在呼吸控制方面較廣泛的重要性。Amunts 等人（二〇一〇）最近重新評估了布洛卡區的一些細節。圖爾卡納少年的成長和生命歷史特徵由 Dean 等人（二〇〇一）、Dean 和 Smith（二〇〇九），以及 Graves 等人（二〇一〇）重新評估，東圖爾卡納的腳印由 Bennett 等人（二〇〇九）報告。青少年直立人腦部尺寸的重要性由 Coqueugniot 等人（二〇〇四）進行了分析。戈特斯密特（一九四〇）發表了「有希望的怪物」之概念，而 Peichel 等人（二〇〇一）發表了棘背魚在基因調節方面的成果。黑猩猩和人類在組織上的基因表現由 Khaitovich 等人（二〇〇五）提出。

Alexeev, V. P. 1986. *The Origin of the Human Race.* Moscow: Progress Publishers.

Amunts, K., M. Lenzen, A. D. Friederici, A. Schleicher, P. Morosan, N. Palomero-Gallagher, K. Zilles. 2010.

Broca' s region: Novel organization principles and multiple receptor mapping. *PLoS Biol.* 8: e1000489.

Bennett, M. R., J. W. K. Harris, B. G. Richmond, D. R. Braun, E. Mbua, .P Kiura, D. Olago, M. Kibunjia, C. Omuombo, A. K. Behrensmeyer, D. Huddart, S. Gonzalez. 2009. Early hominin foot morphology based on 1.5 million-yearold footprints from Ileret, Kenya. *Science* 323: 1197–1201.

Coqueugniot, H., J.-J. Hublin, F. Veillon, F. Houët, T. Jacob. 2004. Early brain growth in *Homo erectus* and implications for cognitive ability. *Nature* 431: 299–302.

Dean, C., M. G. Leakey, D. Reid, F. Schrenk, G. T. Schwartz, C. Stringer, A. Walker. 2001. Growth processes in teeth distinguish modern humans from *Homo erectus* and earlier hominins. *Nature* 414: 628–631.

Dean, M. C., B. H. Smith. 2009. Growth and development of the Nariokotome Youth, KNM-WT 15000. In Grine, F . E. et al. (eds.). *The First Humans: Origin and Early Evolution of the Genus* Homo. Heidelberg: Springer, 101–120.

Dobzhansky, T. 1944. On species and races of living and fossil man. *Amer. Jour. Phys. Anthropol.* 2: 251–265.

Dubois, E. 1894. Pithecanthropus erectus, *eine menschenähnliche Uebergangsform aus Java.* Batavia: Landesdruckerei.

Eldredge, N. 1985. *Unfinished Synthesis: Biological Hierarchies and Modern Evolutionary Thought.* New York: Oxford University Press.

Goldschmidt, R. B. 1940. *The Material Basis of Evolution.* New Haven, CT: Yale University Press.

Graves, R. R., A. C. Lupo, R. C. McCarthy , D. J. W escott, D. L. Cunning ham. 2010. Just how strapping was

KNM-WT15000? *Jour. Hum. Evol.* 59: 542–554.

Khaitovich, O., I. Hellmann, W. Enard, K. Nowick, M. Leinweber , H. Franz, G. Weiss, M. Lachmann, S. Pääbo. 2005. Parallel patterns of evolution in the genomes and transcriptomes of humans and chimpanzees. *Science* 309: 1850–1854.

Leakey, L. S. B., P. V. Tobias, J. R. Napier. 1964. A new species of Homo from Olduvai Gorge. *Nature* 202: 7–9.

Leakey, M. G., F. Spoor, F. H. Brown, P. N. Gathogo, L. N. Leakey, I. McDougall. 2001. New hominin genus from eastern Africa shows diverse middle Pliocene lineages. *Nature* 410: 433–440.

Leakey, R. E. F. 1973. Evidence for an advanced Plio-Pleistocene hominid from East Rudolf, Kenya. *Nature* 242: 447–450.

Leakey, R. E. F. 1976. Hominids in Africa. *Amer. Scientist* 64: 164–178.

Maclarnon, A. M., G. P. Hewitt. 1999. The evolution of human speech: The role of enhanced breathing control. *Amer. Jour. Phys. Anthropol.* 109: 341–363.

Mayr, E. 1950. Taxonomic categories in fossil hominids. *Cold Spring Harbor Symp. Quant. Biol.* 15: 109–118.

Oakley, K. P. 1949. *Man the Tool-Maker.* London: British Museum.

Peichel, C. K., K. S. Nereng, K. A. Ohgl, B. L. E. Cole, P . F. Colosimo, C. A. Buerkle, D. Schluter, D. M. Kingsley. 2001. The genetic architecture of divergence between threespine stickleback species. *Nature* 414: 901–905.

Pilbeam, D. R., E. L. Simons. 1965. Some problems of hominid classification. *Amer. Scientist* 53: 237–259.

Robinson, J. T. 1965. *Homo 'habilis'* and the australopithecines. *Nature* 205: 121–124.

Schwartz, J. H., I. Tattersall. 2005. *The Human Fossil Record, Vol. 3: Genera* Australopithecus, Paranthropus, Orrorin, *and Overview.* New York: WileyLiss, 1634–1653.

Tattersall, I. 2007. *Homo ergaster* and its contemporaries. In W. Henke, I. Tattersall (eds.). *Handbook of Paleoanthropology, Vol. 3.* Heidelberg: Springer.

Tattersall, I. 2009. *The Fossil Trail: How We Know What We Think We Know about Human Evolution.* 2nd ed. New York: Oxford University Press.

Walker, A. C., R. E. F. Leakey. 1993. *The Nariokotome* Homo erectus *skeleton.* Cambridge, MA: Harvard University Press.

Wood, B., M. Collard. 1999. The human genus. *Science* 284: 65–71.

第六章：莽原上的生活

見 Aiello 和 Wheeler（一九九五）以了解「昂貴組織假說」（即腸子和腦）。體蝨和陰蝨的調查由 Reed 等人（二〇〇七）進行。Cunnane 和 Stewart（二〇一〇）探討了水生生物資源假想的早期重要性。來自史華特克倫斯和契索旺加的用火證據分別由 Brain 和 Sillen（一九八八）和 Gowlett 等人（一九八一）提出。Wrangham（二〇〇九）鉅細靡遺地舉出極早期人科動物就懂得用火的論點；Sandgathe 等人（二〇一一）則提出相反的論點，認為慣常用火是很晚近才發生的事。Silk 等人（二

○○五）（還有其他人）論證了黑猩猩缺乏親社會性。Plummer（二○○四）對奧都韋進行了相當有趣的審視，而在坎傑拉的原料運送行為則由 Braun 等人（二○○八）進行了分析。

Aiello, L., P. Wheeler. 1995. The expensive-tissue hypothesis: The brain and the digestive system in human and primate evolution. *Curr. Anthropol.* 36: 199–221.

Brain, C. K., A. Sillen. 1988. Evidence from the Swartkrans cave for the earliest use of fire. *Nature* 336: 464–466.

Braun, D. R., T. Plummer, P. Ditchfield, J. . Ferrari, D. Maina, L. C. Bishop, R. Potts. 2008. Oldowan behavior and raw material transport: Perspectives from the Kanjera Formation. *Jour. Archaeol. Sci.* 35: 2329–2345.

Cunnane, S. C., K. M. Stewart (eds.). 2010. *Human Brain Evolution: The In fluence of Freshwater and Marine Food Resources.* Hoboken, NJ: WileyBlackwell.

Gowlett, J. A. J., J. W. K. Harris, D. Walton, B. A. Wood. 1981. Early archaeological sites, hominid remains and traces of fire from Chesowanja, Kenya. *Nature* 294: 125–129.

Plummer, T. 2004. Flaked stones and old bones: Biological and cultural evolution at the dawn of technology. *Yrbk Phys. Anthropol.* 47: 118–164.

Reed, D. L., J. E. Light, J. M. Allen, J. J. Kirchman. 2007. Pair of lice lost or paradise regained: The evolutionary history of anthropoid primate lice. *BMC Biol.* 5:7 doi: 10.1186/1741–7007–5–7.

Sandgathe, D. M., H. L. Dibble, P. Goldberg, S. P. McPherron, A. Turq, L. Niven, J. Hodgkins. 2011. Timing of the appearance of habitual fireuse. *Proc. Natl Acad. Sci. USA*, doi/10.173/pnas.1106759108.

Silk, J. B., S. F. Brosnan, J. Vonk, D. J. Povinelli, A. S. Richardson, S. P. Lambeth, J. Mascaro, S. J. Schapiro. 2005. Chimpanzees are indifferent to the welfare of unrelated group members. *Nature* 437: 1357–1359.

Wrangham, R. 2009. *Catching Fire: How Cooking Made Us Human.* New York: Basic Books.

第七章：離開非洲……而後復返

最早的德馬尼西人科動物由 Gabunia 和 Vekua（一九九五）描述，之後的那些則由 Gabunia 等人（二〇〇〇 a、b）、Gabounia 等人（二〇〇二）、德拉姆利和 Lordkipanidze（二〇〇六），以及 Lordkipanidze（二〇〇七）所提出；相關的定年結果請見德拉姆利等人（二〇〇二）。無牙的德馬尼西頭骨由 Lordkipanidze 等人（二〇〇五）詮釋，相關的環境重建請見 Messager 等人（二〇一〇）。一項關於手斧文化（事實上還有所有古老石器製造傳統）的最新評論可以在 Klein(二〇〇九）找到。Potts 等人（二〇〇四）描述了歐羅結撒依立耶的人科動物及其工具組合，Howell 等人（一九七二）則描述了以西麥拉的遺址。最早的阿舍利文化由 Lepre 等人（二〇一一）報告。Holloway 等人（二〇〇四）列出了人科動物化石的大腦尺寸，並描述了顱內模。Abbate 等人（一九九八）描述了布伊亞的人科動物；達卡的樣本則由 Asfaw 等人（二〇〇二）描述；而 Spoor 等人（二〇〇七）敘述了依勒雷特的兩支世系。Brown 等人（二〇〇四）描述了佛羅勒斯人；想了解更多討論，請見 Martin 等人（二〇〇六）以及 Jungers 和 Baab（二〇〇九），還有這些書裡提到的參考文獻。

Abbate, E., A. Albianelli, A. Azzaroli, M. Benvenuti, B. Tesfamariam, P. Bruin, N. Cipriani, R. J. Clarke, G. Ficcarelli, R. Macchiarelli, G. Napoleone, M. Papini, L. Rook, M. Sagri, T. M. Tecle, D. Torre, I. Villa. 1998. A one-million-year-old *Homo* cranium from the Danakil (Afar) Depression of Eritrea. *Nature* 393: 458–460.

Asfaw, B., W. H. Gilbert, Y. Beyene, W. K. Hart, P. R. Renne, G. WoldeGabriel, E. S. Vrba, T. D. White. 2002. Remains of *Homo erectus* from Bouri, Middle Awash, Ethiopia. *Nature* 416: 317–320.

Brown, P., T. Sutikna, M. J. Morwood, R. P. Soejono, Jatmiko, E. W. Saptomo, R. A. Due. 2004. A new small-bodied hominin from the Late Pleistocene of Flores, Indonesia. *Nature* 431: 1055–1061.

de Lumley, H., D. Lordkipanidze, G. Féraud, T . Garcia, C. Perrenoud, C. Falguères, J. Gagnepain, T. Saos, P. Voinchet. 2002. Datation par la mé thode 40Ar/39Ar de la couche de cendres volcaniques (couche VI) de Dma nissi (Géorgie) qui a livré des restes d'hominidés fossils de 1.81 Ma. *C. R. Palévol.* 1: 181–189.

Gabounia, Léo, M-A. de Lumley, A. Vekua, D. Lordkipanidze, H. de Lumley. 2002. Découverte d'un nouvel hominidé à Dmanissi (Transcaucasie, Géorgie). *C. R. Palevol* 1: 243–253.

Gabunia L., Vekua A. 1995. A Plio-Pleistocene hominid from Dmanisi, east Georgia, Caucasus. *Nature* 373: 509–512

Gabunia L., Vekua A., Lordkipanidze D. 2000a. The environmental contexts of early human occupations of Georgia (Transcaucasia). *Jour. Hum. Evol.* 38: 785–802

Gabunia L., Vekua A., Lordkipanidze D., Swisher C. C., Ferring R., Justus A., Nioradze M., Tvalcrelidze M.,

Anton S., Bosinski G. C., Jöris O., de Lumley M. A., Majusuradze G., Mouskhelishvili A. 2000b. Earliest Pleistocene hominid cranial remains from Dmanisi, Republic of Georgia: T axonomy, geological setting and age. *Science* 288: 1019–1025

Holloway, R. L., D. C. Broadfield, M. S. uan. 2004. *The Human Fossil Record, Vol. 3: Hominid Endocasts: The Paleoneurological Evidence.* New York: Wiley-Liss.

Howell, F. C., G. H. Cole, M. R. Kleindienst, B. J. Szabo, K. P . Oakley. 1972. Uranium-series dating of bone from Isimila prehistoric site, Tanzania. *Nature* 237: 51–52.

Jungers, W. L., K. Baab. 2009. The geometry of hobbits: *Homo floresiensi* and human evolution. *Significanc* 6: 159–164.

Klein, R. 2009. *The Human Career: Human Biological and Cultural Origins*, 3rd ed. Chicago: University of Chicago Press.

Lepre, C. J., H. Roche, D. V. Kent, S. Harmand, R. L. Quinn, J.-P. Brugal, P.-J. Texier, A. Lenoble, C. S. Feibel. 2011. An earlier age for the Acheulian. *Nature* 477: 82–85.

Lordkipanidze, D., A. Vekua, R. Ferring, G. P. Rightmire, J. Agusti, G. Kiladze, A. Mouskhelishvili, M. Ponce de Leon, M. T appen, C. P. E. Zollikofer. 2005. The earliest toothless hominin skull. *Nature* 434: 717–718.

Lordkipanidze, D., T. Jashashvili, A. Vekua, M. Ponce de Leon, C. P. E. Zollikofer, G. P. Rightmire, H. Pontzer, R. Ferring, O. Oms, M. T appen, M. Bukhsianidze, J. Agusti, R. Kahlke, G. Kiladze, B. Martinez-Navarro, A. Mouskhelishvili, M. Nioradze, L. Rook. 2007. Postcranial evidence from early *Homo* from

Dmanisi, Georgia. *Nature* 449: 305–310.

Martin, R. D., M. MacLarnon, J. L. Phillips, W. B. Dobyns. 2006. Flores hominid: New species or microcephalic dwarf? *Anat. Rec.* 288A: 1123–1145.

Messager, E., V. Lebreton, L. Marquez, E. Russo-Ermoli, R. Orain, J. RenaultMiskovsky, D. Lordkipanidze, J. Despriée, C. Peretto, M. Arzarello. Palaeoenvironments of early hominins in temperate and Mediterranean Eurasia: New palaeobotanical data from Palaeolithic key-sites and synchronous natural sequences. *Quat. Sci. Revs* 30: 1439–1447.

Potts, R., A. K. Behrensmeyer , A. Deino, P. Ditchfield, J. Clark. 2004. Small mid-Pleistocene hominin associated with Acheulean technology . *Science* 305: 75–78.

Spoor, F., M. G. Leakey, P. N. Gathogo, F. H. Brown, S. C. Anton, I. McDou gall, C. Kiarie, F. K. Manthi, L. N. Leakey. 2007. Implications of new early Homo fossils from Ileret, east of Lake Turkana, Kenya. *Nature* 448: 688– 691.

第八章：最早以四海為家的人科動物

毛爾的頜骨由 Wagner 等人（二〇一〇）進行定年。請見泰德薩（二〇〇九）以了解眾多海德堡人化石的背景。特拉阿馬塔的遺址由德拉姆利和 Boone（一九七六）描述，而舍寧根的發現則由 Thieme（一九九七）描述。見 Johnson 和 McBrearty（二〇一〇），以了解肯亞的早期刀片之製造，Marshack（一九九六）對貝列卡特藍的「維納斯」有所描述，而 Thompson（二〇〇四）則描述了那些來自 Loiyalangani 有可能最早的鴕鳥蛋殼串珠。

de Lumley H., Y. Boone. 1976. Les structures d'habitat au Paléolithique inféri eur. In H de Lumley (ed.). *La Préhistoire française vol. 1*. Paris, CNRS, 635–643.

de Lumley, M-A., D. Lordkipanidze. 2006. L'homme de Dmanissi (*Homo georgicus*), il y a 1 810 000 ans. *Paléontologie humaine et Préhistoire* 5: 273–281.

Johnson, C. R., S. McBrearty. 2010. 500,000 year old blades from the Kapthurin Formation, Kenya. *Jour. Hum. Evol.* 58: 193–200.

Marshack, A. 1996. A Middle Paleolithic symbolic composition from the Golan Heights: The earliest depictive image. *Curr. Anthropol.* 37: 357–365.

Tattersall, I. 2009. *The Fossil Trail: How We Know What We Think We Know about Human Evolution.* 2nd ed. New York: Oxford University Press.

Thieme H. 1997. Lower Palaeolithic hunting spears from Germany. *Nature* 385: 807–810.

Wagner, G. A., M. Krbetschek, D. Degering, J.-J. Bahain, Q. Shao, C. Falguères, P. Voinchet, J.-M. Dolo, T. Garcia, G. P. Rightmire. 2010. Radiometric dating of the type-site for *Homo heidelbergensis* at Mauer, Germany. *Proc. Nat. Acad. Sci. USA*, doi/10.1073/pnas.1012722107.

第九章：冰河時期和早期的歐洲人

Van Andel（一九九四）對冰河時期的相關地質學提供了引人入勝的洞見；Vrba（一九九三、一九九六）由南非觀點討探了更新世／上新世的環境和動物相的流轉脈動，而 Behrensmeyer 等人（一九九七）則基於一項東非紀錄提出另一種看法。Delson 等人（二〇〇〇）的許多文章處理了更新世的地質學和動物相的改變。EPICA（二〇〇四）提出重要的冰核資料，並由 McManus（二〇〇四）加以探討；關於海床岩芯資料的審視，請見 Gradstein 等人（二〇〇五）的貢獻。格蘭多利納的人科動物由 Carbonell 等人（二〇〇八）描述，而 Bermudez de Castro 等人（一九九七）則敘述了前人。Fernandez-Jalvo 等人（一九九九）提出格蘭多利納的同類相食證據，並由 Carbonell 等人（二〇一〇）加以審視。關於骨坑化石最全面的描述可見於 Arsuaga 等人（一九九七）的貢獻，且由 Bischoff 等人（二〇〇七）進行了最新的定年。從 Andrews 和 Fernandez Jalvo（一九九七），能看見對骨坑沉積物的反對意見。Carbonell 和 Mosquera（二〇〇六）探討了骨坑的手斧潛在之符號化意義，賈西亞和 Arsuaga（二〇一〇）則探討了舊石器時代的環境。關於更新世中期人科動物之間的關係，請見泰德薩和 Schwartz（二〇〇九）。

Andrews, P., Y. Fernadez Jalvo. 1997. Surface modifications of the Sima de los Huesos hominids. *Jour Hum. Evol.* 33: 191–217.

Arsuaga, J.-L., J. M. Bermudez de Castro, E. Carbonell (eds). 1997. Special Issue: The Sima de los Huesos hominid site. *Jour. Hum. Evol.* 33: 105–421.

Behrensmeyer, A. K., N. E. Todd, R. Potts, G. E. McBrinn. 1997. Late Pliocene faunal turnover in the Turkana Basin, Kenya and Ethiopia. *Science* 278: 1589–1594.

Bermudez de Castro, J. M. B, J. L. Arsuaga, E. Carbonell, A Rosas, I. Martínez, M. Mosquera. 1997. A hominid from the Lower Pleistocene of Atapuerca, Spain: Possible ancestor to Neandertals and modern humans. *Science* 276: 1392–1395.

Bischoff, J. L., R. W. Williams, R. J. Rosenbauer, A. Aramburu, J. L. Arsuaga, N. García, G. Cuenca-Bescós. 2007. High-resolution U-series dates from the Sima de los Huesos hominids yields 600±66 kyrs: implications for the evolution of the early Neanderthal lineage. *Jour. Archaeol. Sci.* 34: 763–770.

Carbonell, E., M. Mosquera. 2006. The emergence of symbolic behaviour: The sepulchral pit of Sima de los Huesos, Sierra de Atapuerca, Burgos, Spain. *C. R. Palevol.* 5: 155–160.

Carbonell, E., I. Caceres, M. Lizano, P . Saladie, J. Rosell, C. Lorenzo, J. V allverdu, R. Huguet, A. Canals, J. M. Bermudez de Castro. 2010. Cultural cannibalism as a paleoeconomic system in the European lower Pleistocene. *Curr. Anth.* 51: 539–549.

Carbonell, E., J. M. Bermudez de Castro, J. M. Pares, A. Perez-Gonzalez, G. Cuenca-Bescos, A. Olle, M. Mosquera, R. Huguet, J. van der Made, A. Rosas, R. Sala, J. Vallverdu, N. Garcia, D. E. Granger, M. Martinon-Torres, X. P. Rodriguez, G. M. Stock, J. M. Verges, E. Allue, F. Burjachs, I. Càceres, A. Canals, A. Benito, C. Diez, M. Lozanao, A. Mateos, M. Navazo, J. Rodriguez, J. Rosell, J. L. Arsuaga. 2008. The first hominin of Europe. *Nature* 452: 465–469.

Delson, E., I. Tattersall, J. A. Van Couvering, A. S. Brooks. 2000. *Encyclopedia of Human Evolution and Prehistory*, 2nd ed. New York: Garland Press.

EPICA community. 2004. Eight glacial cycles from an Antarctic ice core. *Nature* 429: 623–628.

Fernandez-Jalvo, Y., J. Carlos Diez, I. Càceres, J. Rosell. 1999. Human cannibalism in the Early Pleistocene of Europe (Gran Dolina, Sierra de Atapuerca, Burgos, Spain). *Jour. Hum. Evol.* 37: 591–622.

Garcia, N., J.-L. Arsuaga. 2010. The Sima de los Huesos (Burgos, northern Spain): Palaeoenvironment and habitats of *Homo heidelbergensis* during the Middle Pleistocene. *Quat. Sci. Revs.*, doi:10:1016/jquascirev.2010.11 .08.

Gradstein, F., J. Ogg, A. G. Smith (eds). 2005. *A Geological Time Scale 2004.* Cambridge: Cambridge University Press.

McManus, J. F. 2004. A great grand-daddy of ice cores. *Nature* 429: 611–612.

Tattersall, I., J. H. Schwartz. 2009. Evolution of the genus *Homo*. *Ann. Rev. Earth Planet. Sci.* 37: 67–92.

Van Andel, T. H. 1994. *New Views on an Old Planet.* Cambridge: University of Cambridge Press.

Vrba, E. S. 1993. The pulse that produced us. *Natural History* 102 (5): 47–51.

Vrba, E. S. 1996. *Paleoclimate and Evolution, with Emphasis on Human Origins.* New Haven, CT: Yale University Press.

第十章：尼安德塔人是何方神聖？

關於比亞什聖瓦斯特的化石，請見 Schwartz 和泰德薩（二〇〇二）；至於賴林根遺址，請見 Dean 等人（一九九八）。有關共存在歐洲的世系，請見泰德薩和 Schwartz（二〇〇六），關於芬蘭的莫斯特文化，請見 Schulz（二〇〇〇）；阿爾泰的尼安德塔遺傳特徵，見 Krause 等人（二〇〇七）；關於尼安德塔人避開冰河周遭環境的種種，請見 Patou-Mathis（二〇〇六）。Slimak 等人（二〇一一）提出尼安德塔人曾出現在俄國北方的推測。Pearson 等人（二〇〇六）討論了尼安德塔人對氣候的適應，Van Andel 和 Davies（二〇〇三）的諸多貢獻裡亦有提及。

尼安德塔人的粒線體 DNA 報告最早是由 Krings 等人（一九九七）提出，Briggs 等人（二〇〇九）在最近做出報告並加以評論。粗略的尼安德塔人基因體由 Green 等人（二〇一〇）回報，至於丹尼索瓦洞的基因體則是由 Reich 等人（二〇一〇）提出。見 Cohen（二〇一〇），可找到關於現代物種間混種的敘述，Johnson 等人（二〇〇六）說明獅子和老虎的祖先，至於 Jolly（二〇〇一）則說明了狒狒和獅尾狒狒的混種區和弦外之音。關於拉加維爾凹穴骨骸各種觀點之敘述，請見 Zilhao 和 Trinkaus（二〇〇二），至於和人骨洞有關的敘述，請見 Trinkaus 等人（二〇〇三）。

查詢 Smith 等人（二〇一〇）可得知尼安德塔人齒部發育的最新報告和綜論；從 Ponce de Leon 和 Zollikofer（二〇〇一）能找到尼安德塔人的顱部發育，還有 Gunz 等人（二〇一〇），有尼安德塔人和現代人類腦部發育軌跡的對照。關於尼安德塔人的髮色和膚色，請查找 Lalueza-Fox 等人（二〇〇七）。Evans 等人（二〇〇六）則提出微小的腦磷脂基因變異是由一種古老的人科世系進入智人族群。關於義大利各遺址的尼安德塔人生存方式之比照，請見 Stiner 和 Kuhn（一九九二）。

見 Richards 和 Trinkaus（二〇〇九），可找到氮同位素的研究一覽，在 Bocherens 等人（二〇〇五）可見聖塞賽爾的氮同位素資料和詮釋，還有 Henry 等人（二〇一〇），有沙尼達爾洞和斯派洞的植物微化石分析。Lalueza-Fox 等人（二〇一〇）提供了來自埃爾西德隆的粒線體 DNA 資料，至於 Vallverdú 等人，則報告了阿布里克羅姆的現場資訊和族群規模。引敘句來自 Zimmer（二〇一〇）。肯納的人骨工具由 Verna 和 D'Errico（二〇一〇）描述。

Bocherens, H. D. G. Drucker, D. Billiou, M. Patou-Mathis, B. Vandermeersch. 2005. Isotopic evidence for diet and subsistence pattern of the Saint-Césaire I Neanderthal: review and use of a multi-source mixing model. *Jour. Hum. Evol.* 49: 71–87.

Briggs, A. W., J. M. Good, R. E. Green, J. Krause, T . Maricic, U. Stenzel, C. Lalueza-Fox and numerous others. 2009. Targeted retrieval and analysis of five Neanderthal mtDNA genomes. *Science* 325: 318–321.

Cohen, J. 2010. *Almost Chimpanzee: Searching for What Makes us Human in Rainforests, Labs, Sanctuaries and Zoos.* New York: Times Books.

Dean, D., J.-J. Hublin, R. Holloway, R. Ziegler. 1998. On the phylogenetic position of the pre-Neandertal specimen from Reilingen, Germany. *Jour. Hum. Evol.* 34: 485–508.

Evans, P. D., M. Mekel-Bobrov, E. J. Vallender, R. R. Hudson, B. T. Lahn. 2006. Evidence that the adaptive allele of the brain size gene *microcephalin* introgressed into *Homo sapiens* from an archaic *Homo* lineage. *Proc. Nat. Acad. Sci. USA* 103: 18178–18183.

Green, R. E., J. Krause, A. W. Briggs, T. Maricic, U. Stenzel, M. Kirchner, N. Patterson and 49 others. 2010. A draft sequence of the Neanderthal genome. *Science* 328: 710–722.

Gunz, P., S. Neubauer, B. Maureille, J.-J. Hublin. 2010. Brain development after birth differs between Neanderthals and modern humans. *Curr. Biol.* 20 (21): R921–R922.

Henry, A. G., A. S. Brooks, D. R. Piperno. 2010. Microfossils in calculus demonstrate consumption of plants and cooked foods in Neanderthal diets (Shanidar III, Iraq; Spy I and II, Belgium). *Proc. Nat. Acad. Sci. USA*, doi/10.1073/ pnas.101686108.

Johnson, W. E., E. Eizirik, J. Pecon-Slattery, W. J. Murphy, A. Antunes, E. Teeling, S. J. O'Brien. 2006. The late Miocene radiation of modern Felidae: A genetic assessment. *Science* 311: 73–77.

Jolly, C. J. 2001. A proper study for mankind: Analogies from the papionin monkeys and their implications for human evolution. *Yrbk Phys. Anthropol.* 44: 177–204.

Krause J., Orlando L., Serre D., Viola B., Prüfer K., Richards M. P., Hublin J. J., Hänni C., Derevianko A. P., Pääbo S. 2007. Neanderthals in central Asia and Siberia. *Nature* 449: 1–3.

Lalueza-Fox, C., A. Rosas, A. Estalrrich, E. Gigli, P . F. Campos, A. GarciaTabernero, S. Garcia-Vargas and 9 others. 2010. Genetic evidence for patrilocal mating behavior among Neandertal groups. *Proc. Nat. Acad. Sci. USA*, doi/10.1073/pnas.1011533108.

Lalueza-Fox, C., H. Rompler, D. Caramelli, C. Staubert, G. Catalano, D. Hughes, N. Rohland and 10 others. 2007. A melanocortin 1 receptor allele suggests varying pigmentation among Neanderthals. *Science* 318:

1453–1455.

Patou-Mathis, M. 2006. Comportements de subsistance des N éandertaliens d'Europe. In B. Demarsin and M. Otte (eds.). *Neanderthals in Europe*. Liege, ERAUL, 117: 9–14.

Pearson, O. M., R. M. Cordero, A. M. Busby. 2006. How different were the Neanderthals' habitual activities? A comparative analysis with diverse groups of recent humans. In K. Harvati and T. Harrison (eds.). *Neanderthals Revisited: New Approaches and Perspectives*. Berlin: Springer, 135–156.

Ponce de León, M. S. and C. P. E. Zollikofer. 2001. Neánderthal cranial ontogeny and its implications for late hominid diversity. *Nature* 412: 534–538.

Reich, D., R. E. Green, M. Kirchner, J. Krause, N. Patterson, E. Y. Durand, B. Viola and numerous others. 2010. Genetic history of an archaic hominin group from Denisova Cave in Siberia. *Nature* 468: 1053–1060.

Schulz, H.-P. 2000/2001. The lithic industry from layers IV -V, Susiluola Cave, Western Finland. *Prehist. Europ.* 16/17: 43–56.

Schwartz, J. H., I. Tattersall. 2002. *The Human Fossil Record, Vol. 1: Terminology and Craniodental Morphology of Genus* Homo *(Europe)*. New York: Wiley-Liss.

Slimak, L, J. I. Svendsen, J. Mangerud, H. Plisson, H. P. Heggen, A Brugère, P. Y. Pavlov. 2011. Late Mousterian persistence near the Arctic Circle. *Science* 332: 841–845.

Stiner, M., S. Kuhn. 1992. Subsistence, technology , and adaptive variation in Middle Paleolithic Italy. *Amer. Anthropol.* 94: 306–339.

Tattersall, I., Schwartz, J. H. 2006. The distinctiveness and systematic context of *Homo neanderthalensis*. In K. Harvati and T. Harrison (eds.). *Neanderthals Revisited: New Approaches and Perspectives*. Berlin: Springer, 9–22.

Trinkaus, E., S. Milota, R. Rodrigo, G. Mircea, O. Moldovan. 2003. Early modern human remains from the Pes¸tera cu Oase, Romania. *Jour. Hum. Evol.* 45: 245–253.

Vallverdú, J., M. Vaquero, I. Cáceres, E. Allué, J. Rosell, P. Saladié, G. Chacón, A. Ollé, A. Canals, R. Sala, M. A. Courty , E. Carbonell. 2010. Sleeping Activity Area within the Site Structure of Archaic Human Groups: Evidence from Abric Romaní Level N Combustion Activity Areas. *Curr. Anthropol.* 51: 137–145.

Van Andel, T. H., W. Davies. 2003. *Neanderthals and Modern Humans in the European Landscape during the Last Glaciation* (McDonald Institute Monographs). Oxford, UK: Oxbow Books.

Verna, C., F. D'Errico. 2010. The earliest evidence for the use of human bone as a tool. *Jour. Hum. Evol.* 60: 145–147.

Zilhao, J., E. Trinkaus (eds.). 2002. Portrait of the artist as a child: The Gravettian human skeleton from the Abrigo do Lagar Velho and its Archeological Context. *Trab. Arqueol.* 22: 1–604.

Zimmer, C. 2010. Bones give peek into the lives of Neanderthals. *New York Times*, 20 December.

第十一章：古老與現代

關於莫斯特文化的絕佳概括敘述，請見 Klein（二〇〇九）。Soressi 和 D'Errico（二〇〇七）呈現了莫斯特文化假想中的符號化物品和考古素材之概觀。Finlayson（二〇〇九）就尼安德塔人的族群和環境提供了令人目眩神迷的觀點。關於尼安德塔人在阿赫希的出現，見 Hublin 等人（一九九六）；至於阿赫希和聖塞賽爾的夏特佩赫農文化之近期見解，請見 Bar-Yosef 和 Bordes（二〇一〇）和 Higham 等人（二〇一〇）。尼安德塔人在早期曾短暫被現代人類取代的證據由 Pinhasi 等人（二〇一一）提出。

Bar-Yosef, O., J.-G. Bordes. 2010. Who were the makers of the Châtelperronian culture? *Jour. Hum. Evol.* 59: 586–593.

Finlayson, C. 2009. *The Humans Who Went Extinct: Why Neanderthals Died Out and We Survived.* Oxford, UK: Oxford University Press.

Higham, T., R. Jacobi, M. Julien, F. David, L. Basell, R. Wood, W. Davies, C. B. Ramsey. 2010. Chronology of the Grotte du Renne (France) and implica tions for the context of ornaments and human remains within the Châtelperronian. *Proc. Nat. Acad. Sci. USA* 107: 20234–20239.

Hublin, J.-J., F. Spoor, M. Braun, F. Zonneveld, and S. Condemi. 1996. A late Neanderthal associated with Upper Palaeolithic artefacts. *Nature* 381: 224–226.

Klein, R. 2009. *The Human Career*, 3rd ed. Chicago: University of Chicago Press.

Pinhasi, R., T. F. G. Higham, L. V. Golubova, V. B. Doronichev. 2011. Revised age of late Neanderthal occupation and the end of the Middle Paleolithic in the northern Caucasus. *Proc Nat. Acad. Sci. USA* 108:

8611–8616.

Soressi, M., F. D'Errico. 2007. Pigments, gravures, parures: Les comportements symboliques controversés des Néandertaliens. In B. V andermeersch, B. Maureille (eds.). *Les Néandertaliens: Biologie et Cultures.* Paris: Editions du CTHS, 297–309.

第十二章：謎樣登場

關於非洲最早的智人化石，見 MacDougall 等人（二〇〇五）、White 等人（二〇〇三），以及 Clark 等人（二〇〇三）。有關中石器時代，見 Klein（二〇〇九）書中的評論，至於阿特利和相關人科動物，見 Balter（二〇一一），還有 Garcea（二〇一〇）以及 Hublin 和 McPherron（二〇一一）書中的貢獻。Drake 等人（二〇一〇）討論了「綠色的撒哈拉」。關於黎凡特遺址的定年結果，請見 Bar-Yosef（一九九八）、Grün 等人（二〇〇五），以及 Coppa 等人（二〇〇五）；黎凡特的人科動物，請見 Schwartz 和泰德薩（二〇〇三，二〇一〇）。

Tishkoff 等人（二〇〇九）就非洲的遺傳多樣性提供了最全面的最近討論。Campbell 和 Tishkoff（二〇一〇）提供了概念和絕佳的參考文獻。也請見 Gibbons（二〇〇九）以及 Scheinfeldt 等人（二〇一〇）書中的評論，以了解語言學和考古學方面的綜論。關於人類族群的瓶頸，見 Jorde 等人（一九九八）以及 Harpending 和 Rogers（二〇〇〇）；特別和托霸火山有關的資訊，請見 Ambrose（一九九八）；Ambrose（二〇〇三）以及 Gathorne-Hardy 和 HarcourtSmith（二〇〇三）進一步評論了托霸火山的發展腳本。見 DeSalle 和泰德薩（二〇〇八），以了解分子技術和人類播遷的分子證據詳細結論。Liu 等人（二〇一〇）描述了來自中國那件聲稱是古代智人的頜骨，還有 Pitulko 等人（二〇〇四）敘述了最早進入北極圈以北的居住期。

Ambrose, S. H. 1998. Late Pleistocene human population bottlenecks, volca nic winter, and differentiation of modern humans. *Jour. Hum. Evol.* 34: 623–651.

Ambrose, S. H. 2003. Did the super-eruption of Toba cause a human population bottleneck? Reply to Gathorne-Hardy and Harcourt-Smith. *Jour. Hum. Evol.* 45: 231–237.

Balter, M. 2011. Was North Africa the launch pad for modern human migrations? *Science* 331: 20–23.

Bar-Yosef, Y. 1998. The chronology of the Middle Paleolithic of the Levant. In T. Akazawa, K. Aoki, O. Bar-Yosef (eds.). *Neandertals and Modern Humans in Western Asia.* New York: Plenum Press, 39–56.

Campbell, M., S. A. Tishkoff. 2010. The evolution of human genetic and phenotypic variation in Africa. *Curr. Biol.* 20: R166–R173.

Clark, J. D., Y. Beyene, G. WoldeGabriel, W. K. Hart, P. R. Renne, H. Gilbert, A. Defleu, G. Suwa, S. Katoh, K. R. Ludwig, J.-R. Boisserie, B. Asfaw , T. D. White. 2003. Stratigraphic, chronological and behavioural contexts of Pleistocene *Homo sapiens* from Middle Awash, Ethiopia. *Nature* 423: 747–752.

Coppa, A., R. Grün, C. Stringer, S. Eggins, R. Vargiu. 2005. Newly recognized Pleistocene human teeth from Tabu¯n Cave, Israel. *Jour. Hum. Evol.* 49: 301–315.

DeSalle, R., I. Tattersall. 2008. *Human Origins: What Bones and Genomes Tell Us about Ourselves.* College

Station, TX: Texas A&M University Press.

Drake, N. A., R. M. Blench, S. J. Armitage, C. S. Bristow , K. H. White. 2010. Ancient watercourses and biogeography of the Sahara explain the peopling of the desert. *Proc. Nat. Acad. Sci. USA* 108: 458–462.

Garcea, E. A. A. (ed.). 2010. *South-Eastern Mediterranean Peoples between 130,000 and 10,000 Years Ago*. Oxford, UK: Oxbow Books.

Gathorne-Hardy, F. J., W. E. H. Harcourt-Smith. 2003. The super-eruption of Toba, did it cause a human bottleneck? *Jour. Hum. Evol.* 45: 227–230.

Gibbons, A. 2009. Africans' deep genetic roots reveal their evolutionary story . *Science* 324: 575.

Grün, R., C. Stringer, F. McDermott, R. Nathan, N. Porat, S. Robertson, L. Taylor, G. Mortimer, S. Eggins, M. McCulloch. 2005. U-series and ESR analyses of bones and teeth relating to the human burials from Skhu¯l. *Jour. Hum. Evol.* 49: 316–334.

Harpending, H., A. R. Rogers. 2000. Genetic perspectives on human origins and differentiation. *Ann. Rev. Genom. Hum. Genet.* 1: 361–385.

Hublin, J. J., S. McPherron. 2011. *Modern Origins: A North African Perspective*. New York: Springer.

Klein, R. 2009. *The Human Career*, 3rd ed. Chicago: University of Chicago Press.

Liu, W., C.-Z. Jin, Y.-Q. Zhang, Y.-J. Cai, S. Zing, X.-J. W u, H. Cheng and 6 others. 2010. Human remains from Zhirendong, South China, and modern human emergence in East Asia. *Proc. Nat. Acad. Sci. USA* 107: 19201– 19206.

McDougall, I., F. H. Brown, J. G. Fleagle. 2005. Stratigraphic placement and age of modern humans from Kibish, Ethiopia. *Nature* 433: 733–736.

Pitulko, V. V., P. A. Nikolsky, E. Y. Girya, A. E. Basilyan, V. E. Tumskoy, S. A. Koulakov, S. N. Astakhov, E. Y. Pavlova, M. A. Anisimov. 2004. The Yana RHS site: Humans in the Arctic before the Last Glacial Maximum. *Science* 303: 52–56.

Scheinfeldt, L. B., S. Soi, S. A. T ishkoff. 2010. Working toward a synthesis of archaeological, linguistic and genetic data for inferring African population history. *Proc. Nat. Acad. Sci. USA* 107 (Supp. 2): 8931–8938.

Schwartz, J. H., I. Tattersall. 2010. Fossil evidence for the origin of *Homo sapiens*. *Yrbk. Phys. Anthropol.* 53: 94–121.

Tishkoff, S. A., F. A. Reed, F. B. Friedlander, C. Ehret, A. Ranciaro. A. Froment, J. B. Hirbo and numerous others. 2009. The genetic structure and history of Africans and African Americans. *Science* 324: 1035–1044.

White, T. D., B. Asfaw, D. DeGusta, H. Gilbert, G. D. Richards, G. Suwa, F. C. Howell. 2003. Pleistocene *Homo sapiens* from Middle Awash, Ethiopia. Nature 423: 742–747.

第十三章：符號化行為的起源

斯庫爾和 Oued Djebbana 的串珠由 Vanhaeren 等人（二〇〇六）提出，斯庫爾的顏料由 D'Errico 等人（二〇一〇）進行分析，北非阿特利文化的更多串珠證據可見於 Bouzouggar 等人（二〇〇七）和 d'Errico 等人（二〇〇九）。Henshilwood 等人（二〇〇二）描述了布隆伯斯洞的飾板，Henshilwood 等人（二〇〇四）更描述了該遺址的串珠。Marean 等人（二〇〇七）報告了品尼高點的顏料和使用貝殼釣魚的技術；在那裡對矽結礫岩加熱的做法由 Brown 等人（二〇〇九）描述，還有布隆伯斯洞的壓力剝離工法則由 Mourre 等人（二〇一〇）加以描述。關於克拉西斯河口遺址的背景，請見 Deacon 和 Deacon（一九九九）。迪克魯夫岩洞的鴕鳥蛋殼容器由 Texier 等人（二〇一〇）描述，而晨曦洞的串珠則是由 Ambrose（一九九八）描述；見 Mellars（二〇〇六），有關於早期人類經由歐亞大陸散布的討論，還有 Kuhn 等人（二〇〇一）探討了來自黎巴嫩和土耳其遺址的貝殼串珠。

Ambrose, S. H. 1998. Chronology of the later Stone Age and food production in East Africa. *Jour. Archaeol. Sci.* 25: 377–392.

Bouzouggar, A., N. Barton, M. Vanhaeren, F. d'Errico, S. Colcutt, T. Higham, E. Hodge and 8 others. 2007. 82,000-year-old shell beads from North Africa and implications for the origins of modern human behavior. *Proc. Nat. Acad. Sci. USA* 104: 9964–9969.

Brown, K. S., C. W. Marean, A. I. R. Herries, Z. Jacobs, C. Tribolo, D. Braun, D. L. Roberts, M. C. Meyer, J. Bernatchez. 2009. Fire as an engineering tool of early modern humans. *Science* 325: 859–862.

Deacon, H., J. Deacon. 1999. *Human beginnings in South Africa: Uncovering the Secrets of the Stone Age.* Cape Town: David Philip.

d'Errico, F., M. Vanhaeren, N. Barton, A. Bouzouggar, H. Mienis, D. Richter, J.-J. Hublin, S. P. McPherron, P. Lozouet. 2009. Additional evidence on the use of personal ornaments in the Middle Paleolithic of North Africa. *Proc. Nat. Acad. Sci.* USA 106: 16051–16056.

d'Errico, F., H. Salomon, C. Vignaud, C. Stringer. 2010. Pigments from Middle Paleolithic leves of es-Skhu¯l (Mount Carmel, Israel). *Jour. Archaeol. Sci.* 37: 3099–3110.

Henshilwood, C., F. d'Errico, M. Vanhaeren, K. van Niekerk, Z. Jacobs. 2004. Middle Stone Age shell beads from South Africa. *Science* 304: 404.

Henshilwood, C. S., F. d'Errico, R. Yates, Z. Jacobs, C. Tribolo, G. A. T. Duller, N. Mercier and 4 others. 2002. Emergence of modern human behavior: Middle Stone Age engravings from South Africa. *Science* 295: 1278–1280.

Kuhn, S., M. C. Stiner, D. S. Reese, E. Gulec. 2001. Ornaments of the earliest Upper Paleolithic: New Insights from the Levant. *Proc. Nat. Acad. Sci. USA* 98: 7641–7646.

Marean, C. W., M. Bar-Matthews, J. Bernatchez, E. Fisher, P. Goldberg, A. I. R. Herries, Z. Jacobs and 7 others. 2007. Early use of marine resources and pigment in South Africa during the Middle Pleistocene. *Nature* 449: 905–908.

Mellars, P. 2006. Going east: New genetic and archaeological perspectives on the modern human colonization of Eurasia. *Science* 313: 796–800.

Mourre, V., P. Villa, C. S. Henshilwood. 2010. Early use of pressure flaking on lithic artifacts at Blombos

Cave, South Africa. *Science* 330: 659–662.

Texier P. J., G. Porraz, J. Parkington J.-P. Rigaud, C. Poggenpoel, C. Miller, C. Tribolo, C. Cartwright, A. Coudenneau, R. Klein, T. Steele, C. Verna. 2010. A Howiesons Poort tradition of engraving ostrich eggshell containers dated to 60,000 years ago at Diepkloof Rock Shelter , South Africa. *Proc. Nat. Acad. Sci. USA.* 107: 6180–6185.

Vanhaeren, M., F. d'Errico, C. Stringer, S. L. James, J. A. T odd, H. K. Mie nis. 2006. Middle Paleolithic shell beads in Israel and Algeria. *Science* 312: 1785–1788.

第十四章：太初有道，道即語言

關於 FOXP2 基因對語言失能的暗示，參見 Lai 等人（二〇〇一），至於在尼安德塔人身上指認出這個基因，請見 Krause 等人（二〇〇七）。關於喉頭、臉部比例，以及說話能力的討論，請見 P. Lieberman（二〇〇七）和 D. E. Lieberman（二〇一一）。關於心智理論的有趣提倡，見 Dunbar（二〇〇四），至於語言在符號化思維裡頭所扮演的角色，請見泰德薩（二〇〇八）。Atkinson（二〇一一）探討了音素多樣性的潛在意義。尼加拉瓜的手語相關，請見 Kegl 等人（一九九九），至於伊爾德豐索的案例，請見夏勒（一九九一）。泰勒（二〇〇六）敘述了中風對她的語言能力造成的影響。DeSalle 和泰德薩（二〇一一）提供了人類腦部功能和漫長歷史的敘述，而賈許溫德（一九六六）探討了角迴重要性的推斷。Coolidge 和 Wynn（二〇〇九）以及 Balter（二〇一〇）討論了工作記憶。

Atkinson, Q. D. 2011. Phonemic diversity supports a serial founder effect model of language expansion from Africa. *Science* 332: 346–349.

Balter, M. 2010. Did working memory spark creative culture? *Science* 328: 160–163.

Coolidge, F. L., T. Wynn. 2009. The Rise of Homo sapiens: *The Evolution of Modern Thinking*. New York: Wiley-Blackwell.

DeSalle, R., I. Tattersall. 2011. *Brains: Big Bangs, Behavior and Beliefs*. New Haven, CT: Yale University Press.

Dunbar, R. I. M. 2004. *The Human Story: A New History of Mankind's Evolution*. London: Faber & Faber.

Geschwind, N. 1964. The development of the brain and the evolution of language. *Monogr. Ser. Lang. Ling.* 17: 155–169.

Jorde, L. B., M. Bamshad, A. R. Rogers. 1998. Using mitochondrial and nuclear DNA markers to reconstruct human evolution. *BioEssays* 20: 126–136.

Kegl, J., A. Senghas, M. Coppola. 1999. Creation through contact: Sign language emergence and sign language change in Nicaragua. In M. deGraaf (ed.). *Comparative Grammatical Change: The Intersection of Language Acquisition, Creole Genesis and Diachronic Syntax*. Cambridge, MA: MIT Press, 179–237.

Klein, R. 2009. *The Human Career*, 3rd ed. Chicago: University of Chicago Press.

Krause, J., C. Lalueza-Fox, L. Orlando, W. Enard, R. E. Green, H. A, Burbano, J.-J. Hublin and 6 others. 2007. The derived *FOXP2* variant of modern humans was shared with Neandertals. *Curr. Biol.* 17: 1908–

1912.

Lai, C. S., S. E. Fisher, J. A, Hurst, F. Vargha-Khadem, A. P. Monaco. 2001. A forkhead-domain gene is mutated in a severe speech and language disorder. *Nature* 413: 519–523.

Lieberman, D. E. 2011. *The Evolution of the Human Head.* Cambridge, MA: Harvard University Press.

Lieberman, P. 2007. The evolution of human speech: Its anatomical and neural bases. *Curr. Anthropol.* 48: 39–66.

Ohnuma, K., K. Aoki, T. Akazawa. 1997. Transmission of tool-making through verbal and non-verbal communication: Preliminary experiments in Leval lois flake production. *Anthropol. Sci.* 105 (3): 159–168.

Schaller, S. 1991. *A Man without Words.* New York: Summit Books.

Schwartz, J. H., I. Tattersall. 2003. *The Human Fossil Record, Vol 2: Craniodental Morphology of Genus* Homo *(Africa and Asia)*. New York: Wiley-Liss.

Tattersall, I. 2008. An evolutionary framework for the acquisition of symbolic cognition by *Homo sapiens. Comp. Cogn. Behav. Revs* 3: 99–114.

Taylor, J. B. 2006. *My Stroke of Insight: A Brain Scientist' s Personal Journey.* New York: Viking.

尾聲

Marcus（二〇〇八）以很有娛樂性的方式詳述了人類心靈的不足之處。Wilkinson（二〇〇五）探討了地球的侵蝕歷史；關於暴力基因的鎖定以及與它們相關的神經構造，見 Meyer-Lindburg 等人

（二〇〇六）。Crutzen（二〇〇二）總結使用「人類世」的理由。

Crutzen, P. 2002. Geology of mankind. *Nature* 415: 23.

Marcus, G. 2008. *Kluge: The Haphazard Evolution of the Human Mind.* New York: Houghton Mifflin

Meyer-Lindburg, A., J. W. Buckholtz, B. Kolachana, A. R. Hariri, L. Pezawas, G. Blasi, A. Wabnitz and 6 others. 2006. Neural mechanisms of genetic risk for impulsivity and violence in humans. *Proc. Nat. Acad. Sci. USA* 103: 6269–6274.

Wilkinson, B. H. 2005. Humans as geologic agents: A deep-time perspective. *Geology* 33 (3): 161–164.

索引

文獻

人名

四至十畫

十一至十五畫

十六畫以上

地名與組織

二至五畫

六至十畫

十一至十五畫

十六以上

其他

一至五畫

六至十畫

十一至十五畫

貓頭鷹書房 244

人類崛起：從直立行走、煮食生活到抽象語言，演化如何造就了現在的我們？
（初版書名：人種源始：追尋人類起源的漫漫長路）

作　　者　泰德薩（Ian Tattersall）
譯　　者　柯明憲
企畫選書　陳穎青
責任編輯　吳欣庭（一版）、王正緯（二版）
協力編輯　邵芷筠、陳詠瑜
校　　對　魏秋綢
版面構成　張靜怡
封面設計　徐睿紳

行銷業務　鄭詠文、陳昱甄
總 編 輯　謝宜英
出 版 者　貓頭鷹出版

發 行 人　凃玉雲
發　　行　英屬蓋曼群島商家庭傳媒股份有限公司城邦分公司
104 台北市中山區民生東路二段 141 號 11 樓
劃撥帳號：19863813；戶名：書虫股份有限公司
城邦讀書花園：www.cite.com.tw　購書服務信箱：service@readingclub.com.tw
購書服務專線：02-2500-7718~9（周一至周五上午 09:30-12:00；下午 13:30-17:00）
24 小時傳真專線：02-2500-1990；25001991
香港發行所　城邦（香港）出版集團／電話：852-2508-6231 ／傳真：852-2578-9337
馬新發行所　城邦（馬新）出版集團／電話：603-9057-8822 ／傳真：603-9057-6622
印 製 廠　中原造像股份有限公司
初　　版　2014 年 9 月
二　　版　2020 年 3 月
定　　價　新台幣 480 元／港幣 160 元
I S B N　978-986-262-418-0

讀者意見信箱　owl@cph.com.tw
投稿信箱　owl.book@gmail.com
貓頭鷹知識網　www.owls.tw
貓頭鷹臉書　facebook.com/owlpublishing

國家圖書館出版品預行編目資料

人類崛起：從直立行走、煮食生活到抽象語言，演化如何造就了現在的我們？／泰德薩（Ian Tattersall）著；柯明憲譯．-- 二版．-- 臺北市：貓頭鷹出版：家庭傳媒城邦分公司發行, 2020.03
面：　公分．--（貓頭鷹書房；244）
譯自：Masters of the planet: the search for our human origins, 2nd ed.
ISBN 978-986-262-418-0（平裝）

1. 人類演化　2. 人類起源

391.6　　109002636